Urban River Restoration Technology
Theory and Practice

城市河流环境修复技术
原理及实践

贾海峰 ◎等编著

化学工业出版社

·北京·

本书针对城市河流环境修复技术的原理、特点、适用条件、相关案例和运行管理等有关问题进行总结和梳理，主要介绍了城市河流污染现状及问题、城市河流环境修复基础与技术体系、城市河流外源污染控制与治理、城市河流的原位水质净化、城市河流水质旁位处理、城市河流生态修复与重构，以及城市河流污染和修复技术的发展趋势等内容。

本书可供环境工程、市政工程等领域的工程技术人员、科研人员和管理人员参考，也供高等学校相关专业师生参阅。

图书在版编目（CIP）数据

城市河流环境修复技术原理及实践/贾海峰等编著．—北京：化学工业出版社，2016.10（2019.1重印）
ISBN 978-7-122-27907-1

Ⅰ．①城…　Ⅱ．①贾…　Ⅲ．①城市-河流污染-污染防治-研究　Ⅳ．①X522

中国版本图书馆 CIP 数据核字（2016）第 201477 号

责任编辑：刘兴春　　　　　　　　文字编辑：汲永臻
责任校对：吴　静　　　　　　　　装帧设计：韩　飞

出版发行：化学工业出版社（北京市东城区青年湖南街 13 号　邮政编码 100011）
印　　装：北京虎彩文化传播有限公司
787mm×1092mm　1/16　印张 15¾　彩插 2　字数 368 千字　　2019 年 1 月北京第 1 版第 4 次印刷

购书咨询：010-64518888　　　　　　售后服务：010-64518899
网　　址：http://www.cip.com.cn
凡购买本书，如有缺损质量问题，本社销售中心负责调换。

定　　价：80.00 元　　　　　　　　　　　　　　　　　版权所有　违者必究

水危机是全球可持续发展面临的重大挑战，我国面临的水危机有"水太少"、"水太多"、"水太脏"三大问题。水危机需要从源头的节约用水、污染预防，污水（废水）的净化处理和污水资源化利用，以及受污染水体的修复、健康水生态系统构建等方面加以系统解决。

我国城市河流水环境质量不容乐观，特别是很多城市出现的黑臭水体，已经严重影响到了城市的社会、经济发展以及居民的生活品质和健康，成为急需解决的重大问题之一。国务院在2015年发布了《水污染防治行动计划》（简称"水十条"），其目标就包括：到2020年，地级及以上城市建成区黑臭水体均控制在"10％以内；到2030年，城市建成区黑臭水体总体得到消除。为了完成国家"水十条"的目标，十分有必要在借鉴国内外近年来城市河流修复实践的经验和教训基础上，梳理各种河流修复技术的特征，构建城市河流环境修复的理论和技术体系，支持我国城市河流环境修复的有序、科学推进。

非常高兴地看到贾海峰等编著的《城市河流环境修复技术原理及实践》。该书系统地梳理了城市河流的生态功能，我国城市河流面临的水资源、水环境、水生态、水文化等问题和挑战，以及国内外城市河流环境修复的理论、技术和实践的发展历程；对城市河流修复技术进行了耦合和梳理，构建了城市河流修复技术体系，论述了因地制宜地对城市河流修复技术进行筛选的方法，编制城市河流环境修复方案的过程和阶段。另外，还结合实际河流修复各个环节的案例，阐述了各类城市河流环境修复技术的技术原理、技术经济特征、适用性等，这对于我国城市河流修复工作的有序推进有非常重大的意义和实用价值。

我非常乐意将此书推荐给城市河流污染控制和水环境修复相关的环保、城建、水利领域的科研人员、工程管理人员和高校师生，尤其是一线的工程师们。期待本书将有助于我国各个城市黑臭河流污染控制与水环境修复方案的制订、适用技术的选择、工程计划的优化、投资效率和修复效果的提高，可以为参与城市河流修复与管理的相关决策人员、管理人员和工程技术人员提供支持，在我国河流修复实践中发挥重要的作用。

钱易

中国工程院院士
清华大学教授
2016年12月24日

前　言

　　河流是城市生态系统和城市空间的重要组成部分，随着社会经济及城市建设的发展，城市河道空间及其结构被大规模、广泛地人工改造，改变了城市河流系统的自然连通性、生态多样性，影响了水体的水环境自净能力；同时入河污染物量增加，一些城市河流变为城市的排污沟，致使城市河流水质污染、生态系统退化和破坏，成为当今全球性的生态环境问题。城市河流污染治理与生态修复已成为保障城市健康、持续发展的必要条件和重要任务。

　　笔者首次涉足的城市河流水环境修复项目是在 1989 年大学毕业后参与的由北京市科委和英国海外发展署（ODA）联合资助的中英合作国际项目《北京清河水环境综合整治规划研究》。当时的清河是一条黑臭严重的"城市排污沟"，流域内没有污水处理厂，众多的入河排污口排放着工业废水和生活污水。控制污染源、消除河道黑臭成了河流治理的首要任务，生态修复尚未提上日程。期间还配合北京亚运会（1990 年）的召开，为改善亚运会场馆周边环境，在清河体院段开展河道曝气水环境改善试验工程。之后经过北京市十多年的努力，逐步完善了入河污染负荷的截除、污水厂建设、河道整治等工作，实现了清河上段黑臭现象的消除和水环境的改善。

　　博士毕业后，城市河流水环境保护与生态修复始终是笔者重要的研究方向，在北京、佛山、苏州、深圳、东营等城市开展了侧重点有所不同的城市河流水环境保护研究。特别是从2003 年开始，在佛山市环境保护局等部门的支持下，针对城市河网的环境修复开展了较为系统的研究，完成了十多项不同空间尺度的城市水资源保护与水污染控制规划、污染源减排方案、河流修复技术、城市降雨径流管理 LID-BMPs 技术方案与工程示范等。基于上述成果的《佛山市水环境保护修复与建设集成研究》获广东省环境保护科学技术一等奖。2014年开始，又进一步针对佛山市河涌修复的技术需求，在前期工作成果的基础上，广泛收集和梳理国内外城市河流修复技术进展和实际工程或示范案例，开展了佛山市河涌水环境修复技术指南的编制工作。同期，在国家"十一五"、"十二五"水体污染控制与治理科技重大专项（即水专项）的支持下，针对人口和产业密集的平原河网地区城市河流水环境修复，开展了关键技术研发。并在苏州市区、同里镇、角直镇展开了城市河流水环境修复的工程示范。

　　城市河流水污染控制与水环境修复技术众多，然而不同城市河流所处的自然条件以及当地的经济发展阶段不同，而各种水环境修复技术又具有不同的技术、经济特征，因此针对不同的城市河流，要根据其面临的主要问题，综合考虑自然、社会、经济等因素，选用适用的技术，并进行技术优化耦合和集成，以实现城市河流的水环境改善和水生态修复。当前，我国城市河流污染控制和修复工作非常急迫，2015 年 4 月，国务院发布了《水污染防治行动计划》（简称"水十条"），其提出的主要指标包括：到 2020 年，地级及以上城市建成区黑臭水体均控制在 10％以内；京津冀区域丧失使用功能（劣 V 类）的水体断面比例下降 15％左右，长江三角洲、珠江三角洲区域力争消除丧失使用功能的水体；到 2030 年，城市建成区黑臭水体总体得到消除。2015 年 8 月，住房和城乡建设部会同环境保护部、水利部、农业部组织编制发布了《城市黑臭水体整治工作指南》，部署了城市黑臭水体排查、整治、考核和监管工作。

可以预见，在今后的一段时期内，城市河流的污染控制和水环境修复将会出现一个高潮，一大批环保、城建、水利领域的工程师、经济师、管理专家将会参与其中，各种污染治理和生态修复技术将会争奇斗艳。为了有助于制订合理的城市河流污染控制与环境修复规划方案、选择适用技术、优化工程计划、提高投资效率和修复效果，本书对城市河流环境修复技术的原理、特点、适用条件、相关案例和运行管理等有关问题进行总结和梳理，以期为参与此项工作的相关决策人员、管理人员和工程技术人员提供一些支持。

本书所引用资料和数据的来源，除了笔者主持和参与的项目外，还有不少引用自国内外的文献，在引用时结合当地、当时的具体条件进行了取舍。

在本书编著过程中，程声通、李广贺、胡洪营、刘翔等老师对本书架构和技术体系提供了指点和帮助，高郑娟重点收集和梳理了城市河流外源污染控制、原位水质净化、水质旁位处理等方面的资料和案例；孙朝霞重点收集和梳理了生态系统修复与重构方面的资料和案例；初稿成稿后，程声通老师又对全文进行了认真修改。为本书提供素材的还有张玉虎、罗群、丁一、杨聪、王相文、张大春、唐颖以及美国的 Shaw L Yu、韩国的 Hyunook Kim 等。书中还引用了很多研究人员的成果，在此一并表示衷心感谢！

限于编著时间和编著者水平，书中不足和疏漏之处在所难免，敬请读者提出修改建议。

编著者

2016 年 8 月

⊕ 目 录

3　城市河流外源污染控制与治理　　38

4　城市河流的原位水质净化　　82

5　城市河流水质旁位处理　140

6　城市河流生态修复与重构　184

7　后记　　239

1 绪论

城市河流是指流经城市，且其汇水区也主要在城市地区，并与城市融为一体（包括景观文化、生态环保、建筑艺术等方面）的中小型河流。城市河流作为河流流域的重要组成部分，受到自然和人类活动的双重影响，其总体上可分为三大类：自然河流、人工河流和受到人工干预的半自然河流。对于生态环境状况良好的自然河流，其结构形态主要表现在纵向的蜿蜒性、横向的断面多样性、河床的透水性；人工河流主要是为了行洪、排涝、供水、排水以及沟通水系而开挖的，河流形态设计的基本指导思想为有利于快速行洪和排水或有利于城市供水，因此与自然河流相比，其纵向一般顺直或折弯，横向断面形式也比较单一，主要为矩形或梯形，一般没有滩地，生态系统较为简单，水生动物和植物的人工化程度高，缺乏自然性和生物多样性；人工改造后的半自然河流，部分具有自然河流的生态特征，又能达到人类要求的快速行洪和排涝的目的，但在一定程度上降低了自然河流形态的多样性，生境的变化导致了水域生物多样性的降低，河流生态系统的健康和稳定性都受到不同程度的影响。

作为城市空间的一部分，城市河流具有自然和社会双重功能和特征。城市河流的自然功能和特征表现为：一方面通过不断的水循环及时空变化，对地区内生物活动状态、生态平衡、小气候变化、水资源再生和可持续利用产生影响；另一方面也对地区洪、涝、旱等自然灾害的形成产生相应的影响。城市河流是城市天然的生态廊道，河流与河滩、河岸植被一起，控制着水和其他有机物、无机物的流动和交换。城市河流也是动、植物在城市中重要的迁移路径，为鱼类、鸟类、昆虫、小型哺乳动物以及各种植物提供了生存环境和迁徙廊道。在河流流经的区域，生存于其中的物种也呈现出丰富的生物多样性。

城市河流的社会功能和特征主要是指河流在满足人的需求方面所表现出的能力，包括泄洪、排涝功能，水资源供给功能，游览休息、亲近自然的功能，改善城市形象的景观文化功能，探索自然奥妙的科研和教育功能等。

随着城市的迅速发展，城市人口急剧扩张，污染物排放量大幅增加，而很多城市的环境保护基础设施建设严重滞后，一些城市河流变为城市的排污沟，水质日趋恶化，严重影响了城市河流自然和社会功能的发挥，城市河流环境整治迫在眉睫。

1.1 河流生态系统构成和功能

河流是汇集和接纳地表和地下径流的场所及连通上下游水体的通道。河流生态系统是陆地生态系统和水生生态系统间物质循环的主要连接通道，主要受到河流形态和河流水文条件、流域内土地覆被和利用状况等的影响。

1.1.1 河流生态系统的组成

河流生态系统是指河流的生物群落与周围环境构成的统一整体，由河道水体（含河床）和河岸带两部分系统组成。河道水体生态系统主要由河床内的水生生物及其生境组成；河岸带生态系统主要由岸边的植物、迁徙的鸟群及其环境组成，是陆地生态系统和河流生态系统进行物质、能量、信息交换的过渡地带。河岸带作为河道水体运动的外边界条件，是河道稳定的关键地带。

河流生态系统组成主要包括非生物环境和生物环境两大部分。

（1）非生物环境

非生物环境由能源、气候、基质和介质、物质代谢原料等因素组成，其中能源包括太阳能、水能；气候包括光照、温度、降水、风等；基质包括岩石、土壤及河床地质、地貌；介质包括水、空气；物质代谢原料包括参加物质循环的无机物质（C、N、P、CO_2、H_2O 等）和联系生物和非生物的有机化合物（蛋白质、脂肪、碳水化合物、腐殖质等）。这些非生物成分是河流生态系统中各种生物赖以生存的基础。

（2）生物环境

生物环境由生产者、消费者和分解者所组成，三者构成了河流的生物群落的结构。其中生产者是能用简单的无机物制造有机物的自养生物，主要包括大型植物（漂浮植物、挺水植物、沉水植物等）、浮游植物、附着植物和某些细菌，它们通过光合作用制造初级产品碳水化合物，并进一步合成脂肪和蛋白质，维持自身活动；消费者是不能用无机物制造有机物质的生物，称异养生物，主要包括各类水禽、鱼类、浮游动物等水生或两栖动物，它们直接或间接地利用生产者所制造的有机物质，起着对初级生产物质的加工和再生产的作用；分解者皆为异养生物，又称还原者，主要指细菌、真菌、放线菌等微生物及原生动物等，它们把复杂的有机物质逐步分解为简单的无机物，并最终以无机物的形式还原到水环境中。

河流中的生物群落经由食物网紧密地联系在一起，食物网是指植物所固定的太阳光能量通过取食和被取食在生态系统中的传递关系。一般认为食物网越简单，生态系统就越脆弱，越易受到破坏。

1.1.2 河流生态系统的功能

根据河流生态系统组成特点、结构特征和生态过程，河流生态系统的功能具体体现在水生生物栖息、调节局地气候、补给地下水、泄洪、雨洪调蓄、排水、输沙、景观、文化等多个方面。按照河流生态系统服务功能的不同分类，同时依据河流生态系统的组成特点、结构特征、生态过程和效用，并按照功能作用性质的不同，河流生态系统服务功能可归纳划分为调节支持功能、环境净化功能、提供产品功能及娱乐文化功能。

（1）调节支持功能

河流系统的调节支持功能，一方面主要表现为河流生态系统对灾害的调节功能和生态支持功能；另一方面河流生态系统为河道及河岸的各种动植物提供了其生存所必需的淡水和栖息环境。

河流生态系统对灾害的调节功能主要体现在减缓洪涝和干旱、输移泥沙等方面。作为河流本身，即具有纳洪、行洪、排水、输沙功能。在洪涝季节，河流沿岸的洪泛区具有蓄洪能力，可自动调节水文过程，从而减缓水的流速，削减了洪峰，缓解洪水向陆地的袭击。而在干旱季节，河水可供灌溉。河流生态系统的生态支持功能具体体现在调节水文循环、调节气候、补给地下水、涵养水源等方面，对生态系统的稳定具有很好的支持功能。

（2）环境净化功能

河流生态系统在一定程度上能够通过自然稀释、扩散、氧化等一系列物理和生物化学反应来净化由径流带入河道的污染物。河流生态系统中的各种植物、微生物能够吸附水中的悬浮颗粒和有机或无机化合物等营养物质，将水域中氮、磷等营养物质有选择地吸收、分解、同化或排出。水生动物可以对活的或死的有机体进行机械的或生物化学的切割和分解，然后把这些物质加以吸收、加工、利用或排出。这些生物在河流生态系统中进行新陈代谢的摄食、吸收、分解、组合，并随着氧化还原作用使化学元素进行种种分分合合，在不断的循环过程中，保证了各种物质在河流生态系统中的循环利用，有效地防止了物质的过分积累所形成的污染。一些有毒有害物质经过生物的吸收和降解后得以消除或减少，河道的水质因而得到维持。河岸植被还可减缓地表水流速，使水中的泥沙得以沉降，并使水中的各种有机的和无机的溶解物和悬浮物被截留，同时可将许多有毒有害的复合物分解转化为无害的甚至是有用的物质。

（3）提供产品功能

河流生态系统中自养生物（高等植物和藻类等）通过光合作用，将二氧化碳、水和无机盐等合成为有机物质，并把太阳能转化为化学能储存在有机物质中，而异养生物对初级生产的物质进行取食加工和再生产而形成次级生产。河流生态系统通过这些初级生产和次级生产过程，生产了丰富的水生植物和水生动物产品。

（4）娱乐文化功能

河道及河岸生态系统具有美学、艺术、文化、文体休闲等方面的价值，为城市居民提供独特的休闲、娱乐、文体活动的场所

河流生态系统景观独特，具有很好的休闲娱乐功能。河道森林、草地景观和河滩、湿地景观相结合，"高地—河岸—河面—水体"格局镶嵌，流水与河岸、鱼鸟与林草的动与静对照呼应，河谷急流、弯道险滩、沿岸柳摆、浅底鱼翔等景致构成河流景观的和谐与统一，给人们以视觉上的享受及精神上的美感体验。人们在闲暇节日进行休闲活动，如远足、露营、摄影等，有助于促进人们的身心健康，享受生命的美好，提高生活的质量。不同的河流生态系统深刻地影响着人们的美学倾向、艺术创造、感性认知和理性智慧。

1.2 城市河流水环境现状及问题

1.2.1 城市河流水环境现状

近年来随着经济的高速增长，我国江河水系也在经历西方发达国家走过的"先污染后治

理"历程，如今污染越来越严重、生态越来越失衡。根据《2014年中国环境状况公报》，十大流域的国控断面水质监测结果表明，Ⅰ类水质断面占 2.8%，Ⅱ类占 36.9%，Ⅲ类占 31.5%；Ⅳ类占 15.0%；Ⅴ类占 4.8%，劣Ⅴ类占 9.0%。主要污染指标为化学需氧量（COD）、五日生化需氧量（BOD$_5$）和总磷（TP）。中小型河流，特别是流经城市的河段，环境容量相对较小，污染负荷有较重，水质状况通常比江河干流更差。

即使在干流水质较好的长江中下游区域（包括太湖流域），城市河流的水质污染也很严重，比如地处长江下游太湖流域河网地区的苏州市，20 世纪 90 年代以来，随着经济的快速发展，水质严重恶化，生态系统严重退化。2011 年，苏州古城区及周边水系中，共有 56 条严重污染的河道，在这些重污染河道中，常年黑臭的 20 条，间隔性黑臭的 14 条，暂无明显黑臭但水质严重污染的 22 条。这些河道不但丧失了景观娱乐等使用功能，同时还因臭味污染等问题成为周边居民投诉的对象。

除了水体污染和水生态退化，很多城市水体被覆盖、填埋，致使水系面积严重萎缩。例如，苏州市的角直镇，通过分析其 1979 年、2002 年、2009 年三个时间序列的河网分布图，发现河道数量由 421 条减少到 187 条，水系面积由 13.72km^2 减少到 4.61km^2。表征单位国土面积上河流面积、长度和数量的河网水面率、河网密度、河频率变化如表 1-1 所列。

表 1-1 角直河网水系特征 30 年变化

年份/年	河网水面率/%	河网密度/(km/km^2)	河频率/(条/km^2)
1979	27.44	5	8.42
2002	12.32	3.5	4.82
2009	9.22	3.4	3.74

角直镇 30 年来水系形态特征变化主要体现在以下 3 个方面：a. 河道裁弯取直，自然弯曲的河道被人为地改造为直线型河道；b. 河道连通性降低，目前角直的断头河（浜）数量较多，水系连通性较差，水动力状况下降；c. 自然河道逐渐被人工或半人工河道取代，城镇建成区域河道多为水泥护岸，河道固化、渠化比重逐年增加。

1.2.2 城市河流的主要问题

城市河流面临的环境生态问题主要有以下几方面。

① 河道被建设用地侵占，水面萎缩，连通性降低。随着城镇化的发展，不少河道被填埋，河道长度缩短、宽度变窄，甚至完全消失；很多河道被截断，形成断头河（浜）或独立的水塘等，降低甚至失去连通性。

② 河流形状单一，结构性硬化严重。早期城市河流整治主要目的是防洪和行洪。大规模的裁弯取直与河床硬化处理不仅减少了水面面积，也改变了原有河道的形态和走向，原有生物赖以生存的生境系统产生变异或完全消失。

③ 河流水环境恶化，水污染加剧。水资源过量利用和污染物的大量输入，再加上城市环保基础设施的滞后，致使入河污染负荷超过自净能力，河流污染日趋严重。

④ 河流生态系统严重破坏。河道硬化改变了城市河流的边界条件，阻断了水体、陆地、大气之间的物质、能量和信息交换，原有河流的生态系统运动功能逐渐丧失，成了单纯的过

水通道，河流生态系统严重退化。

⑤ 河道自然景观严重丧失。受人类活动干扰，城市用地挤占河道，原有的河道空间变成了道路或其他建筑用地，河流自然景观逐渐消失。

1.3 城市河流的污染源和污染物

1.3.1 城市河流的污染源

城市河流的污染源是指造成城市水体污染的污染物发生源，通常指向水体排放的有害物质或对水环境产生有害影响的场所、设备和装置。根据污染物的来源可以将污染源分为两大类：自然污染源和人为污染源。自然污染源又可以分为生物类污染源（如各种病原菌或带菌体等）和非生物类污染源（如泥石流导致的水污染等）。人为污染源又可以分为生产性污染源（如工业污染源、农业污染源等）和生活污染源（如生活污水等）。工业、农业污染源比较复杂，可以根据各种方法进一步分类。根据研究或管理的需要，污染源还存在其他的分类方法，比如按照污染物种类可分为物理性、化学性和生物性污染源等。

根据污染源相对于水体的位置可以将其分为外源和内源。外源按照空间形态又分点污染源、线污染源和面污染源（简称点源、线源和面源，点源之外的线源、面源又称非点源）。内源是指水体内的污染源，通常包括河道底泥、水产养殖以及水体中水生动植物的排放和释放。最常用的污染源分类如图 1-1 所示。

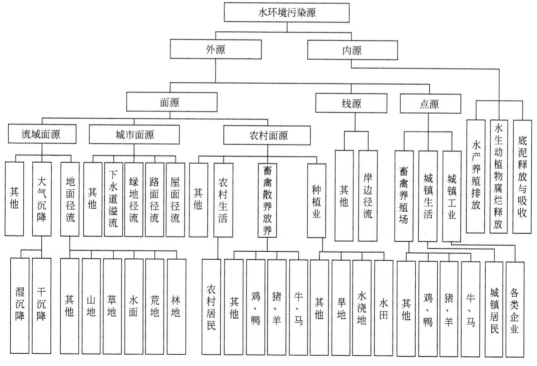

图 1-1 水环境污染源谱系图

点源是指那些污染源的产生地点比较集中，以"点"的形式将污染物排放到环境中的污染源，例如工厂的污水排放、建有下水道系统的城市污水排放等；线源是指那些以"线"的形式向环境排放污染物的污染源，例如由径流造成的沿河岸边的污染物排放等；面污染源是指以"面"的形式向环境排放污染物的污染源，广大的森林、农田、没有下水道的农村和城镇都属于面污染源，它们在降水径流过程中产生的大量污染物都以"面"的形式进入水体。

在各类污染源中，人们最先关注的是点源，因为点源最为接近人们的日常生活，其环境污染效应又非常快速、直观和明显。在水环境受到污染的初期，点源通常是水污染的主要因素，也是能最早得到治理的污染源，并且点源治理的效果也最为明显。随着点源治理的进展，水环境质量不断得以改善。当点源治理达到一定水平，人们发现水环境质量改善的速度就会逐渐减慢，甚至止步不前，即使加大点源治理的力度也收效甚小。这时，水污染的主要原因已经发生了转移，面源和内源的影响凸现了出来。据报道，即使在点源治理率和污水处理水平很高的美国，由于存在面源和内源污染，江河的水质达标率也大大低于人们的期望值。在日本和欧洲等水污染控制十分完善的国家和地区也有类似的情况。

1.3.2 水体污染及危害

水体污染是指排入河流中的不同性质的污染物在数量上超过该物质在河流水体所能承受的纳污容量，从而导致水的物理、化学及微生物性质发生变坏，使河流生态系统和功能受到不同程度的破坏。从污染物来源看，河流水体污染通常包括物理性污染、无机物污染、有机物污染、病原微生物污染等。

1.3.2.1 物理性污染及危害

水体的物理性污染是指水温、色度、臭味、悬浮物及泡沫等。这类污染易被人们感官所觉察，并使人们感官不悦。

（1）水温

高温废水，如温度超过 60℃ 的高温工业废水（直接冷却水），未经冷却直接排入河流水体后，使水温升高，物理性质发生变化，危害水生动、植物的繁殖与生长，称为水体的热污染。热污染造成的危害包括：

① 水温升高，大气中的氧向水体传递的速率减慢，即水体复氧速率减慢；同时，水生生物的耗氧速率加快，加速水体中溶解氧的消耗，逐渐造成鱼类和水生生物的窒息死亡，使水质迅速恶化。

② 水温升高导致水体中的化学反应速率加快，可引发水体物理化学性质（如电导率、溶解度、离子浓度和腐蚀性）的变化。

③ 使水体中的细菌繁殖加速，该水体如作为给水水源时，所需投加的混凝剂与消毒剂量将增加，造成处理成本升高。

④ 加速藻类的繁殖，加快水体的富营养化进程。

我国《地表水环境质量标准》（GB 3838—2002）规定人为造成的环境水温变化应限制

在：周平均最大温升≤1℃，周平均最大温降≤2℃。

（2）色度

城市污水，特别是有色工业废水，如印染、造纸、农药、焦化及有机化工废水等，排入水体后，使水体形成色度，引起人们的感官不悦。色度有表色与真色之分。由悬浮物（如泥沙、纸浆、纤维、焦油等）造成的色度称表色；由胶体物质与溶解物质（如染料、化学药剂、生物色素、无机盐等）形成的色度称真色，由于水体色度加深，使水体的透光性减弱，影响水生生物的光合作用，抑制其生长繁殖，妨碍水体的自净作用。

我国《城镇污水处理厂污染物排放标准》（GB 18918—2002）规定，一级标准要求色度≤30 倍；二级标准要求色度≤40 倍。

（3）固体物质污染

固体物质污染包括漂浮在水面上的固体垃圾、已经死亡的动、植物等固体废物以及悬浮固体（相对于固体废物而言的小颗粒固体悬浮物）和溶解固体。

城市河流的固体废物主要来源于人类生产和生活活动，如建筑垃圾、生活垃圾、工业垃圾等，也包括污水处理厂格栅渣和污泥等次生污染物，还包括来源于河道沿岸和河槽中的植物残体（枯枝、落叶等）和河槽内大量滋生的水葫芦、水花生等。大量固体废物或漂浮于城市河流水面上或堆积于河岸边及河槽中，不仅严重恶化城市河流景观（浊度增加、透光度减弱），还分解释放出有害物质和有毒气体，污染水体，甚至散发出恶臭，严重影响河道两岸居民正常生活，且造成河道淤塞，是城市河流的主要污染源之一。

水体受悬浮固体污染后，浊度增加、透明度减弱，产生的危害主要有：悬浮固体可能堵塞鱼鳃，导致鱼类窒息死亡，如纸浆造成的此类危害最为明显；悬浮固体中的可沉固体，还会沉积于河底，造成底泥积累与腐化，使水质恶化；悬浮固体还可作为污染载体，吸附其他污染物，随水流迁移污染。

水体受溶解固体污染后，使溶解性无机盐浓度增加，如作为给水水源，水味涩口，甚至引起腹泻，危害人体健康，故饮用水的溶解固体含量应不高于 500mg/L。工业锅炉用水要求更加严格。农田灌溉用水，要求不宜超过 1000mg/L，否则会引起土壤板结。

《城镇污水处理厂污染物排放标准》（GB 18918—2002）对悬浮物的最高允许排放浓度规定，一级标准（A）10mg/L；一级标准（B）20mg/L；二级标准 30mg/L。

1.3.2.2 无机物污染及危害

（1）酸、碱及无机盐污染

工业废水的酸、碱，以及降雨淋洗受污染空气中的 SO_2、NO_x 所产生的酸雨，都会使水体受到酸、碱污染。酸、碱进入水体后，互相中和产生无机盐类。同时又会与水体存在的地表矿物质如石灰石、白云石、硅石以及游离二氧化碳发生中和反应，产生无机盐类，故水体的酸、碱污染往往伴随无机盐污染。

酸、碱污染可能使水体的 pH 值发生变化，微生物生长受到抑制，水体的自净能力受到影响。渔业水体的 pH 值不得低于 6 或高于 9.2，超过此限值时鱼类的生殖率下降甚至死亡。

无机盐污染使水体硬度增加，造成的危害与前述溶解性固体相同。

（2）氮、磷的污染

氮、磷属于植物营养物质，水体中过量的氮、磷等营养盐是水体发生富营养化的必要条件和重要原因之一。水体富营养化的危害包括以下几种。

① 造成水体透明度降低，从而影响水中植物的光合作用，同时浮游生物的大量繁殖，会消耗水中大量的氧，使水中溶解氧严重不足。由于水面植物的光合作用，则可能造成局部表层溶解氧的过饱和。溶解氧过饱和以及水中溶解氧少，都对水生动物（主要是鱼类）有害。

② 富营养化水体底层堆积的有机物质在厌氧条件下分解产生的有害气体，以及一些浮游生物产生的生物毒素也会伤害水生动物。

③ 富营养化水中含有亚硝酸盐和硝酸盐，人畜长期饮用这些物质含量超标的水，会中毒致病等。

④ 水体富营养化，常导致水生生态系统紊乱，水生生物种类减少，生物多样性受到破坏。

此外，由于藻类带有明显的鱼腥味，从而影响饮用水水质，而某些藻类产生的毒素则会危害人类和动物的健康。

（3）硫酸盐与硫化物污染

水体中的硫酸盐含量以 SO_4^{2-} 浓度表示。饮用水中含少量硫酸盐对人体无其影响，浓度过高也会产生危害，在《生活饮用水卫生标准》（GB 5749—2006）中的"水质常规指标及限值"和《地表水环境质量标准》（GB 3838—2002）中的"集中式生活饮用水地表水源地补充项目标准限值"都规定水中硫酸盐限值为 250mg/L。

如果水体缺氧，则 SO_4^{2-} 在反硫化菌的作用下产生反硫化反应，当水体 pH 值低时，以 H_2S 形式存在为主（如 pH<5，H_2S 占总硫化物的 98%）；当 pH 值高时，以 S^{2-} 形式存在为主。H_2S 浓度达 0.5mg/L 时即有异臭。硫化物会使水色变黑。

（4）重金属污染

水体重金属污染产生的毒性有如下特点：a. 水体中不同种类重金属离子浓度在 0.01～10mg/L 之间，即可产生不同程度的毒性效应；b. 重金属不能被微生物降解，反而可在微生物的作用下，转化为有机化合物，使毒性增加；c. 水生生物从水体中摄取重金属并在体内大量积累，经过食物链进入人体，甚至通过遗传或母乳传给婴儿；d. 重金属进入人体后，能与体内的蛋白质及酶等发生化学反应而使其失去活性，并可能在体内某些器官中积累，造成慢性中毒，这种积累的危害，有时需 10～30 年才显露出来。我国《污水综合排放标准》（GB 8978—1996）、《城镇污水处理厂污染物排放标准》（GB 18918—2002）、《地表水环境质量标准》（GB 3838—2002）等标准，都对重金属离子的浓度做严格的限制。通常水体中毒性较大重金属包括汞、镉、铬、铅，这也是我国《重金属污染综合防治"十二五"规划》中力求控制的 4 种重金属。

1.3.2.3 有机物污染及危害

有机污染物是指进入并污染水环境的有机化合物。其来源主要为生活污水、畜禽废水及食品、造纸、化工、制革、印染等工业废水。有机污染物多数能在环境中被降解成简单无机物，其降解产物或对人类无害，或对人类有害。有些有机污染物具有长期残留性、生物累积性、半挥发性和高毒性，称为持久性有机污染物（POPs），如有机氯农药、多氯联苯等。

水体中有机污染物主要分为天然有机污染物和人工合成有机污染物。天然有机污染物主要为天然有机物（natural organic matter，NOM），包括腐殖质、微生物分泌物、溶解的植物组织和动物的尸体等。其中腐殖质在地表水中含量最高，是水体色度的主要成分，占有机物总量的 $60\%\sim90\%$。人工合成有机物（synthetic organic compound，SOC）是指由现代化工业生产的各类有机合成物，包括化工、石油加工、制药、酿造、造纸等行业合成物及一些工业废弃物，以及农业生产中使用的杀虫剂、肥料等。

水体中有机污染物按被生物降解的难易程度，大致可分为三大类：第一类是可生物降解有机物；第二类是难生物降解有机物；第三类是不可生物降解有机物。前两类有机物的共同点是最终都可以被氧化成简单的二氧化碳和水等无机物；区别在于第一类有机物可被一般微生物氧化分解，而第二类有机物只能被氧化剂氧化分解，或者可被经驯化、筛选后的微生物氧化分解，这两类也称耗氧有机物。第三类有机物完全不可生物降解，这类有机物一般采用化学氧化法进行处理。

对于耗氧有机物，排入水体后，在有溶解氧的条件下，通过好氧微生物的作用，被降解为 CO_2、H_2O，同时合成新细胞，消耗掉水体的溶解氧。若排入的耗氧有机物量超过水体的环境容量时，则耗氧速度会超过水体的复氧速度，水体出现缺氧甚至无氧状态；在水体缺氧的条件下，由于厌氧微生物的作用，有机物被降解为 CO_2、NH_3 及 H_2S 等有害有臭气体，使水体"黑臭"。

水体中有机污染物成分非常复杂，难以一一测定。传统上常采用一些间接性指标反映水体中有机物的含量和污染状况，这些指标主要有：反映可生物降解有机污染物含量的生化需氧量（biochemical oxygen demand，BOD），一般采用五日生化需氧量（以 BOD_5 表示）；可较简易表示水中有机物含量的化学需氧量（chemical oxygen demand，简称COD）；可较全面地反映出水中有机物的污染程度的总有机碳（TOC）；水体中所有有机物被氧化（C、H、N、S 等转化为 CO_2，H_2O、NO_2 和 SO_2 等）所消耗的总需氧量（TOD）。

1.3.2.4 病原微生物污染及危害

水中的微生物包括致病性微生物和非致病性微生物，能够引起疾病的微生物称致病性微生物（即病原微生物），包括细菌、病毒和原生动物等。水体中的病原微生物一般并不是水中原有的微生物，大部分是从外界环境污染而来，特别是人和其他温血动物的粪便污染。水中常见的病原微生物主要有志贺氏菌、沙门氏菌、大肠杆菌、小肠结炎耶尔森氏菌、霍乱弧菌、副溶血性弧菌等。

病原微生物污染的特点是数量多，分布广，存活时间长，繁殖速度快，随水流传播疾病。病原微生物入侵人体后，人体就成为了病原微生物的宿主，病原微生物能在宿主中进行生长繁殖、释放毒性物质等，最后会引起机体的感染。

水中的病原微生物是引起水传播疾病暴发的根源。与水有关的微生物感染疾病可分为饮水传播性疾病、洗水性疾病、水依赖性疾病和水相关性疾病。通过摄入被污染的水而被传染和传播的疾病被称为饮水传播性疾病，如流行性霍乱和伤寒。洗水性疾病是指那些与恶劣卫生条件和不适当的环境卫生相关的疾病，如缺少用于洗涤和淋浴的水，就很容易发生眼睛和皮肤类疾病，如结膜炎、砂眼及腹泻等。水依赖性疾病是由生活在水中或依赖水生存的病原体引起的疾病，如寄生性蠕虫（如血吸虫）和细菌（如军团菌等），它们分别导致血吸虫病和军团病。水相关性疾病是通过在水中繁殖（如传播疟疾的蚊子）或靠近水边生活（如传播丝虫病的苍蝇）的某些昆虫传播的疾病，如黄热病、登革热、丝虫病、疟疾和昏睡病等。

1.4　国内外城市河流环境修复概况

1.4.1　国外城市河流环境修复的历程

世界上许多发达国家或地区的河流，如英国的泰晤士河、欧洲的莱茵河、美国的特拉华河和波托马克河、日本的多摩川等都经历了河流水体污染的发生、发展、治理以及河流生态系统退化、修复的过程。这些过程都是随着经济的发展、公众环保意识的提高、污染治理技术的进步、环境管理措施的完善以及大量环保资金的投入逐步展开的。

在国外对城市河流修复的历程中，人们对城市河流功能的理解、河流管理理念也在不断发展，河流环境修复技术及体系也逐渐完善。在城市河流开发利用初期，也就是工业化时期，河流侧重的功能是防洪、供排水、渔业、运输等，城市河流的管理主要以"控制河流"为主。随着工业化进程的加快，污染物质产生量增加，人们开始侧重的河流功能增加了水质调节功能。人们的治污观念由"控制河流"转化为"人工调控"。该时期河流治理的特征为使河流系统人工化、物理化、结构简单化，河流整治侧重以人工措施治理工业及生活污染。随着人们认识的深化，人们对于河流的认识由简单的水文和物理系统转化为水文、生态环境、经济、社会文化的综合。人们认识到河流还具有历史文化载体、城市居民自然情感载体等功能，河流的治理的目标开始着眼于生态修复、环境治理、河流自然化并配以人文景观化。

美国等西方发达国家由于较早完成了工业化、城市化进程，河流管理已达到较高的水平，河流的治理已经摒弃经济高速发展时期所形成的人工改造河流的理念，河道的治理尊重河流系统的自然规律，注重河流自然生态和自然环境的恢复和保护，使河流的综合服务功能得到较充分的发挥。

美国在1948年、1972年分别颁布了《联邦水污染控制法》和《联邦水污染控制法案修正案》（即《清洁水法》），但相关环境及水资源政策仍过于强调水的化学性质，在很大程度上忽视了河流水资源的生态功能，其结果是水体达到了联邦要求的水质标准，而河流功能却未能得到有效恢复。鉴于以上的教训，20世纪80年代美国提出水资源的质量必须与其用途相联系，不仅要考虑化学指标，更要考虑生态指标、栖息地质量和生物多样性及完整性等。20世纪90年代后美国开始了更为广泛的河流恢复活动，将城市河流作为公众舒适性的一部分，并强调公众参与。与自然相协调的可持续的河流管理理念得以确立，其具有以下几个特点：a. 管理的最终目的在于河流整体生态功能的恢复，而不是仅仅把重点放在污染源控制上；b. 管理决策中除了考虑传统的污染因子之外，还考虑到大量的生态因子，例如栖息地保护、水温、泥沙以及河流流量等；c. 从河流规划及相应项目筹划伊始，就强调多个政府部门、非政府组织、民间团体、企业和公众在河流管理上的协商与合作；d. 重视河流管理信息情报的公开及分享。

在欧洲，工业革命前，泰晤士河、塞纳河、莱茵河等河流大多都水质良好，生态环境优美，是多种珍贵生物的天然栖息地。19 世纪工业革命后，欧洲工业迅猛发展，城市人口急剧增加，许多城市河流水质遭到了严重破坏。到 20 世纪 50 年代，欧洲大部分水体的纳污能力接近或超过极限，水体失去了生命，逐渐变成了"死河"或"死湖"。从 20 世纪 60 年代开始，欧洲的许多国家开始系统地治理这些被污染的河流和湖泊。治理的总体目标是将污染的水体恢复到 17 世纪的水平，即可以达到饮用水水源的标准，使污染的河流和湖泊恢复生命，绝迹的代表性鱼类回归到水体中。污染的治理历程基本分成了初期的污染治理（20 世纪 60 年代以前）、系统的污染源控制和治理（20 世纪 60～80 年代）、污染水体的生态修复（20 世纪 80～90 年代）和依据《水框架指令》的流域尺度的整体生态恢复（21 世纪开始）的四个阶段。

日本水环境治理历程也走的是污染、治理和后期保护的道路。20 世纪 50～60 年代，水环境污染事故频发，如震惊世界的水俣病事件。20 世纪 70 年代日本开始关注水环境的治理和保护。1970 年以达标排放为基础和核心的《水质污染防止法》颁布。至此，日本开始了以法律为依托，以技术为支撑，从整体上对河流、湖泊进行治理，目标是使得日本的河流、湖泊等水生态系统中水质得到恢复，创造与自然环境相协调、保障生物多样性和水生生物的生存与繁衍空间。污染的治理也基本分成了末端治理阶段（20 世纪 70 年代以前），总量排放控制阶段（20 世纪 70 年代初到 90 年代初），流域尺度的生态保护与恢复（21 世纪开始）三个阶段。其中从 20 世纪 80 年代开始，河流管理者意识到快速城市化和工业化对城市河流水质、生态的损害，并认识到保护景观和生物多样性的重要性，恢复河流的环境特性显得越来越重要。之后对"多自然型河流治理法"进行了广泛研究，强调采用生态工程的方法治理河流环境、恢复水质、维护景观多样性和生物多样性。自 20 世纪 90 年代初日本开始实施"创造多自然型河川计划"，提倡凡有条件的河段应尽可能利用木桩、竹笼、卵石等天然材料来修建生态型河堤。

1.4.2　我国城市河流环境修复进展

我国城市河流整治初期同样也以开发水资源、服务河道航运以及建设闸坝、堤防等为主，目标为提高抗灾能力和改善灌溉条件。比如在 20 世纪 80 年代以后，全国各大城市普遍开展大规模以工程措施为主、防洪排涝为目的的河道整治。这些措施虽然提高了河道的防洪排涝能力，但是对河流生态系统的自然特征造成破坏。20 世纪末，国内认识到传统的防洪、水资源开发等活动导致河流的生态系统功能严重退化，开始了广泛吸收国外的思想和理念，逐步在河流管理中注重对城市河流生态的保护和恢复。

特别是我国从 2006 年开始启动水体污染控制与治理科技重大专项（以下简称水专项），六大主题中包括河流主题和城市水环境主题，其目标是针对我国河流水污染严峻的现状，选择不同地域、类型、污染成因和经济发展阶段分异特征的典型河流，创立符合不同水质目标和功能目标的河流修复和管理支撑技术体系，制定与我国不同区域经济水平和基本水质需求相适应的污染河流（段）水污染综合整治方案；重点突破一批点、面源污染负荷削减关键技术及集成技术，污染河流（段）治理与生态修复的集成技术，以及河流污染预防、控制、治理与修复的技术系统；选择具有典型性和代表性的河流开展工程示范。到 2020 年，通过分阶段、分重点实施，实现由河流水质功能达标向河流生态系统完整性过渡的国家河流污染防治战略目标。

水专项中已完成了一批具有代表性的城市河流修复的技术示范工程，例如：水乡城镇水环境整治技术研究与综合示范（2008ZX07313-006）课题中的水系结构优化和水动力调控示范工程、多级复合湿地示范工程、重污染河道污染控制与景观修复示范工程；北运河水系中游重污染河段水质改善技术研究与示范（2009ZX07209-004）中的河道型湿地构建技术示范工程、河道缓流区人工循环净化技术示范工程以及生态河道构建技术示范工程；北运河水系中游段生态治理关键技术与示范（2009ZX07209-005）课题中的龙道河生态治理技术综合集成示范工程以及河道内水生植物群落重建示范研究等。

2015 年 4 月 2 日，国务院发布了《水污染防治行动计划》（简称水十条）。这是当前和今后一个时期内全国水污染防治工作的行动指南。行动计划的目标包括：a. 到 2020 年，全国水环境质量得到阶段性改善，污染严重水体较大幅度减少，京津冀、长江三角洲、珠江三角洲等区域水生态环境状况有所好转；b. 到 2030 年，力争全国水环境质量总体改善，水生态系统功能初步恢复；c. 到 21 世纪中叶，生态环境质量全面改善，生态系统实现良性循环。其中有关城市河流的主要指标为：地级及以上城市建成区黑臭水体均控制在 10% 以内；京津冀区域丧失使用功能（劣于 V 类）的水体断面比例下降 15%，长江三角洲、珠江三角洲区域力争消除丧失使用功能的水体；到 2030 年，城市建成区黑臭水体总体得到消除。

2015 年 9 月 11 日，住房城乡建设部会同环境保护部、水利部、农业部组织制定的《城市黑臭水体整治工作指南》正式发布，它是国家层面首个包括排查、识别、整治、效果评估与考核在内的城市黑臭水体整治指导性文件，其主要内容包括总则、城市黑臭水体定义、识别与分级、城市黑臭水体整治方案编制、城市黑臭水体整治技术、城市黑臭水体整治效果评估、组织实施与政策保障。指南中要求，2020 年底前，地级及以上城市建成区黑臭水体均控制在 10% 以内；2030 年，城市建成区黑臭水体总体得到消除。

综上所述，国外对城市河流的认识不断深化，从一开始的"控制河流""人工调控"到"人河共存共荣"治河理念的认识，人们认识到河道治理应该尊重河流系统的自然规律；注重河流自然生态和自然环境的恢复和保护，使河流的综合服务功能得到较充分的发挥。我国在未来的城市河流修复与管理实践中，应吸纳国外城市河流修复和管理的理论与技术，结合我国自身城市河流修复的成果和经验，根据各地区自身经济状况和河流特征，进行相适应的合理有效的城市河流修复。

◈ 参考文献

[1] Bernhardt E S, Palmer M A. Synthesizing U. S. river restoration efforts [J]. Science, 2005, 308: 636-637.

[2] Brooks A, Shieldsf D. River channel restoration: guiding principles forsustainable projects [M]. Chichester, UK: John Wiley and Sons Ltd., 1996.

[3] Hyoseop Woo, Chang Wan-kim, Myung Soo-han. Situation and prospect of ecological engineering for stream restoration in Korea [J]. KSCE Journal of Civil Engineering, 2005, 9 (1): 19-27.

［4］ Nakamura K，Tockner K. River and wetland restoration in Japan［C］//GERES D. Proceedings of the 3rd European Conference on River Restoration（ISBN 953-96455-8-1）. Zagreb，Croatia：Hrvatske vode，2004：17-21.

［5］ Nijland HJ，Cals MJR. River Restoration in Europe：Practical Approaches，Conference on River Restoration［C］. LA Utrecht，The Netherlands：Europe Center for River Restoration，2001.

［6］ Sakai Y，Miama T，Takahashi F. Simultaneous removal of organic and nitrogen compounds in intermittently aerated activated sludge process using magnetic separation［J］. Water Res，1997，31（8）：2113-2116.

［7］ 陈兴茹. 国内外城市河流治理现状［J］. 水利水电科技进展，2012，32（2）：83-88.

［8］ 陈兴茹. 国内外河流生态修复相关研究进展［J］. 水生态学杂志，2011，32（5）：122-128.

［9］ 邓柳. 城市污染河流水污染控制技术研究［D］. 昆明：昆明理工大学，2005.

［10］ 国家环境保护总局污染控制司. 中国环境污染控制对策［M］. 北京：中国环境科学出版社，1997.

［11］ 黄民生，陈振楼. 城市内河污染治理与生态修复：理论、方法与实践［M］. 北京：科学出版社，2010.

［12］ 罗群. 苏州断头浜型重污染河道特性分析及修复技术筛选与实证［D］. 北京：清华大学，2013.

［13］ 钱嫦萍. 中国南方城市河流污染治理共性技术集成与工程绩效评估［D］. 上海：华东师范大学，2014.

［14］ 王军，王淑燕，李海燕，等，韩国清溪川的生态化整治对中国河道治理的启示［J］. 中给水排水动态，2007，12：8-10.

［15］ 韦朝海，张小璇，任源，等. 持久性有机污染物的水污染控制：吸附富集、生物降解与过程分析［J］. 环境化学，2011，30（1）：300-309.

［16］ 徐祖信. 河流污染治理技术与实践［M］. 北京：中国水利水电出版社，2003.

［17］ 张自杰. 排水工程下册. 第4版［M］. 北京：中国建筑工业出版社，2011.

［18］ 赵剑强. 城市地表径流污染与控制［M］. 北京：中国环境科学出版社，2002.

［19］ 中国21世纪议程管理中心，北京大学环境工程研究所. 城市河流生态修复手册［M］. 北京：社会科学文献出版社，2008.

［20］ 中国环境年鉴编辑委员会. 中国环境年鉴(2013)[M]. 北京：中国环境科学出版社，2014.

［21］ 周怀东，彭文启. 水污染与水环境修复［M］. 北京：化学工业出版社，2005.

［22］ 住房城乡建设部. 城市黑臭水体整治工作指南［Z］. 2015.

2 | 城市河流环境修复基础与技术体系

要实现城市河流的环境修复目标，最重要的前提为削减超过河流允许纳污量的外源污染负荷，同时要保障河流生态水量以维持河流自净能力，最终实现健康河流生态系统的恢复和重构。因此在城市河流环境修复理论基础方面，本书重点介绍支持外源污染负荷削减的水环境容量理论，支持河流生态水量配置的河流生态需水理论，以及支持河流生态系统恢复和重构的河流生态健康理论。

在上述理论介绍的基础上，围绕外源污染负荷的削减、河流内污染物的去除和自净能力的提升，以及河流健康生态系统的恢复与重构等提出了城市河流环境修复的技术体系、适用技术的筛选方法。

2.1 城市河流环境修复的理论基础

2.1.1 水环境容量理论

污染物进入河流后，经由水体中发生的物理作用、化学反应、生物吸收和微生物降解等，可以实现污染物的自然净化。水体的这种自净能力使其具备了一定的水环境容量。水环境容量是由水环境系统结构决定的，是表征水环境系统的一个客观属性，是水环境系统与外界物质输送、能量交换、信息反馈的能力和自我调节能力的表现。在实践中，水环境容量是水环境目标管理的基本依据，是水环境保护的主要约束条件。

（1）基本概念

水环境容量是在满足水环境质量目标的条件下，水体所能接纳的最大允许污染物负荷量，又称水体纳污能力。在《全国水环境容量核定技术指南》中的定义为：在给定水域范围和水文条件，规定排污方式和水质目标的前提下，单位时间内该水域最大允许纳污量，称作水环境容量。水环境容量的确定是水污染物削减的依据。

河流的水环境容量可用函数关系表达为：

$$W = f(C_0, CN, x, Q, q, t) \tag{2-1}$$

式中　　　W——水环境容量，用污染物浓度乘以水量表示，也可用污染物总量表示；

　　　　　C_0——河水中污染物的原有浓度，mg/L；

　　　　　CN——水环境质量目标，mg/L；

x, Q, q, t——距离、河流流量、排放污水的流量和时间。

（2）分类

根据不同的应用机制，水环境容量可分为如下几类（图2-1）：

① 按水环境目标可分为自然环境容量和管理环境容量。两者都是将水体的允许纳污量作为水环境容量的，只是前者以污染物在水体中的基准值为水质目标，后者则以污染物在水体中的标准值为水质目标。很明显，管理环境容量不仅反映出了水体的自然属性，而且还反映出人为的约束条件和社会因素的影响。

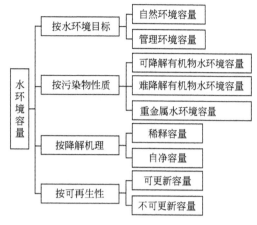

图 2-1　水环境容量分类图

② 按污染物性质可分为可降解有机物水环境容量、难降解有机物水环境容量和重金属水环境容量。可降解有机物也就是耗氧有机物，由于其本身可以在水体中被氧化，所以有着较大的环境容量；难降解有机物和重金属类污染物属于保守性污染物，它们在水体中很难被分解或根本不能被分解，所以要慎重利用该类污染物的水环境容量。

③ 按照污染物降解机理，水环境容量可划分为稀释容量和自净容量两部分。稀释容量是指在给定水域的来水污染物浓度低于水质目标时，依靠稀释作用达到水质目标所能承纳的污染物量。自净容量是指由于沉降、生化、吸附等物理、化学和生物作用，给定水域达到水质目标所能自净的污染物量。

④ 按容量的可再生性分为可更新容量和不可再新容量。前者指的就是上面所提到的水体对污染物的降解自净容量或无害化容量，可以永续利用，但是如果对它超负荷利用，同样可以造成水环境的污染。而不可更新容量则是指水体对不可降解或只能微量降解的污染物所具有的容量，对于这样的容量，应该给予足够的保护，使污染物在其源头得到控制。

（3）影响要素

影响水域水环境容量的要素很多，概括起来主要有以下4个方面。

① 水域特性。水域特性是确定水环境容量的基础，主要包括：几何特征（岸边形状、水底地形、水深或体积）；水文特征（流量、流速、降雨、径流等）；化学性质（pH值，硬度等）；物理自净能力（挥发、扩散、稀释、沉降、吸附）；化学自净能力（氧化、水解等）；生物降解（光合作用、呼吸作用）。

② 环境功能要求。各类水域一般都划分了水环境功能区，不同的水环境功能区对应着不同的水质功能要求。水质要求高的水域，水环境容量小；水质要求低的水域，水环境容量大。

③ 污染物质。不同污染物本身具有不同的物理化学特性和生物反应规律，不同类型的污染物对水生生物和人体健康的影响程度不同。因此，不同的污染物具有不同的环境容量，但具有一定的相互联系和影响。

④ 排放口位置与排污方式。水域的环境容量与污染物的排放位置与排放方式有关。一般来说，在其他条件相同的情况下，集中排放的环境容量比分散排放小，瞬时排放比连续排放的环境容量小，岸边排放比河心排放的环境容量小。因此，限定的排污方式是确定环境容量的一个重要确定因素。

（4）水环境容量计算

水环境容量是由水环境系统结构决定的，表征水环境系统的一个客观属性，为了计算水体的环境容量，研究人员提出了很多水环境容量计算模型。

① 河流水环境容量模型　污染物进入水体以后，存在 3 种主要的运动形态：随环境介质的推流迁移、污染物质点的分散以及污染物的转化与衰减。

如果将所研究的河流环境看成一个存在边界的单元，V 代表单元的容积；Q_0、C_0 代表从上游流入该单元的流量和污染物浓度；q、C_1 代表由侧向进入该单元的流量和污染物浓度；C 代表单元中经过各种反应过程以后的污染物浓度；Q 代表从该单元输出的介质流量。由质量平衡可以写出完全混合模型：

$$V \frac{dC}{dt} = Q_0 C_0 - QC + qC_1 + rV \tag{2-2}$$

式中　r——污染物的反应速率；

rV——由于单元中的反应作用导致的污染物增量。

如果反应项只考虑污染物的衰减，即 $r = -kC$，且讨论稳态问题，即：$V \dfrac{dC}{dt} = 0$，上式可以写成：

$$Q_0 C_0 - QC + qC_1 - kVC = 0 \tag{2-3}$$

式中　k——污染物衰减反应速率常数。

根据水环境容量的定义，当系统中污染物的浓度 C 等于水环境功能区的环境质量标准 C_S 时，系统外输入的污染物量就等于系统的水环境容量，即：

$$R = qC_1 = (QC_S - Q_0 C_0) + kVC_S \tag{2-4}$$

由式（2-4）可以看出，环境容量由两部分构成。第一部分（等式右边第一项）是由于推流作用产生的容量，决定于水体的流量、功能区水环境质量标准以及上游的水质状况，也可以称为目标容量；第二部分（等式右边第二项）是降解容量，与污染物的降解性能、水体容积有关，降解反应速度越高、水体容积越大，降解容量越大。

如果污水的流量可以忽略，即 $Q = Q_0$，则式（2-4）可以写作：

$$Q = Q(C_S - C_0) + kVC_S$$

如果上游水体的污染物浓度与目标水体的水环境质量目标一致，即 $C_0 = C_S$，则式（2-4）可以进一步写作：

$$R = kVC_S \tag{2-5}$$

从上面的分析可以看出，若 $C_0 < C_S$，其目标容量为正值，则 $R > kVC_S$；若 $C_0 > C_S$，其目标容量为负值，则 $R < kVC_S$。目标容量为正值是指水体中污染物的浓度低于水环境质量目标时水体可以接收污染物量，这部分容量只是"临时容量"，一旦水体污染物的浓度达到水环境功能区的水质标准，这部分容量就不复存在。对于水环境保护来说，可以正常利用的水环境容量只是第二部分容量，即降解容量。

② 综合水质模拟模型　自 20 世纪初 S-P 模型诞生以来，水质模型取得了很大的发展。模型机理越来越细致，模拟的状态变量越来越多，从简单的 BOD-DO 耦合模型，发展到氮、磷模型、富营养化模型、有毒物质模型和生态系统模型；模型模拟的时空尺度不断扩大，在

时间尺度上，从早期的稳态模型发展到动态模型；在空间尺度上，可以进行一维、二维到三维的水质模拟；同时随着计算机技术、网络技术、地理信息技术和软计算技术的发展，也极大地推动了水质模型的发展和完善。这一方面归功于科学家对污染物在水环境中的迁移、转化和归宿研究的不断深入外，另一方面也得益于日益广泛的水环境管理的需求。

目前文献中常见的综合水质模型系统有 WASP、CE-QUAL-ICM、EFDC/HEM3D、MIKE3 和 RMA10 等，可实现河流、湖泊、水库、河口和沿海水域等一系列水质问题的模拟，支持河流的水环境容量的计算。

（5）水环境容量分配

水环境容量分配是指将计算得出的环境容量以允许排放负荷的形式分配至各个污染源。

① 分配原则　允许排放负荷分配的原则通常要考虑科学性、公平性、效率性和经济性。科学性基于科学的计算河流环境容量和排污口的允许纳污量。公平性是指均等对待所有参与者，同类型的不同污染源具有平等的分配权利。公平是一个相对概念，从不同的角度有不同的衡量标准与解决方法。公平性原则需要考虑区域人口、经济、环境承载力、现状环境状况等条件下，尽可能地减少因分配问题而导致的纠纷。效率性是指在可行的前提下，以最小的投入或损耗换取最大的效益。经济性是在确保污染负荷分配方案科学可行、公平、有效之后，追求在控制单元范围内以最少的经济投资获取最大的环境效益。

② 分配技术　国内外的专家学者们提出了众多污染负荷分配方法，比如表 2-1 中所列的美国最大日负荷（TMDL，total maximum daily load）计划常用的污染负荷分配方法。

表 2-1　美国 TMDL 计划中污染负荷分配方法

序号	分配方法
1	等比例削减(处理)法
2	相同排放浓度限制法
3	等日排放总量法
4	等人均日排放总量法
5	等量削减法
6	(污染源)周围水质年均值相等法
7	单位污染物去除等处理成本法
8	单位产量相同处理成本法
9	单位原料消耗相同排放量法
10	单位产量相同排放量法
11a	每日原始负荷等比削减法
11b	鼓励较大设施达到较高去除率法
12	根据社区有效收入的等比例削减法
13a	排污量收费法
13b	超量排污收费法
14	基于费用效率分析的季节性限值法
15	最小处理费用分配法
16	最佳可行技术(工业污染的 BAT)加上城市市政污水的特定级别处理
17	基于不同排放者等努力处理的降解容量分配法
18a	城市市政污水:基于污水处理设施规模的设定处理率法
18b	工业污水:最佳实用技术(BPT)和最佳可行技术(BAT)的等比例法
19	基于河流流量和季节差异设定企业排放量法

尽管具体的方法种类和数量很多，并且分别适用于不同的情景和目标，但是概括起来，常用的分配方法基本上可以归结为最优化分配方法和公平分配法两大类。

最优化分配法的显著特征是具有单一的最大化（或最小化）目标。这个目标可以是污染物去除的总成本，也可以是污染物的去除总量。

公平分配法即将污染负荷按污染源的某一属性进行平均分配。目前关注较多的公平分配方法有：区域差异法、基尼系数法、等比例削减法、按贡献率分配法等。

2.1.2 河流生态需水理论

保障城市河流生态需水量是保障河流自净能力，发挥河流自然功能和生态服务价值的基础。

河流生态需水量是维持河流水生生物的正常发育及河流系统的基本动态平衡、维持相应水质水平所需要的水量。根据城市河流生态需水的定义，广义上讲是维持水热平衡、生物平衡、水沙平衡、水盐平衡等所需要的水；狭义上讲是指为维护生态环境质量不恶化并逐渐改善所需的水量。

常用的河流生态需水量计算方法主要包括：水文学法、功能法和生境法等。

2.1.2.1 水文学法

水文学法也称历史流量法，是通过历史流量记录来评价河流生态状况的一种方法。常用的水文学法包括如下几种。

（1）Tennant法

Tennant法是应用广泛的一种方法之一，其主要依据过去长期的流量记录，认为这些长系列流量可以反映自然生态系统的运行模式。根据水生生物生境与流量关系的研究：河道内径流为河道平均流量的60%，可以为大多数水生生物在主要生长期提供优良至极好的栖息条件和多数娱乐用途所推荐的径流量；河道内径流河道平均流量的30%，这是保持大多数水生动物有良好的栖息条件和一般的娱乐活动所推荐的基本径流量；河道内径流河道平均流量的10%，是保持大多数水生生物短时间生存所推荐的最低瞬时径流量（见图2-2）。

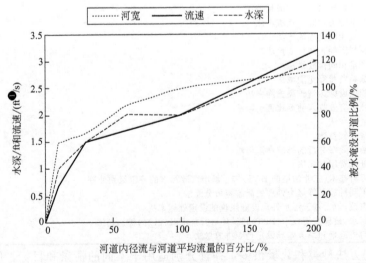

图 2-2　河道内径流占河道平均流量比例与水深、流速及河道宽度变化关系

---

❶ 1ft＝0.3048m。

随着研究的不断深入，专家根据水量对生物物种和生境的有利程度给出表 2-2 中的若干流量级别，在年内不同阶段按照河流年平均流量的百分比来表示。认为河流年平均流量的10％为维持河流生态系统的最低流量，也是河流的生态基础流量。

表 2-2　对应于河流生态功能的流量分级表

流量级别及其对生态的有利程度	河流生态流量占年平均流量的百分比（10～3月）/％	河流生态流量占年平均流量的百分比（4～9月）/％
最大	200	200
最佳范围	60～100	60～100
极好	40	60
非常好	30	50
好	20	40
中或差	10	30
差或最差	10	10
极差	0～10	0～10

Tennant 方法的优点是不需要进行专门的生态需水现场测量。对于设有水文站的河流，年平均流量可以从历史资料获得；对于没有水文站的河流，也可通过水文知识间接获得。

（2）7Q10 法

一种较常用的水文学法是 7Q10 法，该法基于水文学参数，考虑水质因素，采用 90％保证率最枯月连续 7d 的平均水量作为河流最小流量设计值。

（3）最小月平均流量法

该方法在我国使用较多。参考 7Q10 法，结合我国的具体情况对上述方法进行了修改，我国在《制订地方水污染物排放标准的技术原则和方法》（GB 3839—83）中规定：一般河流采用近十年最小月平均流量或 90％保证率最小月平均流量。

（4）河道生态流速、生态水位法

主要适用于城市的季节性河流，考虑到流量变化的季节性，一般汛期水量丰富，能够满足生态流量的要求；枯水期因无固定水源，需要用最小生态流速和生态水深来确定。最小生态流速和生态水深的取值要结合各地的具体情况确定。

2.1.2.2　功能法

功能法主要从水生态环境保护的角度，基于城市河流的主要功能确定其生态需水量。城市河流生态需水通常主要考虑生物栖息地需水、稀释净化需水以及景观环境需水。

（1）生物栖息地需水

对于河流的水生生物，其主要栖息地为河道内的水域，故城市河流需要一定的水深才能满足生物栖息的基本要求；此外，为了河流内部的自净能力，河流必须达到一定的流速。因此对于计算城市河道的生物栖息地生态需水量，可根据城市河流生物的需求，从水深及流速两个角度计算其需水量。此外，由于河道中水量存在蒸发渗漏，故在计算中要考虑蒸发渗漏损失，可以用计算公式表示为：

$$W_1(t_i) = H_{生i}S_i + W_损(t_i) \tag{2-6}$$

$$W_1(T) = MAX(H_{生i}S_i) + \sum W_损(t_i) \tag{2-7}$$

式中　$W_1(t_i)$——第 t_i 时段河流生物栖息地需水量，10^4m^3；

$\qquad H_{生i}$——第 t_i 时段河流生态水深，m；

$\qquad S_i$——第 t_i 时段河段平均水面面积，10^4m^2；

$\qquad W_损(t_i)$——第 t_i 时段河流水量损失的需水量，10^4m^3；

$\qquad W_1(T)$——T 周期内河流生物栖息地需水量，10^4m^3。

有些生物对流速较敏感，可以以流速作为生物栖息地需水的控制因素，生态需水量计算公式可表示为：

$$W_1(t_i) = V_{生i}A_it_i + W_损(t_i) \tag{2-8}$$

$$W_1(T) = \sum_i (V_{生i}A_it_i) \times 10^{-4} + \sum W_损(t_i) \tag{2-9}$$

式中　$V_{生i}$——第 t_i 时段河流生态流速，m/s；

$\qquad A_i$——第 t_i 时段控制节点断面面积，m^2；

其他符号含义同上。

在实际的河道生物栖息地需水的计算中，可以根据不同的实际情况，尤其是在水资源量受限的情况下，可以在一个计算周期内选择不同的计算方法，分别采用生态流速和生态水深计算。

（2）稀释净化需水

城市点源、非点源的入河污染控制是城市河流水环境管理的基础，不过由于各种原因，城市河流仍会有污染进入水体。稀释净化需水是指为改善水质而需要补充到河道中的水。

进行稀释净化需水量的计算，首先对河流的水体现状及污染物情况进行调查，确定河流主要水质问题，选择关键水质因子为主要水质控制目标。根据城市河流污染物质排放量及其分布，河流的水文、污染物排放等状况，建立河流水质模型，计算满足水质目标的水量需求。对于难以建立机理水质模拟模型的资料较少的河流，可以用如下计算公式计算：

$$W_2(T) = \frac{P}{(C_s - C_0) + KC_sX/V} \tag{2-10}$$

式中　$W_2(T)$——河道生态稀释净化需水量，m^3；

$\qquad P$——计算河段污染物质量，t/a；

$\qquad C_s$——计算河段生态水质目标，mg/L；

$\qquad C_0$——计算河段污染物自然背景浓度值或来水污染物浓度，mg/L；

$\qquad K$——计算河段中污染物综合衰减系数，s^{-1}；

$\qquad X$——计算河段长度，m；

$\qquad V$——计算河段水体平均流速，m/s。

（3）景观环境需水

景观环境需水要从水量、水质两个角度分析，水质的需求在稀释净化需水的水质目标中确定，即可满足水质要求。这里主要从水量的角度来计算。水量方面主要是为了满足人类的视觉感观（亲水特性）、旅游等功能，主要体现在水面大小与水深上，计算公式如下：

$$W_3(t_i) = H_{景i}S_i + W_损(t_i) \tag{2-11}$$

$$W_3（T）=MAX（H_{景i}S_i）+\sum W_损（t_i）\tag{2-12}$$

式中　$W_3（t_i）$——第 t_i 时段河流景观环境需水量，$10^4\,m^3$；

　　　　$H_{景i}$——第 t_i 时段河流景观环境水深，m；

　$W_3（T）$——T 周期内河流景观环境需水量，$10^4\,m^3$；

其他符号含义同上。

（4）基于功能的城市河流最小生态需水量

根据"木桶效应"原理，在满足各种生态功能的生态需水量计算的基础上，选择不同功能下生态需水的外包络线，可得到满足各种功能的需求的需水量，即最小生态需水量，公式如下：

$$W（T）=MAX\{W_1（T），W_2（T），W_3（T）\}\tag{2-13}$$

式中　$W（T）$——周期 T 内生态需水量；

其他符号含义同上。

2.1.2.3　生境法

生境是指动植物生存的周围的物理环境，描述河流的生境特征，包括水深、流速，这些直接与流量相关。生境法是对水文学法的扩展应用，是把水文学条件与特定的生态需求建立起来计算流量的。因为这种方法直接把水文学与生物、生态之间联系起来，所以在美国这种方法是应用最为广泛的。常用的生境法包括如下方法：

（1）IFIM 法

IFIM（instream flow incremental methodology）法根据现场数据，如水深、河流基质类型、流速等，采用 PHABSIM（physical habitat simulation component）模型模拟流速变化和栖息地类型的关系，通过水文学数据和生物学信息的结合，决定适合于一定流量的主要的水生生物及栖息地。

（2）CASIMIR 法

CASIMIR（computer aided simulation model for instream flow requirements in diverted stream）法是基于现场数据、底部流量在时间和空间上的变化。首先从现场观测的数据中，分析底部剪力与流量水平之间的关系，其次建立该区域水动力学模式与天然流量、关键生物的偏好之间的模型，与 IFIM 相同，评价河流中关键生物的数量与水量变化之间的关系。

（3）BBM

BBM（building block methodology）法推动了河流生态需水评价向一个全新的方向发展，它强调河流生态系统的每个组成部分结构和机能的健康，而不只是重视某些物种，该方法在南非和澳大利亚得以广泛使用。

2.1.3　河流生态健康理论

生态学是研究生物体与其周围环境（包括非生物环境和生物环境）相互关系的科学，而河流生态学（river ecology；stream ecology）是研究河流中水生生物群落结构、功能关系、发展规律及其与周围环境（理化、生物）间相互作用机制的理论科学。河流生态学研究的重点是河流生命系统与生命支持系统之间的复杂、动态、非线性、非平衡关系，其核心问题是生态系统结构功能与重要生境因子的耦合、反馈相关关系。这里所说的重要生境因子是指：水文情势、水力学特征、河流地貌等因素。

河流生态健康理论是伴随着人们对河流生态环境退化的关注而产生的。它是人们从水质、生物以及生态等众多角度更好评估河流生态系统状况，进而改善河流管理的一种河流管理评估工具和技术手段。

2.1.3.1 河流生态健康的内涵

生态系统健康是指系统具有活力、稳定和自我调节的能力，可以指为生态系统的生存和发展提供持续良好的生态系统服务功能。生态系统健康包含两方面内容：满足人类社会合理要求的能力和生态环境自我维持与更新的能力。

生态系统健康首先要保持结构和功能的完整性，保证生态系统服务功能，这样才具有抗干扰力和干扰后的自我恢复能力，才能提供长期的生态服务。一般认为，生态系统健康是指生态系统处于良好状态；生态系统不仅能保持化学、物理及生物完整性，还能维持其对人类社会提供的各种服务功能。著名生态学家 R.Constanza（1992）提出的生态系统健康概念涵盖了 6 个方面，即自我平衡、没有病征、多样性、有恢复力、有活力和能够保持系统组分间的平衡。

因此，河流生态健康是基于河流管理而提出的一种评价河流状况的概念，用以综合评判河流在某一特定时段所呈现状态，在此基础上判断河流生态系统是否能够维持自身的生态环境功能正常发挥，以及满足人类社会各种活动的需求，从而为受损河流生态修复和流域水资源管理提供决策依据。

2.1.3.2 河流生态健康评价

随着河流生态健康理论的发展，河流生态健康状况评价在很多国家先后开展，并分别提出了不同的河流健康状况评价内容及评价指标。河流健康评价多以原始状态或干扰极小的状态作为参考状态，即评价标准。

按照指标内容的不同，河流生态健康评价方法可分为指示物种法和结构功能指标法。

指示物种法是一种评价河流生态健康状态比较有效的方法，但采用指示物种法评价河流的环境状态需要有大量的生物数据及生物与环境变量间关系的研究作基础，在缺少生物数据及相关研究的区域，指示物种法的使用受到了限制。

结构功能指标法综合了生态系统的多项指标，来反映河系统的过程以及结构功能的状态。该方法一般可以分为单一指标评价和由指标体系组成的综合评价。单一指标评价就是选定最能体现系统健康特征的指标来对河流系统进行评价。但是由于在流域范围内对所有干扰都敏感的单一河流健康指标是不可能存在的，故而很少被使用。结合了来自不同学科的多个指标组成指标体系的综合评价法，则在一定程度上可弥补指示物种法的不足，更好地评价河流的健康状况。因为在这一类指标体系中包含反映河流健康不同信息的指标，利于全方位揭示复杂的河流生态系统存在的问题。许多国家也倾向于发展综合评价法，所以综合评价法将是今后河流健康评价的一个发展方向。但就目前的发展状态看，这种评价方法也存在一定的缺陷，由于河流系统本身的复杂性，每个指标体系都包含大量指标，增加了评价工作的难度及工作量，影响了指标体系的推广使用。表 2-3 为当今国际上主要河流健康状况的评价方法，其中较为具有代表性的结构功能指标法有 RCE、ISC、RHS、RHP 和 USHA 等。

表 2-3 国际上主要的河流健康状况评价方法

类型	评价方法	主要作者	内容简介	特点
单指示物种法	RIVPACS	Wright (1984)	利用区域特征预测河流自然状况下应存在的大型无脊椎动物，并将预测值与该河流大型无脊椎动物的实测值相比较，评价河流健康状况	能较为精确地预测某地理论上应该存在的生物量；但该法基于河流任何变化都会影响大型无脊椎动物这一假设具有一定片面性
单指示物种法	AUSRIVAS	Simpson 和 Norris (1994)	针对澳大利亚河流特点，在评价数据的采集和分析方面对 RIVPACS 方法进行了修改，使得模型能够广泛地用于澳大利亚河流健康状况的评价	能预测河流理论上应该存在的生物量，结果易于被管理者理解；但该方法仅考虑了大型无脊椎动物，未能将水质及生境退化与生物条件相联系
多指示物种法	IBI	Jk Karr (1981)	着眼于水域生物群落结构和功能，用 12 项指标（河流鱼类种丰富度、指示种类别、营养类型等）评价河流健康状况	包含一系列对环境状况改变敏感的指标，可对所研究河流的健康状况做出全面评价；但对分析人员专业性要求较高
多指示物种法	RCE	Petersen (1992)	用于快速评价农业地区河流状况，包括河岸带完整性、河道宽/深结构、河岸结构、河床条件、水生植被、鱼类等 16 个指标，将河流健康状况划分为 5 个等级	能够在短时间内快速评价河流的健康状况；但该方法主要适用于农业地区，如用于评价城市化地区河流的健康状况，则需要进行一定程度的改进
多指示物种法	ISC	Lanson (1999)	构建了基于河流水文学、形态特征、河岸带状况、水质及水生生物 5 方面（共计 19 项指标）的指标体系，将每条河流的每项指标与参照点对比评分，总分作为河流健康状况评价的综合指数	将河流状态的主要表征因子融合在一起，能够对河流进行长期的评价，从而为科学管理提供指导；但缺乏对单个指标相应变化的反映，参考河段的选择较为主观
多指示物种法	RHS	Raven (1997)	通过调查背景信息、河道数据、沉积物特征、植被类型、河岸侵蚀、河岸带特征以及土地利用等指标来评价河流生境的自然特征和质量	较好地将生境指标与河流形态、生物组成相联系；但选用的某些指标与生物的内在联系未能明确，部分用于评价的数据以定性为主，使得数理统计较为困难
多指示物种法	RHP	Rowntree (1994)	选用河流无脊椎动物、鱼类、河岸植被、生境完整性、水质、水文、形态七类指标评价河流的健康状况河流系统对各种外界干扰的响应	较好地运用生物群落指标来表征河流系统对各种外界干扰的响应；但在实际应用中，部分指标的获取存在一定困难
多指示物种法	USHA	Suren (1998)	选用流域宏观指标（流域地貌、河流等级、降水）、河道中观指标（河岸稳定性、河道改变、流量等）、河岸植被中观指标（覆盖率、植被类型、优势种等）以及河床微观指标（底质稳定性、水生生物等）评估城市河流的生境状况	开发了较好地评估城市河流生境状况的方法和程序，但主要根据新西兰河流状况设置，应用到其他地区仍需进一步改进，且指标较多，评估难度较大

2.1.3.3 河流生态健康与河流管理

河流生态健康是面向河流管理而提出的一种评价河流生态状况的概念，用以综合评判河流生态系统结构和功能的整体状态，并为河流管理提供决策。两者关系具体表现在以下几个方面。

① 河流生态健康状况研究是河流管理的基础　河流生态健康状况研究的主要目的是了解河流生态系统的结构和功能状况，预测河流可能的演变和生态健康状况发展趋势。而河流管理首先应了解河流现状，剖析影响河流生态健康的内因和外因，分析河流生态健康状况的可能发展趋势，从而制定或采取针对性的河流管理措施，以更好地维护河流的良好运行。合理的河流开发利用、综合整治、河流修复等都应基于河流生态健康状况研究。

② 河流生态健康是河流管理的目标　河流生态健康是河流生态系统功能正常发挥的前提和基础，健康的河流生态系统能发挥其生态系统功能，提供最大限度的持续稳定的生态系统服务。河流管理的目标就是更好地发挥河流的各项功能，以实现环境、资源、社会经济的可持续发展。因此，维持河流生态健康，保障其功能的正常发挥是河流管理的目标。

③ 河流科学管理是河流生态健康的先决条件　河流管理是维护河流生态健康状况的重要手段，它为河流的良好运行和功能的发挥提供了重要的保障。良好的河流管理能为河流生态健康发展创造良好的环境，提供较佳的条件。当河流生态健康状况受损时，应采取相应措施对河流进行修复，并加强河流管理以保障河流修复措施的有效实施，尽快恢复河流生态健康。因此，只有在优化、有效的适应性河流管理基础之上，河流才可能维持其健康、可持续的状态。

2.2　城市河流环境修复技术体系

城市河流环境修复技术种类众多，其技术、经济特征也各不相同，再加上不同城市河流所处的地区经济发展阶段不同，河流自身水文水质、污染情况各异，使得各种技术措施治理效果、经济、环境效益也不尽相同。然而目前，城市污染河流环境修复还缺乏较为完善的技术体系，缺少技术比选依据和原则，在很多地方城市环境河流修复工程中，修复技术的选择和应用比较主观和盲目。针对不同污染程度的城市河流的环境修复，现阶段所采用的治理技术多注重于某一段河道在某一时期内的治理措施。

因此有必要系统梳理国内外城市河流污染治理的技术及其实践，形成系统的城市河流修复的技术体系，进而从技术、经济和社会特征角度出发进行适用技术的筛选，指导城市河流的修复和管理。

2.2.1　城市河流环境修复的技术路线

这里从时间（不同治理修复阶段）、空间（异地、原位、旁位）和技术原理角度对城市河流治理技术进行梳理，提出修复城市污染河流的技术路线，如图 2-3 所示。

城市污染河流治理和修复是个长期的工作，可以分阶段有针对性的进行，一般可分为 4 个阶段。

（1）城市河流水环境特征识别

城市污染河流水环境特征主要是河流水质、水生态状况和污染物排放特征。首先需要开

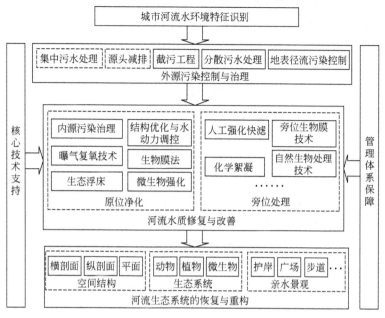

图 2-3　城市河流水环境修复技术路线图

展河流水文、水质、生态的全面调查，识别城市河流的水生态环境特征，鉴别城市河流水体的重点污染物；同时需要识别出各种类型的污染物排放和处理现状，确定重点污染源及其排放特征，有针对性地确定修复目标。对于污染源及其类型的准确识别和排放状况的分析是解决城市河流水环境问题的关键。通常应对影响城市水环境质量的污染源按照点源和非点源进行分类，并重点关注由于人为原因已产生或未来规划要增加的污染源及其负荷。污染源的调查包括河道排污口调查、生活污水污染调查、工业废水污染调查、固体废物污染调查、大气干湿污染沉降调查、地表径流污染调查、航运污染调查和底泥污染调查等。

（2）外源污染控制与治理

入河外源污染的控制与治理是河流水环境修复之本，包括污染物的源头减排，集中污水处理，沿河截污工程，分散入河污水的处理，以及城市降雨径流污染的控制等。入河外源污染的控制与治理的核心就是尽可能多地将污染物削减于进入水体之前，尽可能多地减少入河污染源。鉴于包括产业结构优化、企业清洁生产和循环经济等在内的污染物源头减排策略和技术以及城市污水集中处理技术各自自成体系，并且都有相应的研究，本书就不再赘述。入河截污工程是城市河道治理修复工程中的重要组成部分，主要包括污水的收集技术以及截污设施等，现今污水收集的最主要方式还是重力收集，下面章节会介绍污水收集的其他方式，它们可以作为污水重力收集方式的补充；也将对不同的城市河流截污技术进行归类。对于那些由于各种原因还无法纳入集中污水处理厂进行处理的分散入河污水，也需要结合其分散的特点采取适当的技术进行就近处理，或就近回用，或出水返回河道，补给城市河流的生态需水。城市地表降雨径流污染也已成为城市河流的主要污染源之一，下面章节也将论述基于城市低影响开发 LID（low impact development）的城市降雨径流控制的最佳管理措施 BMPs（best management practices）技术。

（3）城市河流水质修复与改善

在城市河流外源污染控制与治理的基础上，就需要开展城市河流的水质修复和改善。河流水质修复与改善技术总体上按照空间位置分类可分为异地处理（主要是外源污染物的控制与治理，上面已经论述）、旁位处理和原位净化。河流原位净化即指在河道本身进行水质修复技术，主要包括内源污染治理、河流结构优化与水动力调控、曝气复氧技术、生物膜技术、生态浮床、微生物强化技术等。河流的旁位处理是指利用河道旁边的空间采用不同的水质净化技术改善河流水质，所用的技术主要包括人工强化快滤技术、化学絮凝技术、旁位生物膜技术以及自然处理法（稳定塘、人工湿地和土地处理）等。河流的原位净化和旁位处理技术是河流治理与修复的重要途径，是城市重污染河流治理和修复的必要措施。

（4）河流生态系统的恢复与重构

经过外源污染控制和河流的原位净化和旁位处理后，污染河流的水质将得到大幅度的改善，水体自净能力也得到相应的提升。这时应该开展河流自身生态系统的恢复与重构，包括生态河流结构的构造和健康水生生态系统生物链的构建。河流生态系统恢复的基本目标是促进生态系统自我维持和陆地、缓冲区与水生态系统间相互联系的出现，保护河流的生物完整性和生态健康。生态河流结构的构造从横剖面、纵剖面和平面三个角度进行设计，以自然为轴线，减少人工痕迹，模拟自然河流的形态，通过浅滩、深塘、岛屿、洼地等多种形式，尽量利用现状植被，并配以滨水带植物，建成人工的自然生态走廊和动植物适宜的栖息环境，形成自然流动的河流。健康生态链的构建是指包括动物、植物和微生物等生物群落为主体的生物链的恢复。河流生态系统生物群落的恢复包括水生植物、底栖动物、浮游生物、鱼类等的恢复。在河流水体污染得到有效控制以及水质得到改善后，河流生物群落的恢复可通过自然恢复或进行简单的人工强化，条件合适时可采用人工重建措施。生态河道亲水景观的营造也是这个阶段的重要任务，主要结合居民的景观、文化、休闲、教育等需求，通过亲水护岸、亲水广场、亲水步道等建设为居民营造一个乐水、近水、戏水的场所。

2.2.2 城市河流水环境修复技术分类

城市河流水环境修复技术种类繁多，不同技术对于不同类型的河流以及不同的污染物类型，其净化效果也各不相同。从不同分类的角度，各类河流水环境修复技术的分类也不同。在此借鉴国内外城市河流修复经验，从河流修复的阶段性目标出发，总体上将其分为城市河流水质修复技术和城市河流生态系统修复和重构技术。

而城市河流水质修复技术又可从原理出发，分为物理技术、化学技术、微生物技术和生态技术；根据污染河流的处理系统与河流的相对空间关系，可分为河流外源污染控制与治理、河流原位水质净化、河流水质旁位处理三类。

2.2.2.1 基于技术原理的水质修复技术

城市河流水质修复技术根据处理技术原理的不同，可分为物理技术、化学技术、微生物修复技术和生态修复技术，这也是目前国际上采用最多的河流修复技术分类方法，其体系如图 2-4 所示。

物理法主要包括底泥疏浚、底泥覆盖、截污工程、水动力调控，以及旁位处理中的过滤

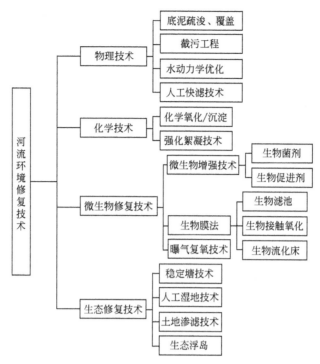

图 2-4　基于技术原理的城市河流环境修复技术分类

技术等。物理法治理会对改善河流水质，减轻河流的黑臭，提升城市河流景观功能起到良好的作用。但是物理法需要建造大型的构筑物或进行相应的工程，费用较高，影响范围大，如底泥疏浚不当很可能造成二次污染，也受到当地水利、水文条件的限制。

化学法主要是指向污染水体中投加化学药剂，通过药剂与污染物质发生化学反应，使水体中的污染物得以去除的一种方法，主要包括强化絮凝、化学氧化和化学沉淀等。所使用的化学药剂主要有铁盐和铝盐等混凝剂、过氧化钙等氧化剂和生石灰等沉淀剂，目的在于去除水中目标污染物悬浮物，提高水体透明度。使用化学法时，要避免其对生态系统的负面影响。

微生物修复技术是利用微生物的生命活动，对水中污染物进行转移、转化及降解作用，从而使水体得到净化。微生物修复技术主要包括投放生物菌种或微生物促生剂、生物膜法和曝气复氧技术。之所以将曝气复氧技术归入微生物修复技术，主要是因为曝气复氧技术虽然本身是通过物理作用向水体中充氧，应属于物理技术，但曝气复氧技术产生的作用是恢复和增强水体中好氧微生物的活力，使水体中的污染物质得以净化，从而改善河流的水质，主要属于微生物作用，所以归入微生物修复技术范畴中。

生态修复技术主要是利用自然处理系统、土地和植物等对水中污染物进行降解和去除，从而使河流水体得到净化。其主要包括稳定塘技术、人工湿地技术、人工渗滤技术和人工浮岛技术。

2.2.2.2　基于空间关系的河道环境修复技术

（1）河道外源污染控制与治理

主要是指在各种水环境污染物产生的源头进行控制，或者将其收集后进行集中的污水处理，控制污染物的入河，主要包括污水集中处理、工业污染的源头控制（产业结构优化、企业清洁生产、产业的循环经济)、污水收集和截污技术、分散入河污水的处理和城市地表径流污染控制等。

（2）河道原位净化

污染河流的异地处理方法虽然具有处理效率高、处理水可以回用等优点，但工程建设投资较高，对于污染负荷较轻或水量较小的河流，可以在河道内进行原位净化。污染物入河后的处理，一般来说所用技术或者为周期性去除水体内源污染的技术（比如底泥疏浚和底泥覆盖），或者是为提高河流流态的技术（比如河流结构优化与水动力调控），或者为提高水体自净能力的技术（比如曝气复氧、生物膜和生态浮床），或者是应急性的技术（比如投加化学药剂或生物菌剂）。

（3）河道旁位处理

污染河流的原位净化虽不需要另建管网系统，全部河水在河流内直接处理，但受河流容积的限制，以及水流速度、水力冲刷等因素的影响，一些原位净化法，如投菌法、生物膜法等往往效果难以持久保持。河流的旁位处理技术是在河岸带上建设污水处理系统，将河水分流其中进行单独处理，如建于河岸上的人工湿地处理系统、氧化塘以及多种形式的生物床或生物反应器等。在实际应用中，还可以将各种技术进行改型和改造，或将多种技术进行灵活组合，净化后的水再返回河流，以达到高效低耗净化河水的目的。这种旁路处理法介于异地处理法和原位净化法之间，既可保证污染河水得到充分有效的处理，保障河流原有各功能的作用，又不必兴建大规模的管网。旁路处理法起着人工强化河岸带的作用，是目前受污染河流治理中值得关注的一条新思路，欧洲、美国等发达国家和地区一直非常重视河岸带的生态缓冲作用。

河流水的原位净化或旁路处理法，适用于主要外源已经截除，现状受污染相对较轻的河流。而以中国目前的国情，尤其是在污水收集、污染源控制等方面存在突出问题的地区，大量缺乏必要处理的各种类型污水被混合排放进入城市河流，使河流遭受严重污染。污染河流水的水质一般介于生活污水与工业废水之间，所以一些生活污水的处理工艺和工业废水的处理技术都可以经过适当改造后用于河流水质的原位和旁位处理中，但这些技术都必须具备处理效果良好、运行维护方便、不影响河岸边环境和居民生活、造价适当、运行经济可靠等优势。

2.2.2.3　河流环境修复技术矩阵

将城市河流水污染治理与环境修复技术按原理和空间的两种分类方式按矩阵的形式进行排列，详见表 2-4。

表 2-4　河流修复技术类别的矩阵排列

空间分类 ＼ 原理分类	物理法	化学法	生物/生态法
入河前： 异位处理	污水收集、截污工程	污水厂处理技术中的化学法	污水厂处理技术中的生物/生态法
	分散污水处理技术	分散污水处理技术中的化学法	分散污水处理技术中的生物/生态法
	城市径流污染 LID-BMPs 控制中的沉淀、过滤、吸附等技术	城市径流污染 LID-BMPs 控制中的化学法	城市径流污染 LID-BMPs 控制中的生物/生态法

原理分类 空间分类	物理法	化学法	生物/生态法
河道内： 原位净化	内源污染控制：底泥疏浚、底泥覆盖	化学絮凝技术：投加化学药剂	河流曝气复氧技术
	水系沟通与结构优化	底泥覆盖	生物膜技术：砾间接触氧化、人工生态基
	推流与动力学调控		生态浮床
	闸坝调度与水动力调控		微生物强化技术：投加生物菌剂或生物促进剂
			生物操纵技术
河岸带上： 旁位处理	人工强化快滤池技术：连续砂滤技术、纤维过滤技术	强化混凝技术	生物膜技术：砾间接触氧化、曝气生物滤池、生物接触氧化、生物流化床
		磁絮凝技术	自然处理法：稳定塘、人工湿地、土地处理技术

2.3　城市河流环境修复技术的筛选

城市河流水污染控制与环境修复技术种类众多，不同技术和措施在实际应用中的治理效果和产生的经济、环境效益不仅取决于技术本身的技术原理和特征，也受实际应用地区的经济发展阶段、河流自身水文、水质、污染源情况影响。在对城市污染河流进行水环境治理实施方案决策前，需要根据河流修复的目标，结合修复河段的环境、经济、资源、社会等具体情况，对技术方案做出"因地制宜"的适用性排序，指导修复方案的筛选。

2.3.1　城市河流环境修复技术筛选的目标与方法

城市河流修复技术的筛选是一个多目标决策，其目标包括污染物去除效果好、效果持久、建设和运行成本低、占地面积小、对周围居民无不良影响、易维护等。最终的确定取决于决策者对这些目标的综合满足程度。

通常，这些目标之间会存在如下特征。

① 目标间的矛盾性　这些目标通常难以同时满足。某种技术可能在某一目标方面有优势，但同时可能在其他目标方面有劣势。比如目前就某种特定水环境治理技术来说，很难使环境、经济、资源等目标同时达到最优，不同目标之间相互作用、相互制约，令决策者难以抉择。

② 目标间的不可公度性　有些目标没有统一的度量标准。如河道治理技术的占地面积目标以"平方米"为单位来计量，建设成本以"元"来计量，而维护难度则是定性目标，可分为"不需维护""较易维护""普通维护""难以维护"等级别层次。目标间的不可公度性使得难以直接进行多个目标满足程度的比较。

针对这类多目标决策问题，有不少多目标决策分析方法，包括分层序列法、直接求非劣解法、多属性效用法、目标规划法、多目标模糊决策及层次分析法（AHP法）等。其中的层次分析法是应用广泛的方法之一。

层次分析法是 20 世纪 70 年代由美国学者 Saaty 提出的一种多目标评价决策法。层次分析法能将定量的和定性的数据、专家意见和分析者的客观判断有效地结合起来进行分析。其优点在于系统、量化，决策过程清晰明确，简洁实用。具体实施时，首先通过对各种技术的特征分析，对各技术的污染物去除功效、成本投入、资源需求及社会影响等因子作出评价，结合所在拟建区水质控制目标、拟建区的投资预算、区域土地资源特征及所在区社会敏感性，通过专家意见调查确定各因子权重，综合得到备选技术的拟建区适用性排序，指导可行技术方案的最终选择与制定。

2.3.2 技术筛选的指标体系

2.3.2.1 指标体系的建立原则

为了客观、科学、全面地反映和评价决策问题，指标体系的建立应服从以下 4 条原则：

（1）科学完整性

即指标的选取、权重系数的确定、数据的选取、计算与合成必须以公认的科学理论（统计理论、管理与决策科学的理论等）为依据。指标的完整性要求指标体系中包含所有与决策相关的指标，即所有影响决策的因素或主要考虑因素在该指标体系中都应该有相应的指标去表现，这样才能保证决策的全面性和准确性。任何一个指标的所有下层指标可以较完整地定义该指标，即子指标的集合应该能够充分表征其母指标。

（2）可操作性

首先，设计的指标要能进行横向、纵向比较，具有国别间的可比性和历史可比性。其次，指标的可操作性要求最底层的指标的值有意义且可以获得。其可以是定量值，如 COD 负荷量、经济投资等，也可以是定性评价值，如居民对其居住地附近兴建污水处理厂的接受度可以分为愿意接受、接受、不接受、极不愿接受等等级。

（3）可分解性

指标的可分解性是指属性值可独立分析，也就是说，属性值是相对独立的。只有指标相对独立，该指标体系才能更客观真实地反映决策过程，反之，指标之间的独立性越差，越容易在决策过程导致某些指标被重复计算，进而增加了其权重，而导致决策指标体系的偏离。然而，独立性问题在指标体系中在所难免，这就需要在使用层次分析法进行多目标决策时，构造指标体系时应对指标的独立性进行检查，同时，在评价完成后应进行指标的不确定性分析，避免决策失误。

（4）无冗余性

指标的无冗余性是指任意两个最下层指标属性是不同的，即任意一个指标均无法被别的指标所代替。在保持完整性的同时，应该尽量减少指标数量：这是为了使指标便于把握，同时也减少了指标体系的不确定性误差。

2.3.2.2 指标体系及指标含义

根据上述原则，以城市污染河流水环境整治技术评价为决策目标，可从环境、经济、资源、社会四个方面建立各技术的筛选指标体系，如图 2-5 所示。

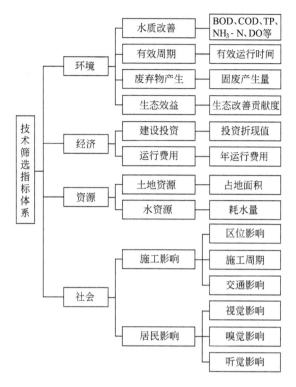

图 2-5 技术筛选指标体系

（1）环境准则

环境准则用于评价各项水环境整治技术工程的应用为河流环境带来的环境效益，它主要包括 4 个要素，即水质改善、有效周期、废弃物产生量和生态效益，如表 2-5 所列。4 种要素的具体指标根据具体城市河流面临问题的不同而有所差异。环境准则是水环境整治技术综合筛选指标体系中的核心，通常是一项技术是否适用于拟建区域最根本的考量指标。

表 2-5 环境准则包涵的指标及说明

准则	要素	主要指标	说明
环境	水质改善	BOD、COD、NH₃-N、TP、DO、叶绿素等	每种技术方案下的河流的 BOD、COD、NH₃-N、TP、DO、叶绿素等浓度变化，作为该项技术工程的水质改善定量化指标
	有效周期	有效运行时间	该工程投入使用后能够有效运行的时间
	废物产生	固体废物产生量	该城市污染河流水环境整治技术工程的运行过程中，所产生的固体废物量，主要为污泥等
	生态效益	生境改善贡献度	对改善河流生境系统的贡献程度的定性评价。如流态改善、食物链恢复等，分为四个等级：破坏生态，普通，良好，很好

（2）经济准则

经济准则反映了一项技术工程中的经济成本，如表 2-6 所列。资金问题往往是一个方案实施过程中最主要的限制条件，在很大程度上决定了一项技术工程是否能够得到应用，也是目前很多环境整治项目中重要的考量因素，它主要包括建设投资和每年的运行维护费用两个要素。

表 2-6　经济准则包涵的指标及说明

准则	要素	指标	说明
经济	建设投资	投资折现值	一项技术工程实施过程中,所需要投入的所有经济资金,包括拆迁、建设、设备采购、人力资源等
	运行费用	年运行费用	一项技术工程开始运行后,每年运行维护所需要的经济费用,为更具可比性,可采用单位水量运行成本衡量,单位:元/m³

（3）资源准则

资源准则主要用于评价一项技术在使用运行过程中所需要消耗的资源成本,如表 2-7 所列,反映了该技术在建设用地面积、消耗清洁水资源方面的情况,是反应技术应用的资源成本的综合性指标。一般根据污染河流的区位特征,选择最为重要的土地资源、水资源作为评价要素。

表 2-7　资源准则包涵的指标及说明

准则	要素	指标	说　明
资源	土地资源	占地面积	该项技术的应用所需要占用的土地面积,单位:m²
	水资源	耗水量	如环境调水工程,需要引进清洁的水源以改善河流的水质状况,则其消耗的水量为耗水量,单位:m³

（4）社会准则

随着人们生活品质的提高、环保意识日益加强,人们对城市河道治理的要求除了河道水质还清、消除黑臭污染外,还要逐步满足公众的休闲、娱乐需求,建设和谐的城市滨水空间。同时城市污染河流水环境整治技术工程的建设、实施往往会对周边居民带来比较大的影响,某项技术的施工设计、建设、运行和管理维护过程中,必须考虑周边居民的认可和接受度,如表 2-8 所列。

表 2-8　社会准则包涵的指标及说明

准则	要素	指标	说　明
社会影响	施工影响	区位影响	施工地点区位敏感度的综合定性评价,分为 3 个等级:不敏感,略敏感,敏感
		施工周期	施工建设所需要的时间
		交通影响	该项工程对城市交通带来的影响。分为 4 个等级:施工期阻碍交通,施工期明显加大交通负荷,略有影响,无影响
	居民影响	视觉影响	工程的施工和建成运行,给居民在视觉上带来的影响。可采用定性化评价,分为四个等级:极反感,反感,能接受,乐于接受
		嗅觉影响	该工程给居民在嗅觉上带来的影响。可采用定性化评价,分为四个等级:明显反感,略有反感,无明显气味,对空气有改善
		听觉影响	该工程给居民在听觉上带来的影响。可采用定性化评价,分为四个等级:很吵,略吵,能接受,感觉不到

2.3.3　技术评价和筛选

指标体系的每个指标都具有其属性和权重。属性是指标的固有特性,反映了指标绝对价值的大小。例如，污水排放对水体水质的影响，可用污水排放负荷数值作为属性值；污水处理设施的环境效果，可用其每年削减的 COD 污染负荷作为属性值等。属性值可以是绝对数值，也可以是定性评价。权重反映一个指标在整个指标体系中的相对重要程度，这种重要性在很大程度上取决于人们对事物的认识水平和人们所追求的目的。在群体决策中，决策者所追求的目标和对问题的认识往往不一致，反映在他们对权重的认识有一定的差别。权重的主观特征给决策带来了很多矛盾，但也提供了深入探讨、认识问题的契机。

2.3.3.1 指标属性值的赋值

指标属性的量化主要有直接计算、间接计算和相对赋值 3 种方法。

（1）直接计算法

大多数的环境指标和经济指标都可以直接计算。环境质量预测模型是计算环境指标的主要工具，经济指标可以采用工程经济方法计算。

（2）间接计算法

某些指标虽然难以直接计算，但可以通过间接方法计算。例如，某些环境损益指标的值可以用机会成本法、替代市场法、旅行费用法等进行估算。

（3）相对赋值法

对于某些既不能直接计算又不能间接计算的指标，如大多数社会影响指标和工程指标，可以采用相对赋值的方法，在分析的基础上，根据同一个父指标下的各个子指标的相对大小，给以"很小、小、中等、大、很大"的定量描述。

在指标属性量化以后，还要进行属性的规范化。因为有的属性值具有量纲，有的则没有量纲，有量纲的其量纲也未必一致，为了对技术方案进行统一的评价，需要对所有的属性值进行归一化处理，使其转化到统一的度量标准上。比如可采用标量法进行属性值的规范化，对理想技术或方案给予既定的最高分（如 100 分），对刚好满足准则的可行技术或方案给予既定的最低分（如 60 分），其他方案的同一指标的规范化属性值通过线性插值计算。在技术方案的全面评比中，很多指标没有准则值可循，例如大多数工程指标和社会指标，可以根据属性分析的结果，分等级赋予评分。

2.3.3.2 指标权重值的确定

权重的确定可采用专家调查法（也称 Delphi 法）。该方法最早由赫尔姆和达尔克提出，在很多的决策领域得到应用。专家调查法有 3 个特征：匿名制、反馈原则和统计规律。专家调查法依据系统的程序，采用匿名方式，即专家之间不得互相讨论，不发生横向联系，只能与调查人员进行联系，通过多轮次调查专家对问卷所提问题的看法，经过反复征询、归纳、修改，最后汇总成专家基本一致的看法，作为决策的依据。这种方法具有广泛的代表性，较为可靠。

通常专家调查法分为两轮。第一轮，通过书面调查向被调查专家发放调查问卷，请其就指标体系中的各层次的各个指标的重要程度进行打分，此过程为完全"背靠背"的形式。然后通过对返回调查问卷的统计，就调查结果离散率较高的指标再次进行第二轮会议调查，请被调查专家进行解释、讨论甚至修正，完成第二轮调查，这次调查成为"面对面"调查。

2.3.3.3　技术评价和筛选

在取得个指标的归一化属性得分和权重后，就可按照指标体系进行评价。各项技术方案的综合评价得分计算公式为：

$$I_j = \sum X_i I_{ij} \tag{2-14}$$

式中　I_j——j 技术的综合评价得分，j 为待评价技术的个数；

　　　X_i——第 i 指标的权重系数，i 为指标体系中最下一层指标的个数；

　　　I_{ij}——j 技术工程在第 i 指标的最终归一化得分。

根据各技术的综合评价得分，就可以排序给出推荐的技术。

2.4　城市河流环境修复方案的编制与实施

2.4.1　城市河流环境修复方案

城市河流修复的目标是改善河道的水质，恢复城市河流的自然和社会功能，建立健康的河流生态系统。

城市河流环境修复工程是一项长期、复杂的系统工程。河流环境修复方案的制订包含的工作内容如图 2-6 所示。首先需根据城市河流背景资料和存在问题，确定河流环境修复的目标和时空范围。环境修复目标应综合考虑时间、空间、预期工程效果、运行维护管理能力、对外来潜在胁迫的处理能力等因素，不同的河流环境修复工程会有不同的环境修复目标。环

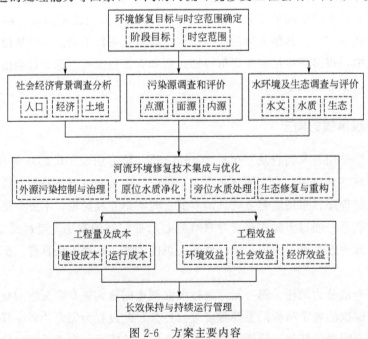

图 2-6　方案主要内容

境修复目标可分阶段，如近期目标可以是消除黑臭、基本满足一般景观需求，长期目标可在此基础上进一步维持和改善，实现水质达到功能区划标准，建成河段环境优美、生态功能健全的生态河道。

随后要根据目标和时空范围，对当地社会经济背景、污染源、水环境及生态状况开展深入的调查和评价分析，为修复方案的制订提供翔实的数据和资料支撑。

下一步要基于修复河流所处地区的自然、社会经济条件，以及河流的水环境状况，筛选合适的修复技术，并提出适宜技术的集成和优化，完成河流环境修复技术方案，通常包括外源污染控制与整理，河流原位水质净化，旁位水质处理，以及河流生态系统的修复与重构。

之后要完成河流环境修复方案的工程量及成本的分析，以及方案实施产生的环境效益、社会效益和经济效益。最后还要给出产生河流水环境质量长效保持和工程持续运行管理的方案。

2.4.2 城市河流环境修复实施的阶段

城市污染河流环境修复工作通常包括规划方案编制、项目设计、工程实施、运行维护管理、效果后评估等阶段（图 2-7）。技术人员根据城市河流管理部门对河流环境修复工作的要求和目标，编制相适应的河流修复方案，并按照管理程序经过评审。随后开始项目的工程设计，准备工程实施。在工程实施阶段，可根据现状具体情况适当调整，不过如果遇到重大变更，需要对原环境修复方案进行变更和重新评估。工程实施完成后，进行运行维护管理阶段，要开展工程效果的评估，检验工程是否已经达到设定的预期目标。如果没达到预期目标，需及时总结原因，调整或补充其他相应修复措施。

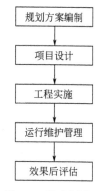

图 2-7 城市河流环境修复的阶段

（1）规划方案编制

在规划方案编制阶段，首先确定河流环境修复的目标和时空范围，随后对当地社会经济背景、污染源、水环境及生态状况开展深入的调查和评价分析。最后要基于修复河流所处地区的自然、社会经济条件以及河流的水环境状况，筛选合适的修复技术，并提出适宜技术的集成和优化方案，完成技术方案的成本效益评估和长效维持方案。

（2）项目设计

在项目设计阶段，要对拟建修复工程的实施在技术上和经济上所进行的全面而详细的安排，是项目建设计划的具体化，也是组织施工的依据。一般项目进行两阶段设计，即初步设计和施工图设计。施工图设计是项目设计中劳动量最大，也是完成成果的最后一步，要绘制出满足施工要求的施工图纸，确定全部工程尺寸、用料、造型等。对于技术上复杂而又缺乏设计经验的项目，在初步设计后加技术设计。

（3）工程实施

工程实施前，需要开展一些必要的评价，如修复地点的污染状况评价等。为避免建设中的常见错误的发生，工程建设实施过程中应该由充分理解修复工程目标的人员进行监测和跟踪。

每条城市河流的特征、主要污染问题、修复技术等各方面是不完全相同的，修复过程也不可能与计划（规划）完全相同。如现场出现较大变化，应根据实际情况适当调整修复工程，以达到修复目标，完成修复任务。

在修复工程建设前、建设中的监测工作很重要，可确定目标是否得以实现及实现程度。如果没有实现，需要进行必要的工作调整。工程建设后的监测有助于确定是否需要开展进一步的工作和调整。

（4）运行管理

运行管理包括城市河流修复工程中净化设施的正常运行、维护检修并相应记录以及一定频率的水质监测等。监测工作对于评价修复工程成功与否、确定影响修复目标实现的因素和问题至关重要。一般对管理者而言，修复工程的目标一旦确定，就不要轻易改变。但当监测提供的信息与预测的生态系统发展轨迹相偏离，就应该或必须对修复工程进行调整。这种适应管理已在许多大型的修复项目上得到应用。

（5）效果后评估

对修复工程的河段进行效果评估，根据方案制定的规划目标，结合水质监测指标的变化进行效果评估，评价监测指标是否达到了规划目标所定的数值。

对监测结果进行汇总分析，并记录和分析修复工程各个阶段所遇到的技术问题，以便及时了解修复进程并对问题进行及时反馈。这些信息有助于将来修复工程成本最小化和成功概率的最大化。修复工程的成果进行相应的宣传，也为将来的城市河流修复工程提供修复依据。

参考文献

[1] Constanza R，Norton B G，Haskell B D. Ecosystem Health New goals for environmental management [M]. Washington D C：Island Press，1992.

[2] Guo Y，Jia H F. An approach to calculating allowable watershed pollutant loads [J]. Frontiers of Environmental Science & Engineering，2012，6（5）：658-671.

[3] Jia H F，Dong N，Ma H T. Evaluation of aquatic rehabilitation technologies in polluted urban rivers and the case study of the Foshan Channel [J]. Frontiers of Environmental Science & Engineering in China，2010，4（2）：213-220.

[4] Karr J R，Chu E W. Sustaining living rivers [J]. Hydrobiologia，2000，422-423：1-14.

[5] Loucks D P，Jia H F. Managing water for life [J]. Frontiers of Environmental Science & Engineering，2012，6（2）：255-264.

[6] Rapport D J，Costanza R，McMichael A J. Assessing Ecosystem Health [J]. Trends Ecol Evolu，1998，（13）：397-402.

[7] Saaty T L. How to make a decision：the analytic hierarchy process [J]. European Journal of Operational Research，1990，48（1）：9-26.

[8] 曹建廷. 河道生态修复工程的组成与生态修复指导原则 [J]. 科技导报，2005，23（7）：67-70.

[9] 程声通. 水污染防治规划原理与方法 [M]. 北京：化学工业出版社，2010.

[10] 程声通，高朗. 工程方案选择的权重-属性决策分析方法 [J]. 环境科学. 2000，21（3）：31-35.

[11] 程声通. 河流环境容量与允许排放量 [J]. 水资源保护. 2003，19（2）：8-10.

[12] 崔瑛，张强，陈晓宏，等．生态需水理论与方法研究进展 [J]．湖泊科学，2010，22 (4)：465-480.

[13] 邓柳．城市污染河流水污染控制技术研究 [D]．昆明：昆明理工大学，2005.

[14] 董男．佛山水道水环境整治技术评价与优化集成研究 [D]．北京：清华大学，2006.

[15] 董哲仁．河流保护的发展阶段及思考 [J]．中国水利，2004，17：16-17，32.

[16] 付意成，徐文新，付敏，等．我国水环境容量现状研究 [J]．中国水利，2010，(1)：26-31.

[17] 黄民生，陈振楼．城市内河污染治理与生态修复：理论、方法与实践 [M]．北京：科学出版社，2010.

[18] 贾海峰，杨聪，张玉虎，等．城镇河网水环境模拟及水质改善情景方案 [J]．清华大学学报，2013，53 (5)：665-672，728.

[19] 罗群．苏州典型断头浜型重污染河道治理技术评价筛选及实证 [D]．北京：清华大学，2013.

[20] 潘再东．小清河济南段水环境容量研究 [D]．济南：山东师范大学，2008.

[21] 钱嫦萍．中国南方城市河流污染治理共性技术集成与工程绩效评估 [D]．上海：华东师范大学，2014.

[22] 宋兰兰，陆桂华，刘凌．浅析生态系统健康评价研究现状 [J]．河海大学学报（自然科学版），2004，32 (5)：539-541.

[23] 王卫平．九龙江流域水环境容量变化模拟及污染物总量控制措施研究 [D]．厦门：厦门大学，2007.

[24] 吴阿娜．河流健康评价：理论、方法与实践 [D]．上海：华东师范大学，2008.

[25] 徐祖信．河流污染治理技术与实践 [M]．北京：中国水利水电出版社，2003.

[26] 徐志侠．河道与湖泊生态需水研究 [D]．南京：河海大学，2005.

[27] 杨华珂，许振文，张林波．生态系统健康概念辨析 [J]．长春师范学院学报，2002，21 (1)：64-67.

[28] 吴阿娜，杨凯，车越，等．河流健康状况的表征及其评价 [J]．水科学进展，2005，16 (4)：602-608.

[29] 杨文慧．河流健康的理论构架与诊断体系的研究 [D]．南京：河海大学，2007.

[30] 杨文慧，严忠民，吴建华，等．河流健康评价的研究进展 [J]．河海大学学报（自然科学版），2005，33 (6)：607-611.

[31] 张自杰．排水工程下册 [M]．第 4 版．北京：中国建筑工业出版社，2011.

[32] 钟华平，刘恒，耿雷华，等．河道内生态需水估算方法及其评述 [J]．水科学进展，2006，17 (3)：430-434.

[33] 中国 21 世纪议程管理中心，北京大学环境工程研究所．城市河流生态修复手册 [M]．北京：社会科学文献出版社，2008.

[34] 中国环境规划院．全国水环境容量核定技术指南 [Z]，2003.

[35] 周怀东，彭文启．水污染与水环境修复 [M]．北京：化学工业出版社，2005.

3 城市河流外源污染控制与治理

过量纳污是造成当前城市河流环境污染与生态破坏的最根本原因。城市河流环境修复的根本措施就是控制入河污染，开展流域污染源的源头控制和污染减排工程。外源污染的控制要根据河流修复的水质目标，进行水体污染物的总量控制。首先基于城市河流的水环境保护目标和水体自然条件，计算城市河流的允许纳污负荷；然后基于社会、经济和自然等条件，公平合理地将允许纳污负荷分配给各个入河污染源；最后根据各个污染源分配的污染负荷，采用相应的技术控制和削减其入河污染负荷，以达到河流水质保护目标。

城市河流外源污染控制与治理涉及内容广泛，主要包括污染源的源头预防和减排，如城市区域的产业结构优化、工业企业的清洁生产、产业园区的循环经济、城市固体废物的源头收集和资源化、城市综合节水、城市降雨径流的源头控制等；也包括污染源的末端控制，比如工业废水的处理和达标排放、城市污水的收集和集中处理、合流制污水的截流、分散入河污水的收集和处理等。结合本书重点，本章主要介绍污水的收集技术、河流截污技术、分散入河污水的处理技术以及城市地表径流的污染源头控制技术。

3.1 污水收集技术

污水收集是截污工程中的关键和难点。完整的城市污水收集系统包括污水支管、干管、主干管以及配套建设的检查井与提升泵站等，完善的前端污水收集是城市河流污染得以控制的前提与基础。

在一些城市，虽然污水处理厂建成了，但由于收集管网建设管理不完善（区域覆盖不全、污水收集率不高、管网漏损严重），导致污水处理厂不能满负荷运行；一方面造成了资金、能源的浪费，另一方面部分未经处理的污水直接排放，造成了受纳水体的严重污染。

按照收集的动力方式分类，城镇污水收集系统可分为重力收集系统、压力收集方式，而压力收集方式又以负压（又称真空）收集为主。在实践中，重力收集方式应用最为广泛，在条件许可的情况下，应尽可能采用重力收集方式。而在某些重力收集方式难以实施的场合下，可以采取负压或压力收集方式作为必要的补充。由于重力收集系统已经应用广泛，相关技术资料齐备，这里在简要介绍重力收集系统后，着重介绍一下负压收集技术，并给出实例。

3.1.1 重力收集系统

现阶段，无论是合流制还是分流制排水系统，大多均采用重力收集系统，即依靠管网坡降产生的重力驱动液体流动，实现污水输送的目的。重力收集系统不用消耗外加能量，管理简单，在世界范围内被广泛使用。

重力排水系统发展至今已相当成熟可靠，相应的理论计算、设计规范和施工方法齐全，不管是现在还是未来，其在城市排水系统中都具有难以替代的地位，是污水收集系统中的主流；

但其也存在一些局限性，在某些场合的实际应用中受到限制。

① 对管径和管道坡度要求较高，易受地形限制。《室外排水设计规范》（GB 50014—2006）规定，污水管的最小设计管径为 300mm，相应的最小设计坡度为 0.002～0.003。因此，在地势平坦、浅岩石层、河网密布等特殊地形地区，重力排水系统往往需要加大开挖深度或增设提升泵站，施工难度大、成本高。在管位紧张的地区，重力管的敷设也往往难以进行。

② 密封性不好，易渗漏。现有重力排水系统对管道密封性要求不高，当地下水位较高时，会有地下水渗入，过多地下水的渗入会带来泵站运行电耗升高、污水处理厂进水污染物浓度过低，进而影响处理效果和增加处理费用。而当地下水位较低，污水管道的渗漏会造成污水渗出，污染周边土壤和地下水。

③ 管网投入高，建设难度大，建设相对滞后。污水管网建设费往往占到整个排水系统投资的大部分。很多城市由于拆迁难度大、资金不到位等因素，排水系统建设往往滞后于污水厂建设，使污水厂长期处于低负荷运行状态，运行效率低下。污水排水系统的覆盖率低，同时也造成很多地方污水直排河道或混接入雨水管道，污染水环境，特别是城市郊区，管道建设滞后的现象更为严重。

3.1.2 污水负压收集系统

3.1.2.1 概述

在有些城镇地区，受地形、住宅等建筑密集分布等因素的影响，传统重力排水系统的成本高、施工难度大。为提高这些地区的污水收集率，国内外开发了一些新型的污水收集技术以弥补传统重力收集系统的局限性，其中代表性的收集技术为负压收集技术，有些文献也称真空排水技术。

污水负压收集系统的原理是以负压为驱动力，强制抽吸管网末端的污水，进而完成污水的收集和输送。美国、英国、日本等国家均已出台相应的负压排水系统的技术规范和标准，使其成为重力排水系统的主要补充。

负压收集系统主要包括污水收集单元、负压管道单元、负压站单元和负压监控系统。其中负压站主要产生并维持系统的负压，为污水收集提供动力；负压管道连通污水收集单元和负压收集罐，污水经负压管道的传输进入负压站；负压监控系统用于监控系统的运行。

负压收集系统分为室内负压收集和室外负压收集两种模式，其中收集管道和负压站基本相同，而主要区别在于污水收集单元。

3.1.2.2 室内负压收集模式

（1）室内负压收集原理

室内负压收集系统是将负压收集管道与室内的卫生设备通过真空界面阀相连。卫生设备使用后，界面阀打开，污水在负压的作用下，以空气作为输送介质，通过负压收集管道输送到负压站。室内负压收集原理见图3-1。

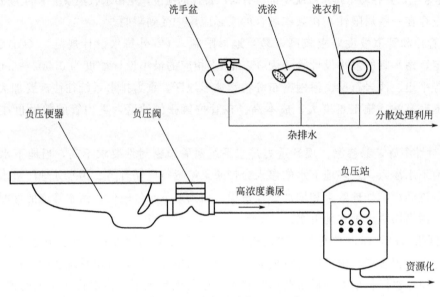

图 3-1 室内负压收集原理示意

（2）主要组成单元

室内负压收集系统主要包括污水收集器具和负压界面阀，污水收集器具一般是指负压便器，也可以是地漏、洗浴盆等，通过开启负压界面阀，污水收集器具收集的污水被抽吸到负压管道中，见图3-2。

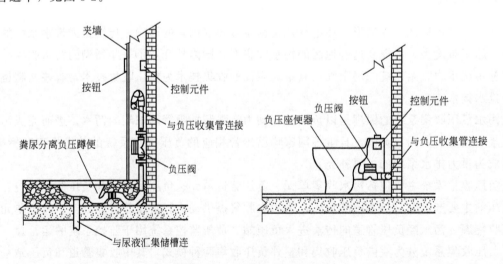

图 3-2 负压收集室内单元示意

负压便器与传统便器排污的根本区别在于，传统便器排污的驱动力主要是水的静压，而负压便器排污的驱动力是负压，后者的驱动力通常是前者的几十倍，这也是负压便器能够有效节水的主要原因。

（3）特点及适用性分析

负压收集系统的优点主要有：节水（通常每次用水 1L，而普通便器用水 6~9L）、管网安装方便、没有跑冒滴漏现象、具有局部爬坡性能、粪便和生活洗涤水可分开收集等，可以降低中水处理设备的投资和运行费用，也可便于粪便的无害化、资源化处理利用。

但该系统在实际使用过程中也存在一些问题，比如需要改造传统的室内卫生设备，并且设备的价格高。一旦系统中个别设备出现问题，将影响到系统中其他设备的正常使用，造成真空泵起运频繁，抬高系统的运行费用。另外当所有用户集中使用时或使用频率较高时，系统的真空可能来不及形成，而影响使用效果。

3.1.2.3 室外负压收集模式

室外负压排水收集系统一般由污水收集井、负压启动装置、负压排水管网、负压站、负压监控系统等组成（图 3-3）。室外负压收集系统的室内卫生设施与传统的卫生设施相同，污水通过重力自流到室外污水收集井，收集井内设负压起动装置，污水在收集井内作短暂储存。当污水收集井内液位达到高位时，井内真空界面阀自动开启，污水在负压作用下，与空气一同进入负压收集管道；当液位到达低位时自动关闭真空界面阀。

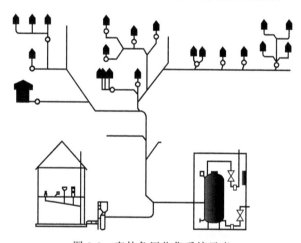

图 3-3 室外负压收集系统示意

负压排水管网由干管、支管、负压排出管、检查管组成，用于连接污水收集井和负压站内的污水负压收集罐。负压排出管为从污水收集井引出的负压管路；从负压排出管的出口端到负压排水干管相连处的管道称为支管。污水由支管流入干管，再由干管流入负压站，整个管网呈树状分布。干管主要由管道、弯头、提升段及截止阀组成，详见图 3-4。为利于输送污水，负压管路的铺设宜采用锯齿形敷设。尽管负压排水系统的管道不宜堵塞，但为防止意外情况，在提升段设置检查管，当管道堵塞时打开检查管，通过外界大气压力来疏通管道内的堵塞物。

负压站配有真空泵、排污泵各有 2 台（均为 1 用 1 备，自动交替运行），大型污水负压收集罐 1 座，此外还有真空压力监测仪表若干、管接头若干、故障监控系统一套、电控系统及除臭设施等。一个污水负压收集罐可以服务几条干管，安装在负压干管的末端，是收集和储存污水的容器，同时系统要保证 −0.07~−0.05MPa 的负压，与真空泵、负压干管以及

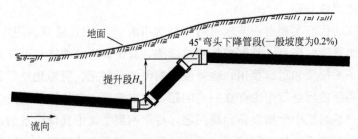

图 3-4　室外负压排水干管布置示意图

排污泵相连。为避免水蒸气及杂物进入真空泵，降低真空泵的寿命，在真空泵和污水负压收集罐之间设置真空储能罐。

系统工作后，污水与空气经管网被抽入污水负压收集罐，罐内气压逐渐上升，真空度下降，当真空度下降到下限值（如 0.05MPa）时，真空泵自动开始工作，将罐内空气抽出，依次循环工作。排污泵的启停通过污水负压收集罐内的液位进行控制，当污水上升到指定高位液位时排污泵自动开启，将污水排入污水处理厂或市政污水管网；当下降到低位液位时排污泵停止运行。

3.1.2.4　技术经济特征

（1）技术特征

与传统重力排水系统相比，负压污水收集系统主要有以下特征。

① 小管径，不受地形限制，管道布置灵活，不需要大范围开挖，施工影响范围小。能适用于低洼、地势平坦、地势陡峭、浅岩石层、高地下水位等重力排水系统难以实施的区域。

② 无泄漏，有利于环境保护。

③ 系统综合费用较低。负压排水系统管径相对较小（一般为 100～250mm），管道埋深浅（一般只需 0.7～1.2m）。因此，与重力排水系统相比，在管材、土方开挖量、回填量以及搬迁补偿等方面，费用能得到大幅度降低。另外，负压收集系统只需在负压站设置动力电源，而在地势平坦和爬坡地区的重力排水系统往往需设立多级污水提升泵站，因此，在重力收集技术不适用的地区，负压收集系统的综合费用一般低于重力排水系统。

但是，室外负压收集技术作为一项新技术，在实际应用中也存在如下局限。

① 设备多，维护工作量大。与传统重力排水系统相比，室外负压收集系统需要设置真空起动装置、真空泵、污水泵、负压监控系统等，而其中真空起动装置分散在系统的各个收集点，数量大，维护工作量相应增加。

② 施工要求高。负压收集系统对气密性有很高的要求，因此管道的材质、接口，特别是施工质量要求都高于传统重力排水系统。

负压收集排水系统与传统重力排水系统比较见表 3-1。

（2）工程投资

在排水管道敷设费用中，主要包括管材费用、沟槽土方、支撑和排水费用等，其中，管材费用所占比重最大，通常在 60% 以上，沟槽土方、支撑和排水费用占 10%～30%，后者受埋深和施工方法影响很大。

表 3-1　真空排水系统与重力排水系统特点对比

负压收集排水系统	重力收集排水系统
小口径管线	大口径管线
PVC 或 PE 管,质轻且柔韧性好	混凝土或铸铁管,质重且无柔韧性
埋管沟槽小,埋深浅,布置灵活	埋管沟槽宽,埋深深,需大型设备开挖
可以与其他管线布置在一起(如供水管线)	不允许与其他管线布置在一起
无须检查井	约 70m 设置检查井,改变线路需检查井
系统尺寸灵活,可用于污水流量变化大的地区,如旅游胜地等	不容易实现尺寸灵活,管径大使流速降低,易沉淀,造价高;管径小易堵塞
可适用于地理位置/地形复杂的地区	在地理位置/地形复杂的地区费用昂贵且工作量大
系统密闭,系统无异味,无渗漏避免污水渗漏污染地下水和土壤	开放式系统,不能保证无异味,污水渗漏严重,严重污染地下水和土壤
气液输送保证流速,污水保持清新无腐蚀	污水中产生硫化氢对管线有影响
施工简单,建设周期短	需协调现场条件(交通等),建设周期长

在重力排水工程中,管道的埋深一般在 0.7～4m,有的甚至达到 6m,当埋设较浅,采用列板支撑时,沟槽土方、支撑及排水费用为总铺设费用的 15%～20%,当埋设较深,采用钢板桩保护槽壁时,费用可达 40%～60%。在高地下水位地区,非建成区不同管径和埋深的开槽埋管估算费用如图 3-5 所示。

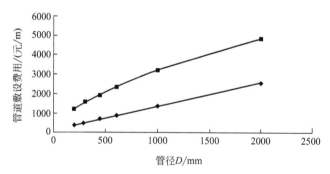

图 3-5　非建成区不同管径和埋深的开槽埋管费用
◆— 槽底深度3m以内;　■— 槽底深度3~5m

（3）运行能耗分析

室外负压排水系统的运行能耗主要是负压站内真空泵和污水泵的电耗。真空泵的主要作用是在起动初始时将管网系统中的空气排出,使污水在负压的作用下进入负压站的污水收集罐。在正常运行期间,真空泵和污水泵交替运行,使系统负压保持在一定的范围内(比如 $-0.04～-0.02$MPa)。重力排水系统的运行能耗主要是提升泵站的电耗。

从能量守恒角度而言,重力排水系统和室外负压收集排水系统输送一定量污水所耗费的能量应该是相同的,但是重力排水系统由于管网密封性较差,存在渗漏现象,特别是在地下水位高的地区,地下水渗入量高达 20%～30%。这些渗入的地下水,同样由管道输送至泵站,由泵提升至下一级管道或污水处理厂,从而增加系统能耗 20%～30%。而室外负压收集排水系统具有良好的密封性,不存在渗漏现象,因此,避免了地下水渗入引起的能耗浪费。

（4）管理维护

排水系统的管理养护工作包括管渠系统（管道、检查井等）和泵站（负压站）两部分。排水管渠常见的故障有：污物淤积或堵塞管道，过重负荷压毁，地基不均匀沉陷和污水的侵蚀作用使管道破坏等。这些故障在室外负压排水系统和重力排水系统中均可能发生。重力排水系统需要定期对管道、检查井进行清淤养护，室外负压收集排水系统需要定期对水封管进行清淤养护。室外负压收集排水系统可采用自动控制，管理模式为巡视管理。

3.1.3 负压收集实例——甪直密集居民区负压收集系统

该示范工程为清华大学负责的"十一五"国家水体污染控制与治理科技重大专项课题"水乡城镇水环境污染控制与质量改善"的成果之一，示范工程由上海市政工程设计研究总院负责完成。

（1）背景

江苏省苏州市甪直古镇是太湖流域保存十分完好的水乡古镇。随着城镇工业的快速发展和人口的快速增加，甪直古镇水环境质量面临严重威胁，局部水系污染严重。本示范工程甪直支家库区域即为代表性的水污染严重区域。

支家库（shè）周边的居民区和工厂因建筑密集、道路狭窄，大多数房屋之间的街道宽度只有1～2m，地形标高约2.0m，区域内很多房屋出租，外来人口较多，居民虽然希望对污水进行收集，但由于传统重力污水收集方式实施难度较大，村内的污水一直无法得到有效收集，污水就近直排河道，使临近的支家库河道水环境严重污染、黑臭现象严重。

（2）室外负压抽吸收集技术的提出

选择室外负压收集技术，不改造原有的室内卫生设施。同时考虑到示范区位于乡镇，技术维护能力有限，而通常室外负压收集系统的污水收集单元均需要设置自动开启的真空界面阀和真空监控系统。如某一真空起动阀关闭不严或损坏，将影响到整个系统的正常运行。

针对这种情况，研究任务具体承担单位上海市政工程设计研究总院和清华大学的研究人员提出了利用水封抽吸管替代真空界面阀的室外负压抽吸收集改进技术。图3-6为水封式负压收集系统示意图。水封式负压污水收集技术是在传统负压收集技术的基础上，结合虹吸原理研发的一种室外污水负压收集技术，该技术与传统的室外负压收集技术均采用负压作为驱动力，具有收集管道小、埋深较浅，不需要保持严格的管道坡降等相同特点。

（3）室外负压抽吸收集技术示范工程方案

设计负压支线埋深为 0.4～0.7m，由于埋深较浅，均采用开槽埋管法施工，管材为 $DN100$～150 的 UPVC 塑料管。所有管道工作压力为 0.6MPa。负压管道最小流速大于不淤流速 0.3m/s。

敷设管线两条，1#支线布置收集井17座，2#支线布置收集井21座，共38座，其中包括 2座公厕的收集井。管线及收集井点位见图3-7。

根据现场条件，本工程负压泵站设置于张巷村支家库西侧的甪直污水处理厂1#进水泵房内，收集的污水直接排入污水处理厂进水泵房，负压泵站采用成套设备。中央收集站采用

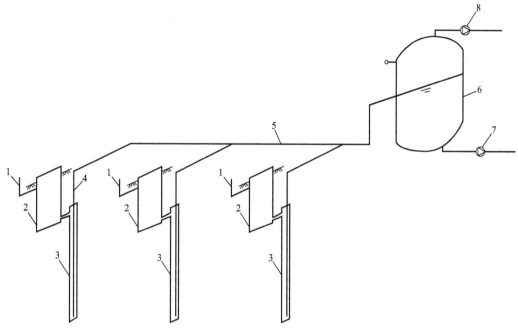

图 3-6　水封式负压抽集系统示意

1—排水管；2—收集井；3—水封抽吸管；4—收集支管；

5—负压收集管；6—负压收集罐；7—排水泵；8—真空泵

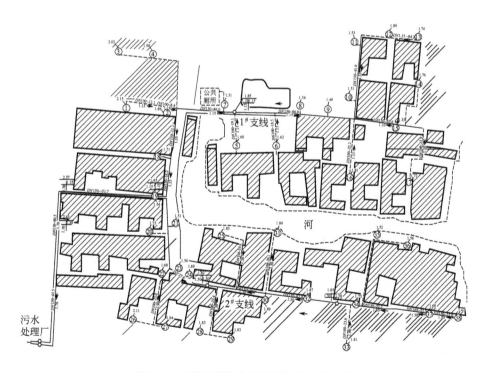

图 3-7　示范工程敷设的管线及收集井点位

自动运行，无需人员值守，只需定期巡视和设备维护。

（4）示范工程建设和运行效益

示范工程分两期实施，第一期于2010年11月完成，第二期于2011年4月完成，总污水收集量约160m³/d。实现居民区生活污水收集率100%，综合示范区污水收集率85%左右。

工程包括54户生活污水收集，以支家库示范区域为例，如采用重力排水模式，假设道路管位要求能得到满足，则两种系统的管道敷设工程量如表3-2所列。

表3-2　示范工程区域两种排水系统的工程量比较

	室外负压收集			重力排水系统		
	规格	数量/m	埋深/m	规格	数量/m	埋深/m
管道	水封管	50	4			
	$DN100mm$	600	0.7	$DN200mm$	600	0.7～1.0
	$DN150mm$	660	0.7	$DN300mm$	560	1.0～1.5
	规格	数量/个	井深/m	规格	数量/个	井深/m
检查井	500mm×500mm 小方井	6	1.2	$\phi700mm$	50	1.0～1.8

经工程估算，示范工程中，室外负压排水系统的管道敷设费用约为40万元，考虑到工程规模较小，设备加工和现场施工均无经验可供参考，随着技术的成熟和设备的标准化，工程投资有望降低。

如采用重力排水系统，使用相同管材，则相应的管道敷设费用约为50万元。

工程实施后，实现了对支家库生活污水进行收集处理，降低了污水直排对受纳水体的污染。重力和负压复合收集系统收集污水量约160m³/d，共计削减排入河的COD、NH_3-N和TP污染物负荷分别为11.89t/a、0.77t/a和0.17t/a。

3.2　城市河流截污技术

3.2.1　城市河流截污技术的形式

城市河流截污工程包括通过建设和改造位于河道两侧的企事业单位、居住小区等污水产生单位内部的污水管道，并将其就近接入敷设的城镇污水管道系统中的污水收集工程，也包括对合流制入河管网进行入河污水截污工程。在河流截污系统设计和施工中，要充分考虑从流域地质地貌和市政排水管道分布等情况，通过综合经济技术比选，争取在现有条件基础上，合理规划和施工，以最小的投入获得最大的经济与环境效益。通过截污纳管工程，将污水收集后排至市政污水管道系统，最大程度地削减入河外源污染物，是河道水质改善的根本和前提。

从布置形式上分，截污管道大致分为五种形式：沿河流两岸道路敷设截污管道，沿宽广但非河岸边的道路设置截污管道，沿河堤边驳架小管径截污管道，沿河堤基础铺设截污管道，利用原有直排式排水管道进行截污。

（1）沿河流两岸道路敷设截污管道

将直排式合流制系统改造为截流式合流制系统，平行于河流在河岸上敷设截污干管，并在直排合流管出口处设置截流溢流井。晴天时，将污水全部经截流干管截流，输送至下游污水处理厂进行处理；雨天时，初期雨水与污水一起截流至污水处理厂处理，随着雨水量的增加，当混合污水量超过截流干管的截污能力时，部分混合污水经溢流井溢出排至受纳水体，具体见图3-8。

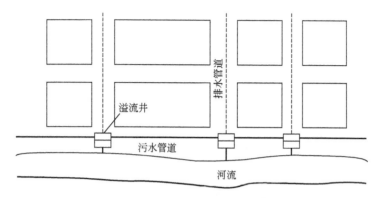

图 3-8　沿河流两岸道路敷设截污管道

这种管道布置形式为截流式合流制污水系统的传统管道布置形式。此形式工程量相对较小，节约投资，见效快，而且这种方式可以在今后管网完善过程中逐步改造为分流制，可满足以后排水系统的发展要求。

（2）沿宽广但非河岸边的道路设置截污管道

① 截污主干管管径通常在 $DN600mm$ 以上，埋深较大，对地下土质要求较高，施工作业面较大，所以在污水整体规划时往往会将这些管道安排在主要干道或较为宽广畅通的道路上，方便各方各面支管的接入。

② 当河流两岸道路较窄或两岸没有道路，而且直排式排水管分布较为集中，排出口数目较少时可以选择在与河流平行而且施工环境较好的、较宽广的、离河流较近的道路上敷设截污管，同时在直排式排污口上设置溢流井。个别分散并且量少，难以纳入截污管的排污口可通过自身改造进行分散处理。详见图3-9。这种布置方式既可截流污水，又可避免为了在河岸边建污水管而采用拆迁河流两岸建筑物或施工时通过强化不必要的支护等高代价方式来换取截污管的建设。

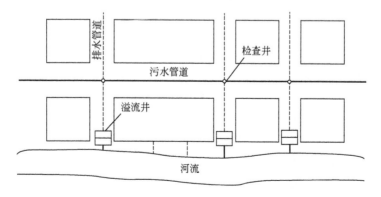

图 3-9　沿宽广但非河岸边的道路设置截污管道

（3）沿河堤边驳架小管径截污管道

当河流两岸均没有道路，直排式排水管分散，排出口较多时，管径较小，为了避免河流水体受污染和迁拆过多的建筑物，可采用在河堤边架设支架，截污管道敷设并固定于支架之上的管道布置形式，具体见图3-10。

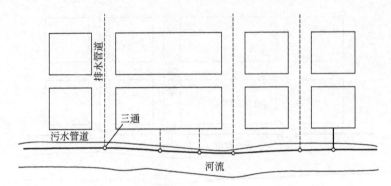

图3-10　沿河堤边驳架小管径截污管道

（4）沿河堤基础铺设截污管道

当河流两岸道路突然被某建筑物或构筑物阻挡不能通行时，在河流两岸道路敷设截污式合流管道会被中断。在这种情况下，采用沿河堤基础铺设污水管道的方法可以解决上述问题。这种方法主要是在河堤基础旁边按管道设计标高做好河底基础，然后将截污管铺设于新建基础之上，管道再用钢筋混凝土包裹保护，并在管道两边砌筑检查井，通过这样将中断的截污合流管道连接起来，具体见图3-11。

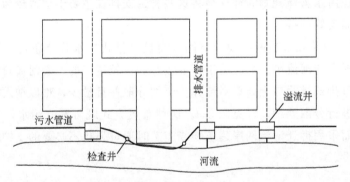

图3-11　沿河堤基础铺设截污管道

这种方法一般适用于阻挡长度不大，污水管上下游标高均符合河堤基础结构要求，而且管道两边可砌筑检查井的情况。否则就会造成管道易堵塞，管理困难或形成倒虹吸管的后果。施工时亦要顾及河岸线宽度要求，不能盲目缩窄河道。

（5）利用原有直排式排水管道进行截污

在截污管道施工时，经常会遇到施工环境恶劣，土质条件差，无法开展施工的地方。遇到这些情况，应区别对待。如果这些地方原有直排式排水管的建设比较合理，施工质量好，坡度较小，可以利用原有直排式排水管道截流污水，让污水截流到临近新建截污管道内，并在排出口处设置溢流井，具体见图3-12。

这种方法施工简单，投资小，见效快，影响也小。但其施工质量会受到原有排水管道质

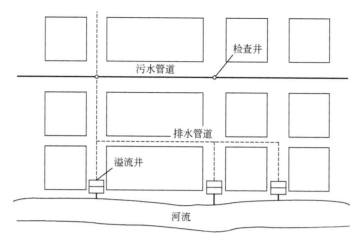

图 3-12 利用原有直排式排水管道进行截污

量的影响。因为原有排水管道大多采用混凝土管，接口较多，管道渗漏会随时间不断加重，从而造成地下水污染，存在一定的风险，严重的会影响整个截污系统的运行。

与污水收集技术一样，城市河流截污管道也包括利用重力流的截污管道系统和利用负压的截污管道系统。利用重力流的截污管道系统是主流方式，已经有很多应用；而利用负压的截污管道系统在某些情况下也是河流截污的必要补充，在国内应用还不多，因而下面给出实例进行说明。

3.2.2　负压截污实例——常州北市河沿河负压截污系统

该示范工程选自 2011 年清华大学靳军涛的研究生论文《真空排水技术在老城区滨河带截污工程中的应用研究》，为清华大学负责的"十一五"国家水体污染控制与治理科技重大专项课题"老城区水环境污染控制与质量改善"的成果之一。

（1）背景

该示范区位于常州市北市河自西园村闸至红梅桥 2km 滨河生活带。北市河为环城河的北支，全长约 2300m。经现场调研发现，该河段有较大的雨污合流管排放口 28 处，对北市河水质有很大的影响。

示范区排污的特点可以归为 3 点：a. 具有江南水乡滨河而居的传统特色，属人口居住密集的老城区，居民部分污水直排入河；b. 污水排放口较多，分布杂乱，管材不一；污水口排放污水时间没有明显的规律；c. 进入河道的污水有普通生活污水、未改造的公共厕所排放的黑水、垃圾站的垃圾渗滤液以及初期雨水径流等。

（2）适用于老城区滨河带的室外负压截污系统

通过设计特殊的污水收集装置实现污水的收集，然后沿岸架设负压管道，合理布置负压泵站，形成"重力收集—检查井调蓄—负压管道输送—景观配置"的老城区滨河带负压收集截污工程系统。

在各污水排污口下部安装接收立管，接收立管下部连接重力收集调蓄短管，以收集和调蓄污水。断续的污水通过重力短管进入负压污水收集系统，经系统提升后输送至下游重力排水管网，如图 3-13 所示。

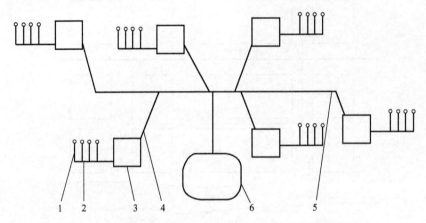

图 3-13　老城区滨河带负压收集截污工程具体方案示意

1—接收立管；2—重力收集管；3—负压阀井；4—负压支管；5—负压主管；6—负压泵站

① 负压界面阀　负压界面阀及触发装置对加工精度和技术含量的要求极高，是负压排水系统的核心设备。通常包括电动、浮球式及压力感应式等不同种类的负压界面阀及其触发装置。

② 真空管材　对市场上常见的给水塑料管材 PP、ABS、UPVC 和 HDPE（$DN110mm$，1.0MPa）进行综合评比，最后选择的最佳管材为 UPVC。

（3）室外负压截污系统示范工程方案

示范工程采用沿岸架管的负压截污系统，系统管道包括重力收集管段和负压管道。负压截污系统沿河布管，周围地势较为平坦，排污口高程相差不大，故河流走向和桥梁设置为最重要的地形限制条件。设计时负压站应置于管线中央位置，泵站设置两段主要管线。管线简化如图 3-14 和表 3-3 所示。

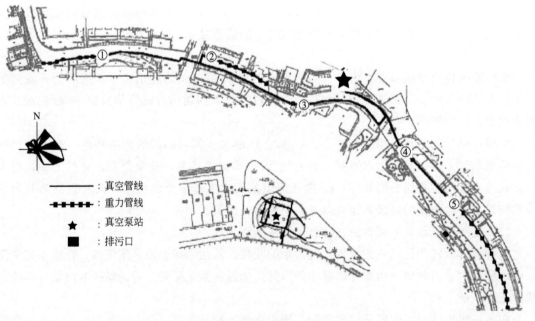

————：真空管线
·—·—·—·：重力管线
★：真空泵站
■：排污口

图 3-14　管道布置示意

表3-3 管道布置数据

名称	编号	设计流量/(L/s)	服务户数	管长/m	高程/m	有效管长/m	总提升高度/m
人防口段	①-②	0.4	50	242	4.44	366	0
负压示范区	②-③	0.75	94	148	4.84	107	1.51
中山门口	③-泵	0.3	50	188	5.12	180.9	0
泵站					5.05		
北市河009	⑤-④	0.6	200	63	4.56	100	0.11
红梅桥上游	④-泵	0.7	220	111	3.67	193	0.38

（4）示范工程运行效益

若采用重力排水系统进行滨河带截污，一般采用截污沟的形式，估算截污沟截污工程的主要工程量，根据当地造价信息核算该工程的造价，并对比负压截污系统的工程造价，见表3-4。一般情况下负压排水系统设备投资及基建成本比传统重力排水系统高很多，但是通过资料发现在北市河滨河带人口密集、施工条件差的地区，负压截污系统投资成本略高于重力截污系统。

表3-4 不同排水系统工程造价对比

序号	项目名称	规格	重力收集截污沟工程量/m	造价/万元	规格	负压收集截污工程量/m	造价/万元
1	污水管敷设	$DN300mm$	50	5		50	5
2	木桩围堰		357	17.85		35	1.75
3	沟渠开挖或负压管敷设	$30cm \times 30cm$	52+104+201=357	35.7	$DN125mm$ $DN100mm$ $DN80mm$	188 322 242	16.435
4	围墙土建		357	19.25		35	35
5	检查井	$DN70mm$	30	1.5		1	0.05
6	真空阀井		0			5	11.9
7	提升泵站		1	20		0	
8	负压泵站		0			1	29.89
9	控制系统		0			1	21.39
10	安装调试						18.8
合计				99.3			108.7

该工程每日截污量为50～220m³，平均每日收集量140m³。发现部分截污口出现堵塞现象或负压管与截污口衔接不良影响了污水的收集，因此在实际运行过程中应加强维护管理工作，及时清掏拦截网及真空收集井内的垃圾等堵塞物，并在季节变化（尤其是冬季及夏季）时检查负压管与截污口衔接状况，避免因热胀冷缩造成衔接不良现象。

综上，老城区滨河带负压收集截污系统负压漏损率＜5%/h，日收集污水量为50～220m³；系统室内突发噪声最大为91.9dB，室外为70.3dB，达到企业及城市区域标准，在0～200×10⁻⁶检测范围内泵站周边未检出 H_2S、NH_3 浓度，系统不存在噪声及臭气问题；

从经济投资及截污效果看负压收集排水系统不适用于常规条件下的截污工程，但应该作为重力排水系统的补充在特殊地形地质等区域进行推广使用。

3.3 入河分散污水处理技术

随着城市和工业园区污水处理设施的建设，集中的工业和生活污水逐渐得到控制。入河分散污水对城市河流水环境的影响也逐渐凸显。分散污水虽然每个排污口的污水量小，但未经处理直接入河对河流的污染贡献也不容忽视。

这些分散污水一般为城中村、分散村落产生的污水，由于其位置分散，污水量小，很难按照城镇污水集中处理的方式进行，通常要因地制宜地采用小型、造价低、维护简易的污水处理技术。现在小型分散污水处理设施在我国各地都有建设实践，在长江三角洲、珠江三角洲、京津冀等经济发达地区尤其多，不过由于技术的针对性不足和运行管理的不完善，效果普遍欠佳。为了推动分散污水的有效处理，在此从技术角度上对其进行梳理，并给出实例。

3.3.1 入河分散污水特征

（1）入河分散污水的来源

入河分散污水主要来源于城市近郊区或城乡结合部的村镇居民日常生活产生的污水。在人口和建筑杂乱而密集的城区城中村地区也通常存在入河的分散污水。这些区域大部分没有污水收集管网，一般没有固定的污水排放口，排放比较分散。

（2）分散入河污水的水质水量特点

分散污水的主要水质水量特点主要包括以下几点。

① 单一排放口污水量少，但总负荷大，这些污水基本上未经任何处理便直接排放入河，成为城市河流污染的主要污染负荷之一。

② 水质、水量波动大。以村镇生活污水为例，其排放不均匀，水量变化明显，瞬时变化较大，日变化系数一般在 3.0～5.0 之间，在某些变化较大的情形下甚至可能达到 10.0 以上。水质变化也大，据中华人民共和国住房和城乡建设部 2010 年发布的《分地区农村生活污水处理技术指南》，我国东北、华北、西北、东南、华南、西南六大区域不同地理条件下的农村生活污水水质参考范围，详见表 3-5。

表 3-5 分地区农村生活污水水质参考

地区	pH 值	SS/(mg/L)	BOD₅/(mg/L)	COD/(mg/L)	NH₃-N/(mg/L)	TP/(mg/L)
东北地区	6.5～8	150～200	200～300	200～450	20～90	2～6.5
华北地区	6.5～8	100～200	200～300	200～450	20～90	2～6.5
西北地区	6.5～8.5	100～300	50～300	100～400	3～50	1～6
东南地区	6.5～8.5	100～200	70～300	150～450	20～50	1.5～6
中南地区	6.5～8.5	100～200	60～150	100～300	20～80	2～7
西南地区	6.5～8	150～200	100～150	150～400	20～50	2～6

3.3.2 入河分散污水处理模式与技术

针对分散污水的特点，选择的分散污水处理技术应满足抗冲击负荷能力强、宜就近单独处理、建设费用低、运行费用低、操作管理简单等要求，不能延用和照搬大、中型城市污水处理工艺及设计参数。目前，研究和应用较多的技术有：土地处理、人工湿地生态处理、地埋式有/无动力一体化设施处理、氧化塘、生物接触氧化等。为保证后续处理效率，部分地区还开展了源分离技术方法研究和实践，将生活污水中的黑水与灰水分离处理。

（1）分散生活污水收集处理的主要模式

目前，村镇生活污水处理系统的技术模式主要包括以下两类。

① 分散处理模式 治理区域范围内村庄布局分散、人口规模较小、地形条件复杂、污水不易集中收集的连片村庄，多采用无动力的庭院式小型湿地、污水净化池和小型净化槽等分散处理技术。

② 适度集中处理模式 村庄布局相对密集、人口规模较大、经济条件好、村镇企业或旅游业发达的连片村庄，可采用活性污泥法、生物接触氧化法、氧化沟法和人工湿地等进行适度的集中处理。位于饮用水水源地保护区、自然保护区、风景名胜区等环境敏感区域的村庄，则需按照功能区水体相关要求及排放标准处理达标后方可排放。

（2）常见处理工艺组合

村镇生活污水处理按照流程一般分为预处理、生化处理、深度处理 3 个阶段，见表 3-6。具体需要根据当地情况，进行技术的筛选和组合。3 种常见的处理工艺组合如下所述。

表 3-6 农村生活污水处理流程

序号	阶段	常用工艺	目的
1	预处理	格栅、调节池、沉淀池、化粪池、沼气净化池等	去除部分悬浮物和部分 COD、BOD_5
2	生化处理	厌氧-缺氧-好氧活性污泥法、污泥自回流曝气沉淀工艺、序批式活性污泥法、生物接触氧化法、膜生物法等	去除大部分 COD、BOD_5 和部分氮、磷等
3	深度处理	人工湿地、稳定塘、土地处理、过滤等	进一步去除 COD、BOD_5、氮、磷及其他污染因子

① 处理模式 1 厌氧生物处理＋自然处理 该模式适用于经济条件一般，空闲地较宽裕，拥有自然池塘或闲置沟渠，周边无特殊环境敏感点的村庄，如选择人工湿地，需要一定的空闲土地。处理规模一般小于 $800m^3/d$。其工艺流程示意如图 3-15 所示。

② 处理模式 2 沼气池＋厌氧生物处理＋人工湿地 该模式适用于有畜禽养殖的村镇，房屋间距较大、四周较空旷、沼气回用、周边有农田可以消纳全部的沼液和沼渣，宜做单户、联户使用。其工艺流程示意如图 3-16 所示。

③ 处理模式 3 厌氧生物处理＋好氧生物处理＋自然处理 该模式适用于居住集聚程度较高、经济条件相对较好、对氮磷去除要求较高的村庄。其工艺流程示意如图 3-17 所示。

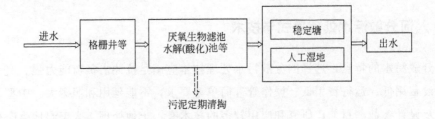

图 3-15　厌氧生物处理＋自然处理流程

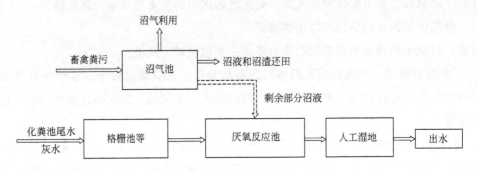

图 3-16　沼气池＋厌氧生物处理＋人工湿地流程

:----: 虚线部分表示可选

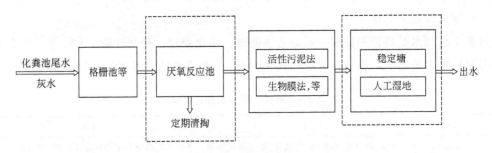

图 3-17　厌氧生物处理＋好氧生物处理＋自然处理流程

:----: 虚框表示可视情况选择设置的单元

3.3.3　实例——利用氧化沟处理村落污水的工程实例

本工程实例节选于中华人民共和国住房和城乡建设部 2010 年 9 月发布的《西南地区农村生活污水处理技术指南（试行）》。

（1）背景

该工程实例的地点位于云南高原湖泊风景旅游和人文旅游的一个自然村，湖泊的水质为Ⅰ类水体。该村本地村民 36 户 150 人，另有大量外来人员和游客，污水主要是生活污水和场院污染径流，水质、水量受旅游季节变化影响很大。由于污水处理后最终将流入湖中，因此对污水处理的要求非常高。

（2）工艺流程

由于旅游区污水水量季节性变化大，初步统计高峰期水量约为 $300m^3/d$，旅游淡季水量低于 $70m^3/d$，常年水量为 $100\sim150m^3/d$。本工程根据该村水污染的具体特征，结合当地的技术经济特征，选定的污水处理方案为生物-生态处理技术，如图3-18所示。

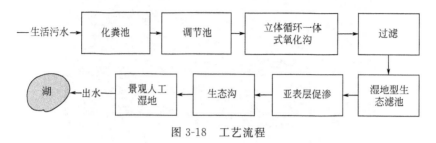

图3-18　工艺流程

（3）工艺参数

①设计水量和水质

1）设计水质：处理的对象为餐饮废水和居民区生活污水。进水水质COD为 $150\sim250mg/L$，pH值为 $7.0\sim7.5$，$NH_3\text{-}N$ 为 $35\sim55mg/L$，TP为 $4\sim5mg/L$。

2）设计水量：由于旅游区水量变化系数较大，设计时安全系数取得较大。设计污水量为 $200m^3/d$，处理水量 $Q=8.3m^3/h$。在游客高峰期可在 $300m^3/d$ 运行。

②化粪池。以户为单位，修建三格式化粪池，化粪池出水统一收集送往污水站。

③调节池。调节池容积约为 $200m^3$。

④立体循环一体式氧化沟。正常运行停留时间 $10\sim15h$。

⑤过滤。滤罐处理量按 $Q=8.3m^3/h$ 计算。滤速为 $5.5m/h$。滤料为陶粒，粒径 $2mm$。

⑥湿地型生态滤池。场地选择在示范区域内充分利用自然坡度以减小工程投资，同时可减少对周围环境的影响。植物的选择：考虑植物的气候适应性、耐污性、根系的发达程度以及经济价值和美观等要求，选择芦苇和香蒲，尤其是芦苇，可以根生，也可以种植，具有生长速度快、根系发展快、耐水等优点，因此在本工程中应用。

⑦亚表层促渗。占地面积 $100m^2$，生活污水经由氧化沟降解大部分COD，湿地型生态滤池降解大部分N。因此亚表层渗滤净化系统的主要设计功能是深度去除污水中的P及其他各类残留污染物。

⑧生态沟。污水站旁边有一条小排洪沟，沟宽 $1.5m$ 左右，长约 $200m$。其在进入村落前是一自然河道，为了维护原有生态系统，仅对河道的垃圾进行清理，对河道底部和边壁进行适当的修整。

经过本污水处理工艺后，出水可以作为观光农业区的浇灌用水和景观湿地用水。整个污水处理站如图3-19所示。

（4）工程效果

工程运行结果表明，此工程不仅有效去除了TSS、COD、$NH_3\text{-}N$、TN等污染物，而且将出水TP控制在 $0.1mg/L$ 以下，出水浓度达到排湖标准，有效地控制了村落产生的生活污水对高原湖泊的污染。

（5）经济性分析

为保证旅游旺季所增加的污水量能够得到及时有效的处理，处理工艺中用电设备的选择

图 3-19 氧化沟与生态组合工艺处理村落污水工程实例照片

大于日常运行的需求。根据运行结果，处理每吨水的电费为 0.253 元；日常维护人员 1 名，该员工兼顾 2 个村落污水厂的运行维护，当时月工资 800 元/月，本污水处理站负责工资 400 元/月，则人工费为 0.133 元/m³ 水。因此，本工程的运行费用为 0.386 元/m³ 水。

（6）运行管理

① 管理单位　污水站建成后移交给当地，由当地负责污水站的运行，同时负责环境意识宣传。

② 技术依托　由设计单位培训当地的运行人员，同时提供长期的技术咨询。

③ 运行费用　运行费用主要从当地旅游收入中支出。

④ 采样及测试　由当地环保监测站负责取样检测和反馈检测数据。

3.4　城市地表径流污染控制技术

3.4.1　概述

城市地表径流污染是指在降雨过程中形成的径流流经城市地面（工业区、商业区、居民区、停车场、建筑工地等）时，冲刷和携带地表聚集的一系列污染物质（如油脂、氮、磷、重金属、有机物等）进入水体而引起的污染。

城市地表径流中的污染物主要来自降雨对大气和城市地表的冲刷，所以城市地表沉积物是城市地表径流污染的主要来源。城市地表沉积物的来源与不同的土地使用功能和地面特征紧密相关，组分主要有固体废物碎屑（城市垃圾、动物粪便、城市建筑施工场地堆积物等）、化学药品（人工草坪施用的化肥、农药）、空气沉降物和车辆排放物等，通常城市路面径流污染最为严重。一般情况下，在降雨形成径流的初期污染物浓度最高，随着降雨时间的持续，雨水径流中的污染物浓度逐渐降低，最终维持在一个较低的浓度范围。即在一场降雨过程中，占总径流 20%～25% 的初期径流冲刷排放了径流排污量 50% 左右的污染物。

城市地表径流污染是伴随着城市化进程而产生的，是人类活动集中和加强对环境产生负面影响的表现。在城市化进程中，一方面由于人类活动的影响，天然流域被开发，土地利用状况改变，混凝土建筑、道路、停车场等不透水地面大量增加，使城市的水文过程发生了很大的变化，蒸发、渗透、蓄洼的量减少，而地表总径流流量和峰值量大量增加；另一方面，城市中人口密度增加，人类的各种频繁活动造成城市地表累积较多的污染物质，大量的地面径流冲刷地面后携带污染物通过城市下水道排放到城市河流、湖泊及河口，又严重污染了受纳水体。这种变化随着城市化的发展，愈演愈烈，对城市防洪排涝、水环境保护、水资源利用带来了很大的负面影响。美国早在 1980 年就得出，129 种重点污染物中约有 50% 在城市径流中出现。而在中国，城区雨水径流污染占水体污染负荷的比例，据初步的保守估算，北京在 12% 以上，上海则为 20% 左右。

针对城市降雨径流污染问题，在过去的近 30 年中，以美国、德国、新西兰、日本等为代表的发达国家在理论研究、控制技术、管理等领域已经做了大量的研究和实践工作。其中最具有代表性的是美国国家环境保护局（USEPA）提出的城市降雨径流控制最佳管理措施（Best Management Practices，简称 BMPs）。城市降雨径流控制 BMPs 是减缓城市降雨径流带来的负面效应，从源头实现城市降雨径流洪峰延迟、洪量消减、非点源污染控制的最为有效的技术与管理体系之一，它是一套高效、经济、符合生态学原则的径流控制措施。其核心是在法规政策要求和支持下采用工程性并辅之以非工程性的措施来达到城市降雨径流控制和管理的目的。目前应用较广泛的典型结构性 BMPs 措施包括入渗沟（infiltration trench）、入渗池（infiltration basin）、干式滞留池（dry detention pond）、湿式滞留池（wet detention pond）、植被过滤带（vegetated filter strip）、植草沟（grassed swale）、人工湿地（constructed wetland）、砂滤系统（sand filter）、绿屋顶（green roof）、雨水罐（rain barrel）、透水性铺面（porous pavement）和植物蓄留池（bioretention pond/box）、雨水花园（rain garden）等。非结构性 BMPs 则包括制定相关法规、土地利用规划管理、材料使用限制、卫生管理、控制废物倾倒、公众教育等。

随着城市降雨径流管理研究与实践的不断深入，许多城市雨水管理的新概念、新理论和技术控制手段不断涌现，美国进一步发展了考虑城市发展空间限制问题和与自然景观融合理念相结合的第二代 BMPs，也可称为低影响开发 BMPs 即 Low Impact Development BMPs，简称 LID-BMPs（USEPA，2000）。低影响开发是指在城市开发建设过程中，在源头因地制宜地采用分散的 BMPs 措施，通过源头控制的理念实现城市雨洪控制与利用，从而降低城市开发对自然水文过程的影响。它更强调与植物、绿地、水体等自然条件和景观结合的生态设计。其设计思路是通过各种分散、小型、多样、本地化的技术，在城市各个小汇水区内综合采用入渗、过滤、蒸发和蓄流等方式减少径流排水量，减缓洪峰出现的时间，削减非点源负荷，从而对降雨产生的径流实施小规模的源头控制。相对于传统 BMPs 而言，LID-BMPS 具有规模小，布置离散，更适合高密度城市开发区等特点。

除了上述城市降雨控制 LID-BMPs 技术体系外，一些国家也综合本国特点先后提出了类似的城市降雨径流控制技术和管理体系，如英国的"可持续城市排水系统"（sustainable urban discharge system，简称 SUDS），澳大利亚提出的"水敏感性城市设计"（water sensitive urban design，简称 WSUD）和新西兰提出的"低影响城市设计和开发"（low impact urban design and development，简称 LIUDD）。与之相类似的理念和城市发展概念还包括 USEPA（2008）提倡的绿色基础设施（green infrastructure，简称 GI）、CFWP（2008）提出的最佳场地设计（best site design，简称 BSD）等。这些概念的基本特点都是从整个城市系统出发，采取接近自然系统的技术措施，通过多种工程和非工程的措施，尽量减少降雨径流进入城市排水系统的雨水量，使其尽可能地进入自然水循环，以减轻城市洪涝灾害，降低城市污水处理负荷和建设费用，同时也促进雨水资源化利用，维护城市水循环的生态平衡。

我国在城市降雨径流控制 LID-BMPs 方面也已经有了很多探索和实践，2013 年我国在总结国际经验和教训基础上，结合我国推动城镇化建设的现状和问题，从国家层面上提出建设海绵城市的部署，要统筹发挥自然生态功能和人工干预功能，有效控制雨水径流，实现自然积存、自然渗透、自然净化的城市发展方式，修复城市水生态、涵养水资源，增强城市防涝能力，扩大公共产品有效投资，提高新型城镇化质量，促进人与自然和谐发展。2014 年住房城乡建设部组织编制和发布了《海绵城市建设技术指南——低影响开发雨水系统构建（试行）》，2015 年又印发了《海绵城市建设绩效评价与考核办法（试行）》，进一步推进海绵城市的建设。

这里重点介绍 LID-BMPs 技术及其体系。

3.4.2 LID-BMPs 控制技术及经济特征分析

城市降雨径流 LID-BMPs 控制技术从控制途径上来说包括 4 类：a. 源头控制措施，从来源区域减少污染物的排放率；b. 水文改善措施，减少来源区域的水文活动和地表径流污染量；c. 传输控制措施，通过控制或改变污染源至受纳水体之间的传输路径来减少或稀释污染；d. 终端处理措施，在污染物进入受纳水体前进行处理。不同的结构性 LID-BMPs 措施通常具备不同的结构、技术特点，通过多种降雨径流流量和径流水质的控制机制实现对城市降雨径流的管理。据对美国国际降雨径流 BMP 数据库（international stormwater BMP database）中收录实例分析，各常用 LID-BMPs 的污染物去除率如表 3-7 所列。

表 3-7 常用 LID-BMPs 的应用处理效果 单位：%

LID-BMPs 措施	TSS 去除率	TN 去除率	TP 去除率	细菌去除率	碳氢化合物去除率	金属去除率
砂滤系统	60～90	20～30		20～40	70～90	70～90
入渗池/入渗沟	60～90	20～50	15～25	70～80	70～90	70～90
植草沟	10～40	10～35	10～35	30～60	60～75	70～90
干式滞留池	60～80	20～40	15～40	20～40		40～55
湿式滞留池（16～24h）	50～90	20～40	20～40	60～75	50～75	45～85
雨水湿地	70～95	30～50	15～40	75～95	50～85	40～75

在此对各种在美国、欧洲以及我国应用较多的主要结构性 BMPs 措施的技术特征进行总结和解析。

3.4.2.1 入渗沟

（1）基本构造

入渗沟（infiltration trench）的构造通常为以大颗粒砂石或卵石填充的长条形下洼式沟渠，设计深度 1.0～2.5m，长度和宽度视现场施工条件和径流量大小而定，沟渠顶部保护层与周边地面齐平，底部为本地土壤，中间填充碎石作为主要的渗滤基质。在砂石与顶部覆盖层及底部土壤之间常放置过滤纤维或滤布（见图 3-20），以减少地下水污染物和细颗粒进入砂石间孔隙，引起堵塞，或威胁地下水安全。

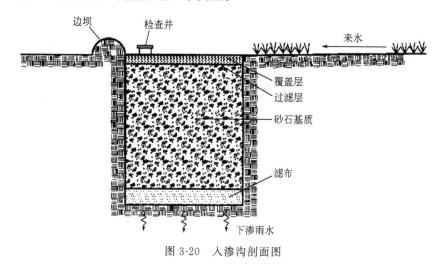

图 3-20　入渗沟剖面图

（2）控制效果

入渗是最主要的降雨径流控制机制，通过入渗可以滞留、削减汇水区域内一部分径流水量，用于补给地下水或附近河道。在水质控制方面，部分污染物在通过砂石层时会因重力沉淀、吸附作用等而被去除，滤布也可以通过过滤作用去除较大颗粒的污染物。在入渗沟设计及维护良好的情况下，能够对下游防洪以及保护河道起到作用，并有效去除颗粒污染物、有机物、营养盐、细菌等径流污染物。

（3）适用性

入渗沟的狭长形状使其适用于面积空间相对有限的区域，常见于城市公共区域、商业区、休闲区、停车场以及收集屋顶径流，并且可以与其他 LID-BMPs 措施如草沟、草带等串联使用（图 3-21）。由于土壤渗透力是影响入渗沟控制效果的关键因素，且入渗雨水有潜在的污染地下水的风险，因而入渗沟适合土壤渗透性较好且地下水位相对较低的地区选用，考虑到有限的入渗空间，集水区面积不宜太大，一般不超过 $2hm^2$，且应避免释放高浓度污染物的区域。

（4）优点与局限

入渗沟的优点在于设计简单，设施投资低，同时具有削减水量和处理水质的作用，并且利用了表层土壤的净化功能。其局限在于对于选址要求比较高，受地面条件限制较多，不适用于黏性土、入渗沟底部与地下水季节性最高水位距离小的地区，不适宜在工业用地或者交通主干道使用，并且可能由于沉积物而造成设施堵塞，无法达到预期目标。

（5）维护要求

在暴雨过后应及时检查入渗沟的情况，以确保其能在 72h 之内完成排水。一旦发生堵塞现象，需要及时更换顶层滤料或基质层。

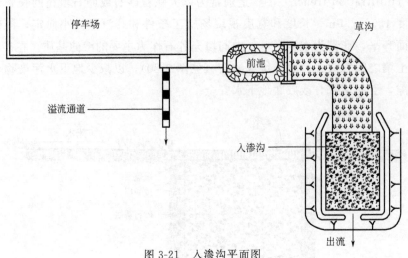

图 3-21　入渗沟平面图

3.4.2.2　入渗池

（1）基本构造

入渗池（infiltration basin）是一种下洼式下渗设施，用于短期储存雨水并促使入渗，通常利用地面低洼地水塘，设计深度 0.5～3.0m，以原有土壤或砾石、卵石、砂土等具有较大空隙率的介质作为渗透基质，常被用作末端雨水处理设施。入渗池中通常种有植物，池底可设置排水管接入市政管网或集中蓄水设施统一利用。为防止堵塞或短流现象发生，入渗池常配有前池等预处理措施（图 3-22、图 3-23）。

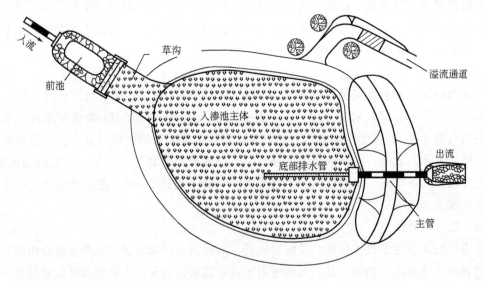

图 3-22　入渗池平面图

（2）控制效果

入渗池对降雨径流的控制机制与入渗沟大致相同，通过短期储存雨水并促进其缓慢入渗，控制降雨径流水量，同时在雨水进入池中下渗时，由物理性（沉淀、吸附）、化学性及生物性（植物吸收等）作用去除各种有机和无机污染物。相较于入渗沟，入渗池的池容更

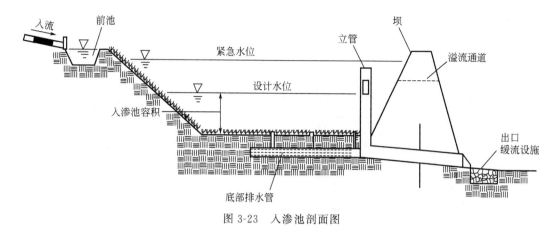

图 3-23 入渗池剖面图

大，相应的调蓄能力更强，径流停留时间更长，对于径流水量的滞留、削减以及通过沉淀、植物吸收等作用去除污染物的效果也更为明显和有效。

（3）适用性

入渗池池体面积大，可控制的汇水区域面积也相对较大，可达 20hm²。适用于汇水面积较大（＞1hm²）、可利用土地充足且土壤渗透性能良好的区域，可兼做草地、球场以及公园休憩场所。此外，同入渗沟一样，入渗池也不适宜在高负荷污染排放区域内使用，并且要求与地下水水位有足够距离，防止造成对地下水的污染。

（4）优点与局限

入渗池最大的优点是渗透面积大，能提供较大的储水和渗水容量，净化能力强，管理方便，并可具有渗透、调节、净化、改善景观等多重功能。局限性则是占地面积较大，在拥挤的城区应用受到限制，对于场地要求也比较高，最大坡度宜＜15％，并有因孔隙堵塞而引起设施不能正常运作的危险。

（5）维护要求

入渗池对维护管理的要求一般较低，主要在于定期检查，防止发生堵塞现象。当出现由于土壤饱和导致的渗透能力下降时，可考虑通过定期清淤或晾晒恢复入渗池的渗透能力。

3.4.2.3 入渗干井

（1）基本构造

入渗干井（dry wells）是指小型的，以碎石回填的，用于收集、过滤屋顶雨水径流并延长径流排放时间的过滤井。典型的干井一般长度短、深度大，其形式类似于普通的检查井，一般构造为一根垂直放置的直径为 0.9～1.2m 的多孔管，管内充满砂土，多孔管四周约 1m 范围内则以粒径较大的碎石回填（图 3-24）。入渗干井的深度一般在 0.9～3.6m 之间，设计时，应保证其与建筑和地下水位分别保持不小于 3.0m 和 0.6m 的距离。

（2）控制效果

一旦雨水进入入渗干井，雨水通过沙子或碎石，然后渗透到底层土壤。入渗干井经常使用过滤织物保持和石头和周围的土壤隔离。入渗干井可以降低雨水径流，促进渗透和地下水补给，过滤污染物。它可以减少屋顶产生的降水径流量，也可以通过渗透作用改善水质，并

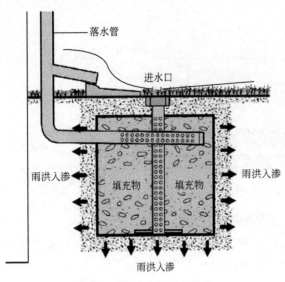

图 3-24　典型入渗干井示意

补充地下水。

（3）适用

入渗干井占地面积（地下面积）较大，适用于居住区、公园等区域，同时由于其对土壤渗透性要求较高，因此不适宜在径流固体悬浮颗粒含量较高、土壤入渗特性较差的区域使用，如工厂及城市主干道路道附近。

（4）优点与局限

入渗干井的功能与入渗沟类似，雨水可通过井壁、井底向四周渗透，具有减少降雨径流量、削减峰值流量的作用。为防止堵塞，需要定期清理多孔管内的表层土。

（5）维护要求

为防止堵塞，需要定期清理多孔管内的表层土。

3.4.2.4　干式滞留池

（1）基本构造

滞留池是指能滞蓄雨水并具有一定生态净化功能的天然或人工水塘，按常态下有无水可分为干式和湿式两类。干式滞留池（dry detention pond）没有永久性水面，池内通常有植被覆盖，在无雨时不蓄水，仅在暴雨时临时滞留雨水径流。若针对普通干式滞留池的结构进行改进，将出水管管径改小或将出口高度提高，则可改良成为干式（延时）滞留池（extended detention pond），以增加降雨径流在池内的停留时间，从而增加悬浮污染物的去除效率。一般而言，干式滞留池的停留时间可达 24h，采用 2 年一遇的暴雨量设计。

（2）控制效果

干式滞留池通常可滞蓄汇水区域内 2～4mm 的雨量，削减洪峰流量效果明显，可以有效降低下游雨水干管的断面尺寸，缓解排水压力，但对于控制径流总量的贡献不大。对水质的改善主要基于沉淀去除、生物吸附，以及微生物降解和挥发等，能去除的污染物包括悬浮颗粒、氮、磷和一些金属离子。由于干式滞留池的滞留时间较短，因而相比于其他降雨径流控制措施，水质处理效果不明显。干式（延时）滞留池对悬浮固体的去除率明显优于普通干式滞留池，有 40%～70%，但对溶解性污染物的去除效率仍相对较低。

（3）适用性

干式滞留池池体面积较大，一般不在城市高密度区域使用。该设施对于场地要求不高，适合各类土壤环境，但坡度一般小于 10% 为宜。可以在区域建成后作为后期改建设施加入区域总体布置中，对暴雨期间下游河道防洪、水质控制起作用。同时，也可以在开放区域内建造该设施，比如在道路弯道以及十字交叉口附近。用于污染负荷较高的汇水区域时，必须在设施底部铺设衬垫以防止污染地下水。

（4）优点与局限

干式滞留池有一定的滞蓄容积，结构简单，造价低，施工方便，易于推广应用，在干期还具有一定的景观价值。但是对污染物的去除效率不高，且因池体面积较大导致在拥挤城区的应用有所局限。

（5）维护要求

干式滞留池对维护管理的要求较低，主要包括每 5～10 年清除一次池中的淤泥，以及定期对滞留池设施的检查和对周边草类的修剪。

3.4.2.5 湿式滞留池

（1）基本构造

湿式滞留池（wet detention pond）中保持固定容积的水量，具有永久性水面。根据池体大小形状特征分为普通湿式滞留池、延时湿式滞留池（extended wet detention pond）和小型池体（pocket pond）。湿式滞留池可利用天然水塘改建，水深一般维持在 1～3m，建设生态护岸，并在池边维持不少于 8m 的植被缓冲区。一般设置预处理前池，去除径流入流中的大颗粒物质以及漂浮物，以延长主体池体的使用寿命（见图 3-25 和图 3-26）。

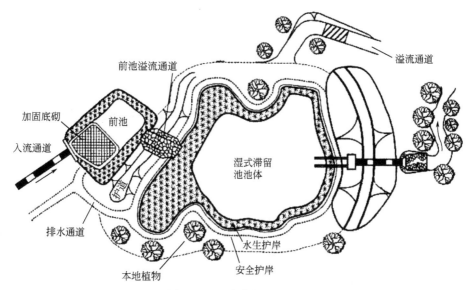

图 3-25　湿式滞留池平面图

（2）控制效果

湿式滞留池可滞蓄汇水区域内 25mm 以上的雨量，根据滞留池池体设计深度的不同，可以滞留暴雨强度为 5 年一遇、10 年一遇甚至 100 年一遇的雨水，从而起到城市防洪、防涝及保护河道的作用。在水质改善方面的主要机制与干式滞留池相同，但由于其滞留时间长，外加所种植的水生植物的吸收作用，污染物有较长停留时间进行分解与沉降，因而去除率明显高于干式滞留池，一般可去除 50％～90％的悬浮固体和 40％～60％的溶解性污染物（主要为营养盐）。

（3）适用性

湿式滞留池适用于城市及城郊具有开阔区域的居住区，也可用于接纳城市公路径流雨

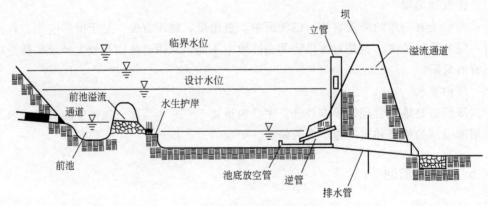

图 3-26 湿式滞留池剖面图

水，场地的坡度相对较缓，一般小于 10%。因需要保证池中能汇集充足的雨水量，因而汇水区域一般不小于 2~3hm²。湿式滞留池同样不推荐在城市高密度区域或高污染负荷区域，若在后者使用必须在池底配置衬垫防止污染雨水下渗影响地下水环境。

（4）优点与局限

湿式滞留池较干式滞留池有更好的滞洪和水质净化效果，且设施结构简单，初期投资费用和设施维护检修费用均较低。其局限主要在于对占地面积的需求导致在拥挤城区应用受限。

（5）维护要求

湿式滞留池的维护管理主要包括每 5~10 年清除池中的淤泥和植物沉积物和每年一次（尤其在雨季）对设备进行检修。此外，建议一年两次对周边植物进行修剪，维持周边环境的美观。

3.4.2.6 砂滤系统

（1）基本构造

砂滤系统（sand filter）也称砂滤池，可分为地面砂滤系统和地下砂滤系统两大类。地面砂滤系统是设于地面敞开空间的过滤设施，一般由处理前池与过滤室两个分室组成（图 3-27、图 3-28）。地下砂滤系统在此基础上，增加一个溢流后室，收集、排放超过设施容量范围的雨水径流，并在顶部设置人孔或者格栅便于检修以及运行维护。处理前池通过截污、弃流、沉淀等方式对雨水径流进行预处理，之后进入过滤室由内置的砂床过滤降雨径流。滤床床体通常由砂滤基质、滤布、表土、植被层及底部排水管组成（见图 3-29）。滤池滤料与常规水处理滤池相同，常用的有石英砂、无烟煤、纤维球等。

（2）控制效果

砂滤系统主要利用滤料的过滤、吸附等作用去除雨水径流中的污染物。总体来说，砂滤系统对于悬浮固体的去除效果较好，能达到 65% 以上，与此同时重金属、金属、细菌、烃类物质去除率为 30%~65%，总氮去除效率略低，为 30% 左右。此外，雨水在砂滤系统里滞留、过滤、再由底部排出，从一定程度上也起到了滞蓄径流、错开洪峰的作用。

（3）适用性

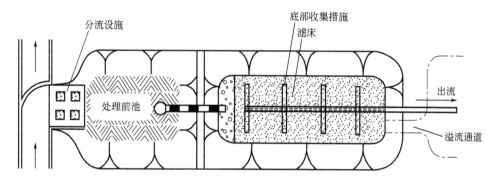

图 3-27　地面砂滤池平面图

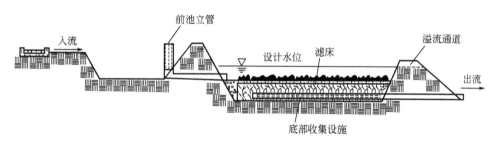

图 3-28　地面砂滤池正剖面图

砂滤系统占地较小，因此可用于城市高度发展、建筑用地密度大、用地空间有限的区域，适宜于商业用地、工业用地以及学校区域等，停车场、车道、码头、加油站、货舱、飞机场跑道以及储藏室等区域都是砂滤池非常理想的选址。地面砂滤系统最大服务面积可到 $40hm^2$，地下砂滤系统则适合较小的汇水区域，一般不大于 $2hm^2$。砂滤系统所在汇水区内径流来水中的泥沙含量不能太高，并且汇水区内不透水比例不能过

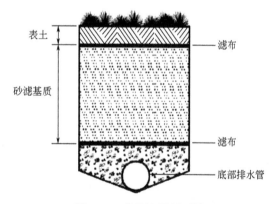

图 3-29　砂滤池侧剖面图

高（建议低于 50%），否则可能由于径流负荷太高而造成砂床堵塞。

（4）优点与局限

砂滤系统占地小，效率高，可在空间有限的城市高密度区域使用，对于小规模降雨处理效果很好，并且如果设施维护得当并定期检修，对于径流雨水的处理效果较为稳定可靠。但容易由于悬浮固体而失去过滤效果，需要经常清理与维护以维持其功能。

（5）维护要求

砂滤池的维护需求较高，无论是处理前池还是滤床主体都必须经常维护，包括清淤、除渣等，防止滤床堵塞影响处理效果。一旦过滤基质失去处理能力，更换介质所需的费用较高。

3.4.2.7 植被过滤带

（1）基本构造

植被过滤带（vegetative filter strip）也叫植被缓冲带，是设立在潜在污染源区与受纳水体之间的由不同植物覆盖的区域，通常呈带状。一般先将径流引进一水平分布槽（level spreader）内，槽内水满后会沿槽缘溢出，平均的分布流过过滤带，避免形成渠道流而降低缓冲带效率。过滤带长度宜大于 20m，纵向坡度以不大于 5% 为宜，以保持较缓慢的流速，增加接触时间。

（2）控制效果

植被过滤带对雨水径流的控制主要在于对径流污染物去除，并防止土壤的冲蚀。其净化机制包括：a. 通过沉降、过滤、拦截主要去除悬浮颗粒态污染物和重金属；b. 通过植物摄取吸收溶解态污染物，主要为去除营养盐；c. 通过过滤带的土壤吸附溶解态污染物。植被过滤带平均污染去除率为：悬浮固体约 70%、重金属 20%～50%、营养盐 10%～30%。

（3）适用性

植被过滤带多为平坦的植被区，接收大面积的分散降雨量，较适宜建造在池塘边、湖滨带、公园或居民区、商业区、厂区不透水铺装地面周边，也可以设于城市道路两侧，与场地排水系统、街道排水系统构成一个整体。场地纵向坡度建议应小于 5%，以保证雨水在过滤带内的停留时间。

（4）优点与局限

植被过滤带作为一种自然净化措施，建造费用较低，自然美观，并能有效减少悬浮固体颗粒和有机污染物，并保护土壤，减少水土流失。但不适用于场地坡度较大的区域。植被过滤带能有效处理片流，而对集中的径流作用不大，因此也常与水平导流装置配合使用。

（5）维护要求

植被过滤带对维护管理的要求较低，主要是对过滤带内的植被进行定期维护和当过滤带内有较厚沉积物时进行清理。

3.4.2.8 植草沟

（1）基本构造

植草沟（grassd swale）也叫植被浅沟，是指在开放式场地建造的种有植被的自然沟渠型工程性措施，其中一般种植草类，而断面形式多采用三角形、梯形或抛物形。根据草沟内部是否有永久性水面可分为干式植草沟（dry swales）和湿式植草沟（wet swales），两者的结构类似。湿时植草沟通常配备前置预处理池，并设置阻坝等构筑物分散径流、滞留雨水，其平面可以根据场地情况布置，如图 3-30 所示的示例。干式草沟在用于土壤透水性非常好的区域时，草沟底部也可以铺设管道收集入渗雨水加以利用或排放（见图 3-31）。湿式草沟与普通湿地相比，植物配置相对简单，一般采用低矮草本植物，但去除污染物的原理类似。植草沟底部宽度一般控制在 0.6～0.8m 之间，长度不宜小于 30m，纵向坡度以 1%～6% 为宜，且边坡坡度不宜大于 1:2。

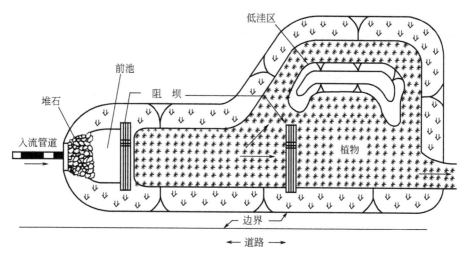

图 3-30 湿式草沟平面布局示例

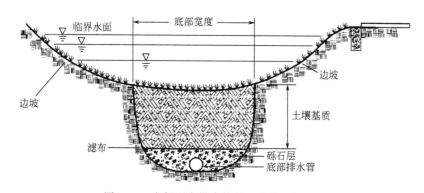

图 3-31 底部配有排水管的干式草沟剖面图

（2）控制效果

植草沟通过草类覆盖防止土壤冲蚀，可以起到水土保持的作用。对雨水径流污染物的去除原理与植被过滤带类似，当径流通过植被时，污染物由于过滤、吸附、植物吸收及生物降解的联合作用被去除，植被同时也降低了雨水流速，使颗粒物得到沉淀，达到雨水径流水质控制的目的。植草沟对 SS 的去除率能达到 80% 以上，并能削减 BOD_5 浓度，去除总氮、磷、Pb、Zn、Cu、Al 等部分金属离子，以及一部分油脂污染。

（3）适用性

植草沟对于拟建区域的土壤条件没有具体要求，只要是满足最低渗透速率要求的砂土混合土壤即可。它具有较长距离传输雨水径流的功能，可以替代传统的排水沟，特别适宜于居住区或者学校等用地密度中等的区域，城市园区道路或高速公路的两侧、不透水地面（如停车场）的周边等。不适合坡度大地形陡峭的场地使用。草沟可服务的汇水区域面积有限，因此不适宜在路网复杂的区域使用。

（4）优点与局限

植草沟是一种有效的路面雨水滞留截污系统，设计变通性强，而且相比于其他路边雨水设施而言造价较低，设计得当还具有一定的绿化景观价值。但局限性主要在于其只适用于小流量的汇水区域，对高密度居住区、商业区以及工业区等综合径流系数大、产流多的区域的处理能力则显不足，且受地面坡度的限制。

（5）维护要求

植草沟的运行维护主要包括对植被的定期收割、养护、及时清除浅沟内的沉积物和杂物。此外，还要注意对入口处消能卵石、前池和阻坝等辅助性设施的维护和管理。

3.4.2.9 植生滞留池

（1）基本构造

植生滞留池（biorentention pond），也有称为生物滞留池，一般采用低于路面的小面积洼地，种植当地原生植物并培以腐土、护根覆盖物等，可按城市景观需要设计成建筑物周围或路边的花池，因此又称雨水花园（rain garden）（图 3-32）。其构成可分为表面雨水滞留层、植被层、覆盖层、种植土壤层、砂滤层、碎石层等部分。植生滞留池的形状比较多样化，可以建于地表，也可以以植物绿化栏的形式高于地表设置。经过植生滞留池的雨水可以直接入渗至当地土壤，也可加设底层排水管，收集入渗雨水加以利用或排入市政管网。

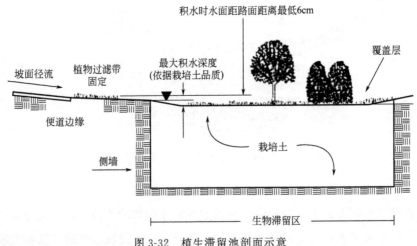

图 3-32　植生滞留池剖面示意

（2）控制效果

植生滞留池可通过土壤、微生物、植物的一系列生物、物理、化学过程实现雨洪滞留和水质处理。表面雨水滞留层收集、暂存径流雨水，植被层、覆盖层、土壤层通过植物截流、土壤过滤、植物吸收、微生物降解等方式滞留小流量径流雨水，去除径流污染物。砂滤层和碎石层可通过入渗、过滤、吸附等对径流雨水作进一步控制。植生滞留池能有效减小地表径流量，延迟、减弱降雨洪峰，一般至少可减少 15%～30% 的洪峰径流量，同时对固体悬浮物、磷、氮、粪大肠杆菌、油脂、重金属等大部分污染物有较好的去除作用，但对氮、磷的滞留率相对变化较大，受到工程结构、植物种类、土壤介质、气候环境、施肥等各种因素的影响。

（3）适用性

植生滞留池适用于汇水面积小于 $1hm^2$ 的区域，其中不透水区域面积不大于 $0.8hm^2$，且集水区内不应包括易引起冲刷的土壤。为保证对径流雨水污染物的处理效果，系统的有效面积一般为该汇水区域不透水面积的 5%～10%。该设施较适合商务区、居住小区、工业开发区、停车场、道路以及景观绿化区域，一般建设在停车场或居民区附近，通过入水口导引不透水面产生的降雨径流进入植生滞留池，或以绿化栏的形式围绕建筑物周边设置，接纳、处理屋面雨水。

（4）优点与局限

植物蓄留池是一种常见的 LID-BMPs 措施，它对降雨径流流量和水质都有较好的控制效果，且形式多样，可以用于空间有限的高密度区域，加上合理的设计和妥善的维护，可以达到良好的景观效果，改善小区环境。但其局限在于所服务的区域内不透水面积不能太大，且设施需要定期维护。

（5）维护要求

植物蓄留池有一定的维护需求，需要定期修剪、除草、添加植物以及土壤，少雨期需要灌溉，以维护一定的景观。在使用 5～10 年之后，土壤介质对径流污染物，尤其是重金属的吸附能力可能达到饱和，需要定期修复或更换土壤，或通过选择种植合适的植物种类减少土壤中重金属累积量。

3.4.2.10 树箱过滤器

（1）基本构造

树箱过滤器（tree box filter）是指城市中位于地下的、栽有乔木的雨水过滤容器。树箱过滤器一般位于道路两侧的人行道上，由种植箱（填充种植土）、水篦子等部分组成（图 3-33），其具体尺寸和容量都可根据场地调整，一般过滤器内土壤结构：砂石 80%，堆肥 20%。植物应选择那些能够承受周期性水淹的种类，同时，应优先考虑须根系、慢生植物，

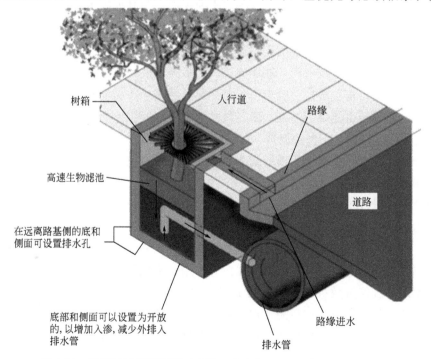

图 3-33　树箱过滤器原理图（来源：USAF Sustainable Sites ToolKit）

以免对土壤的过滤能力以及过滤设施造成影响。

（2）控制效果

沿着道路设置，并且通常与附近集水池相连。它对水污染处理能力较高，往往结合其他植生滞留措施一起设置，组成一个整体系统，特别是当整个场地普遍设置时，其整体效益就更明显。

（3）适用性

树箱过滤器不需要占用很大的地表面积，但其建设及维护成本较高，一般用于用地条件有限的新开发的商业区。

（4）优点与局限

树箱过滤器能实现多种雨水管理目标，植物与树箱构成了小型的生物滞留系统，雨水流入树箱，在收集之前要先经过植物和土壤过滤，从而能有效控制径流水质，这种控制效果在树箱过滤器组合使用的时候更明显，树箱过滤器能够满足新开发地区的开发需求，同时保护、储存雨水资源，控制污水溢流。

（5）维护要求

在植物生长体积要接近树箱容量后，需要进行更换，遇到极端干旱天气的情况下，植物需要人工灌溉；另外为了防止堵塞，水篦子要定期清理。

3.4.2.11 雨水湿地

（1）基本构造

雨水湿地是以雨洪控制及雨水径流水质净化为主要目标的人工湿地。通常情况下，雨水湿地的底部不进行专门的防渗处理，以利于雨水的入渗。与其他人工湿地一样，按雨水在湿地床中流动方式的不同（从土壤、填料或基质上方还是下方流过）和是否具有可见水面，雨水湿地可分为表流湿地和潜流湿地两类。通常可在湿地内部通过人为设置迂回曲折的径流路线以增加雨水在湿地内的停留时间，减缓流速，增强处理效果。

与自然湿地不同，雨水湿地一般不模仿自然湿地种植生态功能齐全的各种植物。为了在非降雨季节情况下湿地也能维持基础水面，通常雨水湿地所服务的汇水区域面积较大，一般在 $4hm^2$ 以上。不过，也有小型式湿地（pocket wetland），这种湿地所服务的汇水区域相对较小，其基础水面是由高于湿地底部的地下水水面形成的，或者需要在旱季进行日常养护。

（2）控制效果

雨水湿地中大量种植包括香蒲、芦苇、灯芯草等对雨水水质具有净化作用的水生植物，吸收雨水中的营养物质。湿地中的基质一般具有较低密度和较大的孔隙率，同植物根系一同通过吸附、过滤、沉淀等去除污染物。潜流湿地还可以充分利用附着于填料表面生长的微生物降解作用以及丰富植物根系和表层土的截留等作用，来提高其处理效果和处理能力，改善出流水质。湿地系统能有效处理高浓度的 BOD_5、SS、TN、油污染，对于总磷、重金属与病原体亦有显著的处理成效。在径流量控制方面，密集种植的植物能有效延缓水流、降低洪峰，同时通过增大水流阻力，保持水流均匀，创造良好的水力条件。

（3）适用性

雨水湿地对于拟建区域的环境要求较高。黏土、粉砂壤土等较适合植物生长、雨水入渗的中性土壤最为适宜建造湿地。人工湿地所服务的汇水区域面积较大，因而比较适用于开阔地带，可以和公园、绿地或居住区的景观水体结合建设。当汇水区域内部包括污染物产流负荷极高的用地类型时，必须铺设衬垫以免污染地下水。

（4）优点与局限

雨水湿地是一种多功能的降雨径流控制设施，可兼有削减洪峰流量、降低径流速率、有效去除污染物等功能，湿地池体本身也可以作为景观美化的一部分，并可同时提供野生动物及鸟类的栖息场所。但是其对场地的要求限制了它的应用，而且因为所需面积较大，所对应的造价也相对较高。

（5）维护要求

雨水湿地需要定期的管理维护，特别是对湿地植物的修剪、收割、补种，防止蚊虫滋生和因残株腐败影响处理效率。在北方城市运用时要注意植物的越冬。对于潜流湿地系统还要注意填料的堵塞问题，定期检查，并根据需要更换砂砾等基质，维持处理效果。

3.4.2.12 绿屋顶

（1）基本构造

绿屋顶（green roof）是一类典型的 LID-BMPs 设施，也称屋顶花园。绿屋顶由多层材料构成，包括植被、种植土、过滤层、排水层及为了加强屋顶安全而设置的防水层、隔热层、支持结构等，典型的绿屋顶结构示例如图 3-34 所示。种植土壤应选择孔隙率高、密度小、耐冲刷、且适宜植物生长的天然或人工材料。简单的绿屋顶可以种植一些易存活、维护需求低的植物，或者绿屋顶也可以种植更多样化、更具有欣赏价值的植物。

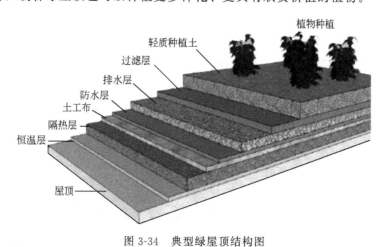

图 3-34　典型绿屋顶结构图

（2）控制效果

绿屋顶系统通过植物的叶片、根系以及土壤截留、吸收雨水，能有效削减雨水流失量。据各国的实践研究，结构设计合理的绿色屋顶的降雨滞留率在 60%～70% 之间。在径流污染控制方面，绿屋顶系统通过绿化层截留、植物吸收、微生物降解、土壤渗透等作用去除污染，一般 COD 的去除率可达 50% 以上，SS 也能得到大幅度削减。但由于施肥、土壤、屋顶介质等方面原因，绿屋顶可能会输出总氮总磷或重金属等污染物，虽然大部分研究案例分析认为，截留的降雨量可以弥补这一缺陷，但在设计时最好选择施肥量不高的植物。

（3）适用性

屋顶作为不透水面可以达到城市不透水面总面积的40%～50%。绿屋顶可以充分利用这些既有的屋顶，既不用担心占用土地资源，又能对雨水资源管理与利用产生非常显著的效果。绿屋顶既可用于平屋顶，也可用于坡度较小的坡屋顶，最适宜城市新型建筑物、城市中心城区等地区，但不适于屋顶坡面较陡的建筑物，也不适合年代较久远的老建筑物。

（4）优点与局限

绿屋顶是削减城市暴雨径流量、控制径流污染的重要途径之一。它适用性广，在有效利用雨水、减小屋面雨水径流量和径流污染的同时，具有削减峰值径流，净化水质，减轻大气污染和城市热岛效应，提高城市绿化率，减低噪声污染、吸纳降解空气中细颗粒物$PM_{2.5}$、节约能源、提供鸟类栖息地、延长建筑物使用寿命和美化城市景观等功能。其局限在于不适用于屋顶坡面较陡的建筑物和老建筑物，而且绿屋顶需要施肥，在氮、磷污染较敏感的区域要慎用。

（5）维护要求

绿屋顶的建造、维护要求与普通屋顶差别不大，对于屋顶所种植的植株可选择粗放型的种类，减少养护成本。为了确保屋顶花园不漏水和屋顶下水道通畅，可以在种植区和屋顶材料之间增加一道防水和排水措施，并定期检查。

3.4.2.13　雨水罐

（1）基本构造

雨水罐（rain barrel）是接受屋面径流雨水，将其储存、蓄积的设施。设施结构较为简单，包括罐盖、筛网（防止树叶、蚊虫进入）、溢流管、人孔、放空管等。雨水罐体积可以根据当地雨水量以及设计暴雨强度定制，并可以置于地表或者地下，形状也可以基于当地景观特点，采用灵活多样的形式。

（2）控制效果

雨水罐可以收集、滞留部分雨水，起到消减雨水量、降低峰值流量的作用。收集的雨水可以通过阀门控制，可用作绿化用水、冲厕用水等。

（3）适用性

作为LID-BMPs措施的一种，雨水罐因其占地小并且尺寸设计多样，适用范围很广，尤其适合在用地密度极高的城市中心区域内使用，或在区域重建规划方案中配合小区建设配套实施。若是不进行收集雨水集中回用，而是滞留后排放，则雨水罐所在的排水区域坡度不宜超过4%，且周边一般设计绿化植物区，接受滞留排放雨水，如用于建筑物周边的景观绿化带等。

（4）优点与局限

雨水罐结构简单，形式多样，能有效地集蓄、利用雨水资源，占地小，投资费用和维护需求均较低，适用范围广。其局限之处在于对于径流水质的控制有限，若屋面径流污染严重则可能需要在回用或排放前进行额外处理，对于水资源相对丰沛的区域实用性不高。

(5) 维护要求

雨水罐没有太多的维护需求，主要是定期检查，防止积泥，并保证过滤设施的正常运作，防止二次污染。

3.4.2.14 透水铺装

(1) 基本构造

透水铺装（porous pavement）是指各种人工材料铺设的透水地面，可以分为两种类型：第一类是用本身可直接渗透水的透水材料（如透水混凝土、透水沥青、透水水泥砖等）铺设的路面；第二类透水地面则是采用普通材料（如塑料、水泥等）制作，但设有一定比率间隙，间隙之间可铺设土壤并种植草皮，如多孔的嵌草砖（草皮砖）、碎石地面等。典型的可渗透路面砖是由特殊级配的骨料、胶凝材料、水及增强剂拌制成混合料，经特定工艺制成，其中含有较大比例的连通孔隙。透水铺装在铺设时由上至下通常可分为有孔隙的表层透水砖、缓冲层、砾石透水基层和由原土夯实而成素土层，如图 3-35 所示。

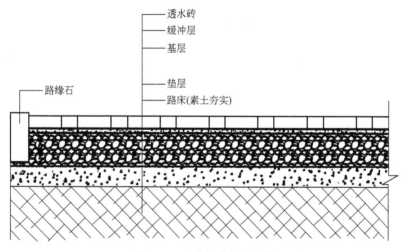

图 3-35 透水铺装基本结构

(2) 控制效果

透水铺装能有效促进雨水滞留、入渗，降低雨水径流量。透水铺装的径流系数可达 $0.05\sim0.35$，主要取决于透水材料的渗透性能、孔隙率、基础碎石层的蓄水性能、地面坡度、降雨强度等因素。在雨水径流水质控制方面，第一类透水铺面与入渗沟类似，主要依靠污染物通过砾石透水基质层时的重力沉淀，吸附等作用将污染物去除。而第二类透水铺面由于一般有植物生长，通过植物吸收、微生物降解等机制，来净化雨水径流。透水铺装对于 COD、BOD_5、SS、氨氮、重金属如铅、锌、铬等有一定的去除率，但对总氮、总磷的去除效果不明显。

(3) 适用性

透水铺装适合使用在地势平坦、土壤渗透能力较强、交通负荷量较低、不适宜建造景观绿化的区域，包括都市小区与景观休闲区停车场、广场、步道、人行道、护坡等。由于其铺面强度低于传统铺面，因此不适用于有大型车辆通过、交通负荷高的路面。同时为了降低污染地下水的风险，也不适用于径流污染负荷太高的区域。

（4）优点与局限

透水铺装也是一种 LID-BMPs 措施，它能利用城区大量的地面如停车场、步行道、广场等，有效降低城市不透水面积，增加雨水渗透，减低暴雨径流的流速、流量、延长滞留时间，缓解排水系统压力，同时对径流水质具有一定的净化作用。它技术简单，便于管理，但透水铺装的渗透能力受土质限制，并且地面坚实程度不高。另外它的初期建造投入较高、如需替换所需工程量大，因此在铺设前需要仔细考虑和设计。

（5）维护要求

堵塞是透水铺装的一个主要问题。对于第一类透水铺面，实践证明在长期使用后，透水路面的堵塞物一般保持在距路面 2cm 范围内，因此需要真空吸引器定期清除路面（透水沥青、透水混凝土面）以保持路面渗透率。对于第二类透水铺面，也需定期清理空隙间的积泥，维持铺面的性能。

3.4.3　实例——广东环境保护工程职业学院降雨径流控制示范

节选自 2013 年清华大学完成的研究报告《佛山市城市地表径流系统（BMPs）最佳管理试点示范（一期）》。

3.4.3.1　项目背景

在佛山市环境保护局的支持下，基于广东环境保护工程职业学院的配合，清华大学等单位完成了该城市降雨径流最佳管理 LID-BMPs 技术示范。广东环境保护工程职业学院位于广东省佛山市南海区丹灶镇，校园规划用地 453 亩（约合 30hm²），东接丹灶镇镇区，西临樵丹路，北隔桂丹路与丹灶中学相望，南靠山丘，西北面为规划中的广州三环丹灶出口。校园的效果如图 3-36 所示。项目组结合校园的建设总体规划、景观布置规划，编制了校园城市降雨径流控制 LID-BMPs 规划方案。基于上述规划方案，结合校园建设安排，实施了本示范工程的建设。

3.4.3.2　LID-BMPs 的工程方案与施工

基于前期规划方案和研究区具体情况，根据协商，选择包括广东环境保护工程职业学院校区中篮球场、网球场作为汇水区研究，相应的 LID-BMPs 措施围绕这两个汇水区布置施工，汇水区降雨径流经过 LID-BMPs 措施处理后，最后进入到校园人工湖。

本项目选择了五种 LID-BMPs 措施，包括植草沟、植生滞留池、入渗池、雨水湿地、植被过滤带。具体位置如图 3-37 所示。

表 3-8 具体表明了本工程各 LID-BMPs 措施结构。

图 3-36 广东环境保护工程职业学院规划效果图

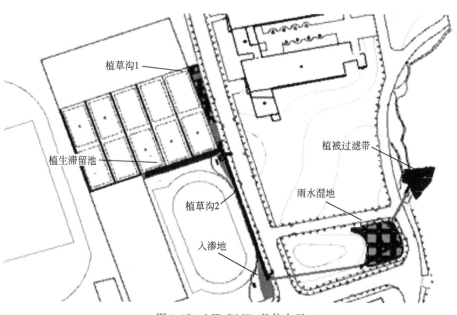

图 3-37 LID-BMPs 整体布局

表 3-8 LID-BMPs 措施结构

LID-BMPs 措施	结　构
植草沟	底部为深度 50cm 的砾石层,上部是深度 40cm 的配置土壤。 草沟种植的草皮为马尼拉,鹅卵石槽种植的为九里香
植生滞留池	底部为深度 40cm 的砾石层,砾石层中有直径 300mm 的穿孔管,上部是 50cm 的配制土壤,覆盖层深度 50mm,采用干枯的树叶树皮等。 种植区种植的植物为葱兰和红继木,鹅卵石槽种植的为九里香
入渗池	底部为深度 50cm 的砾石层,上部是深度 40cm 的配置土壤。 洼地种植的草皮为马尼拉,鹅卵石槽种植的为九里香

续表

LID-BMPs 措施	结　构
雨水湿地	底部为深度 75cm 的配置土壤。 雨水湿地种植的植被为美人蕉、香蒲,草皮为马尼拉,鹅卵石槽种植的为九里香
植被过滤带	底部为 50cm 的砾石层。 缓冲草袋种植的植被为香蒲,草皮为马尼拉,鹅卵石槽种植的为九里香

工程设计完成后,按照工程建设管理程序,进行了招投标,选择了工程建设单位。工程建设单位与 2011 年 12 月 7 日开始建设,于 2012 年 4 月底完成建设。如图 3-38 所示为各 LID-BMPs 建成后照片。

(a) 植生滞留池

(b) 植草沟

(c) 入渗池

(d) 雨水湿地

图 3-38　各 LID-BMPs 建成后照片（见文后彩图）

3.4.3.3　降雨径流监测与分析

2012 年 5 月至 7 月以及 2013 年 5 月至 9 月在研究区进行了连续降雨观测,共实现现场采样 19 次,选择监测的污染物指标为 pH 值、COD、TSS、TP、TN、NH_3-N、Cu 和 Zn,其中 10 次降雨事件采集到了 LID-BMP 的进水和出水,另外 9 次只有进水,没有出水。用自动雨量计记录降雨特征,包括事件发生日期、降雨历时、降雨量、最大雨强、雨前干燥期等。

采用事件平均浓度（EMC）、总污染量去除率法（SOL）及降雨径流量来评估 LID-

BMPs 污染物去除的功效。

3.4.3.4　LID-BMPs 的径流量削减效果分析

通过对 10 场降雨事件进水、出水的水量分析（表 3-9）可见，植生滞留池对径流量的削减非常有效，水量、峰值的平均削减率分别达到 62.2% 和 66.0%。以 2012 年 5 月 27 日的监测数据，植生滞留池径流量削减效果如图 3-39 所示。

表 3-9　LID-BMPs 的径流量削减效果

日期	植生滞留池		植草沟 1、2	
	水量削减/%	峰值削减/%	水量削减/%	峰值削减/%
2012.05.18	52.2	50.0	30.0	25.0
2012.05.20	47.4	67.0	15.0	33.8
2012.05.27	60.0	75.0	12.1	17.0
2012.07.14	52.0	50.0	10.7	20.0
2012.07.24	49.0	50.0	8.9	16.5
2013.05.09	71.4	70.0	62.5	66.7
2013.07.17	65.5	66.7	57.4	63.0
2013.08.03	80.3	81.0	74.4	79.0
2013.08.31	66.7	70.4	45.5	55.6
2013.09.03	77.7	79.6	45.1	66.7
平均	62.2	66.0	36.2	44.3

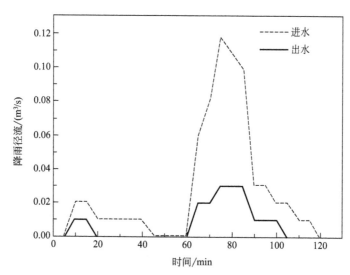

图 3-39　2012 年 5 月 27 日降雨事件中植生滞留池进出水流量对比

3.4.3.5　LID-BMPs 污染物削减效果分析

（1）植生滞留池的效果分析

我们利用 SOL 方法分析了植生滞留池的污染物去除效果，如表 3-10 所列。

表 3-10　植生滞留池的污染物负荷去除效果

日期	项目	TN/kg	NH₃-N/kg	Zn/kg	Cu/kg	COD/kg	TSS/kg	TP/g
2012.05.18	入流	0.05	0.02	0.03	0.03	1.03	3.84	①
	出流	0.03	0.01	0.00	0.01	0.35	1.26	①
	去除率/%	40.00	50.00	100.00	66.67	66.02	67.19	③
2012.05.20	入流	0.15	0.10	0.00	0.06	0.91	0.77	1.59
	出流	0.06	0.05	0.00	0.02	0.36	0.96	1.15
	去除率/%	60.00	50.00	②	66.67	60.44	-24.68	28.04
2012.05.27	入流	0.07	0.06	0.06	0.04	3.15	1.54	1.60
	出流	0.02	0.01	0.00	0.01	0.53	5.32	3.05
	去除率/%	71.43	83.33	100.00	75.00	83.17	-245.45	-90.80
2012.07.14	入流	0.08	0.06	③	③	0.50	1.55	1.32
	出流	0.04	0.03	③	③	1.10	0.70	2.33
	去除率/%	50.00	50.00	②	②	-120.00	54.84	-76.88
2012.07.24	入流	0.01	0.01	③	③	①	③	0.30
	出流	0.01	①	③	③	0.08	③	0.33
	去除率/%	0.00	②	②	②	②	②	-9.17
2013.08.03	入流	0.24	0.04	③	③	①	10.58	0.02
	出流	0.06	0.01	③	③	①	6.90	0.02
	去除率/%	75.27	80.08	②	②	②	34.76	0.00
2013.09.03	入流	1.16	0.65	③	③	①	5.72	0.12
	出流	0.66	0.30	③	③	①	3.54	0.12
	去除率/%	43.58	44.28	②	②	②	38.12	0.00

① 低于检出限。
② 没有结果。
③ 没有采样。

　　我们也分年度分析了污染物去除率的变化,2012 年、2013 年以及监测期的总体污染物去除率如表 3-11 所列。

表 3-11　植生滞留池总体污染物负荷去除效果

污染物	TN	NH₃-N	Zn	Cu	COD	TSS	TP
2012 去除率/%	44.29	46.67	100.00	69.45	17.93	-29.62	-29.76
2013 去除率/%	59.43	62.18	②	②	①	36.44	0.00
总去除率/%	48.61	51.10	100.00	69.45	17.93	-10.75	-21.26

①低于检出限。②没有采样。

　　(2) LID-BMPs 系统的效果分析
　　由于雨水湿地的出流采样数据很少,本研究把上游的植草沟 1 入流和植生滞留池入流作为系统的进水，入渗池出水作为出流，分析了 LID-BMPs 系统的污染物去除效果，结果如表 3-12 所列。

表 3-12　系统的污染物去除效率

项目	入流		出流	去除率/%
	植草沟 1	植生滞留池	入渗池	
COD/kg	3.02	0.80	3.11	18.52
NH$_3$-N/kg	0.49	0.13	0.17	73.48
TN/kg	0.96	0.25	0.31	74.00
TSS/kg	8.44	3.11	7.53	34.85
TP/g	0.07	0.71	0.04	95.26

参考文献

[1] Chen Jin-Ming. 美国管理分散污水处理系统的政策和经验 [J]. 中国给水排水，2004，20 (6)：104-106.

[2] Dietz M E. Low impact development practices：a review of current research and recommendations for future directions [J]. Water Air Soil Pollution，2007，(186)：351-363.

[3] Dietz M E，Clausen J C. A field evaluation of rain garden flow and pollutan ttreatment [J]. Water Air Soil Pollution，2005，(167)：123-138.

[4] Dietz M E，Clausen J C. Saturation to improve pollutant retention in a rain garden [J]. Environmental Science and Technology，2006，40 (4)：1335-1340.

[5] Field R，Pitt R E. Urban storm-induced discharge impacts：US Environmental Protection Agency research program review [J]. Water Science and Technology，1990，22 (10-11)：1-7.

[6] Gajurel D R，LIZ，Otterpohl R. Investigation of the effectiveness of soure control sanitation concepts including pretreatment with Rottebehaelter [J]. Water Sci Technol，2003，48 (l)：111-118.

[7] Gilberb J K，Clarsen J C. Stormwater runoff quality and quantity from asphalt，paver，and crushed stone driveways in Connecticut [J]. Water Res，2006，40 (4)：826-832.

[8] Jia Haifeng，Wang Xiangwen，Ti Chaopu，et al. Field Monitoring of an LID-BMP Treatment Train System in China [J]，Environmental Monitoring and Assessment，2015，187 (6)：373.

[9] Jia Haifeng，Yao Hairong，Tang Ying，et al. LID-BMPs planning for urban runoff control andthe case study in China [J]. Journal of Environmental Management，2015，149 (1)：65-76.

[10] Jia Haifeng，Ma Hongtao，Sun Zhaoxia，et al. A closed urban scenic river system using stormwater treated with LID-BMP technology in a revitalized historical district in China [J]. Ecological Engineering，2014，71：448 - 457.

[11] Jia Haifeng，Yao Hairong，Yu Shaw L. Advances in LID BMPs research and practices for urban runoff control in China [J]. Frontiers of Environmental Science & Engineering，2013，7 (5)：709-720.

[12] Jones P，Macdonald N. Making space for unruly water sustainable drainage systems and the disciplining of surface run off [J]. Geoforum，2006，(38)：534-544.

[13] Montalto F，Behr C，Alfredo K，et al. Rapid assessments of the cost-effectiveness of low impact development for CSO control [J]. Landscape and Urban Planning，2007，(82)：117-131.

[14] Ristenpart E. Planning of storm water management with a new model for drainage best management practices [J]. Water Science Technology，1999，39 (9)：253-260.

[15] RLens，GZeeman，GLettings. 分散式污水处理与再利用——概念、系统和实施 [M]. 王晓昌，彭党聪，黄廷林译. 北京：化工工业出版社，2004.

[16] Roon M V. Emerging approaches to urban ecosystem management：The potential of low impact urban design and development principles [J]．Journal of Environmental Assessment Policy and Management，2005，7 (1)：125-148.

[17] Thomas N，Debo Andrew Reese. Municipal Stormwater Management. [M]．CRC Press，2002：1-11.

[18] Tsihrintzis V A，Hamid R. Modeling and management of urban stormwater runoff quality：A Review [J]．Water Resources Management，1997，11：137-164.

[19] US EPA. Preliminary Data Summary of Urban Stormwater Best Management Practices [R]．Washington，DC：Office of Water，1999.

[20] US EPA. Reducing Stormwater Costs through Low Impact Development (LID) Strategies and Practices. United States Environmental Protection Agency. [R]．EPA 841-F-07-006，Washington DC：United States Environmental Protection Agency，2007.

[21] US EPA. Report to congress impacts and control of CSOs and SSOs [R]．EPA 883-R-04-001，2004

[22] 曹磊，杨冬冬，黄津辉．基于 LID 理念的人工湿地规划建设探讨——以天津空港经济区北部人工湿地为例[J]．天津大学学报（社会科学版），2012，14 (02)：144-149.

[23] 陈浩．分散式污水处理再生利用模式研究 [D]．西安：西安建筑科技大学，2007.

[24] 陈嫣，邹伟国，王磊磊，等．室外污水负压抽吸技术在水乡城镇的应用 [J]．给水排水，2013，39 (4)：98-102.

[25] 河南省农村环境综合整治生活污水处理适用技术指南（试行）[Z]，河南省环境保护厅，2011.

[26] 胡爱兵，张书函，陈建刚．生物滞留池改善城市雨水径流水质的研究进展 [J]．环境污染与防治，2011 (1)．

[27] 江苏省农村生活污水处理适用技术指南 [Z]，江苏省建设厅，2008.04.

[28] 贾海峰，王军，张健，赵洋洋．居住区负压源分离系统与传统排水系统的经济技术比较研究 [J]．中国给水排水，2014，30 (11)：131-134.

[29] 贾海峰，姚海蓉，唐颖，Yu Shawlei. 城市降雨径流控制 LID BMPs 规划方法及案例 [J]．水科学进展，2014，25 (2)：260-267.

[30] 贾海峰，杨聪，张玉虎，陈玉荣．城镇河网水环境模拟及水质改善情景方案 [J]．清华大学学报，2013，53 (5)：665-672，728.

[31] 蒋海涛，丁丹丹，韩润平，等．城市初期雨水径流治理现状及对策 [J]．水资源保护，2009，25 (3)：33-36.

[32] 靳军涛．真空排水技术在老城区滨河带截污工程中的应用研究 [D]．北京：清华大学，2011.

[33] 科学技术部中国农村技术开发中心．农村污水处理技术 [M]．北京：中国农业科学技术出版社，2006.

[34] 厉晶晶．雨水收集利用系统关键技术及工程示范研究 [D]．南京：江苏大学，2010.

[35] 林积泉，马俊杰，王伯铎，等．城市非点源污染及其防治研究 [J]．环境科学与技术，2004，(27)：99-105.

[36] 林莉峰，张善发，李田．城市面源污染最佳管理方案及其在上海市的实践 [J]．中国给水排水，2006，22 (6)：19-23.

[37] 刘斌．新农村建设中污水处理模式探讨 [J]．西南给水排水，2008，30 (6)：1-6.

[38] 刘云国，江卢华，曾光明，等．我国农村生活污水分散式处理技术的研究进展 [J]．世界科技研究与发展，2014，(3)：343-348.

[39] 鲁宇闻．城市降雨径流控制 BMP 规划及案例研究 [D]．北京：清华大学，2009.

[40] 《农村生活污水处理技术规范》DB33/T 868—2012 [Z]，浙江省质量技术监督局，2012.

[41] 毛威敏．城市中小河道截污主要方式和工程实例 [J]．中国市政工程，2009，143 (6)：45-46.

[42] 欧阳云生，杨立中．关于河道截污工程特点的探讨 [J]．西南给排水，2007，29 (1)：11-14.

[43] 裴青宝，张建丰，吴书赢．下凹式草地对降雨径流污染物去除效果研究 [J]．节水灌溉．2011，(6)：34-36，40.

[44] 阮仁良，唐建国，杨立新．黑臭河道治理中截污纳管的技术思路 [J]．上海水务，2008，24 (3)：1-2.

[45] 上海市农村生活污水处理技术指南 [Z]，沪建交联 (2008) 538 号．

[46] 唐颖．SUSTAIN 支持下的城市降雨径流最佳管理 BMP 规划研究 [D]．北京：清华大学，2010.

[47] 万乔西．雨水花园设计研究初探 [D]．北京：北京林业大学．2010.

[48] 王琳，王宝贞．分散式污水处理与回用 [M]．北京：化学工业出版社，2003.

[49] 王晓峰．国外降雨径流污染过程及控制管理研究进展．首都师范大学学报（自然科学版）[J]．2002，23 (1)．

[50] 西南地区农村生活污水处理技术指南（试行）[Z]，中华人民共和国住房和城乡建设部，2010.9.

[51] 向阳，尹澄清，张建新．武汉新区面源污染控制规划建设模式探讨［C］中国首届城市水环境质量改善高技术论坛．武汉，2004.

[52] 尹澄清．城市面源污染问题：我国城市化进程的新挑战［J］．环境科学学报，2006，26（7）：1-4.

[53] 张大伟，赵冬泉，陈吉宁，等．城市暴雨径流控制技术综述与应用探讨［J］．给水排水，2009，(35)：25-29.

[54] 张家炜，周志勤．浅析农村生活污水分散式处理适用技术［J］．环境科学与管理，2011，36（1）：95-99.

[55] 张炯．利用分散式污水处理技术修复城市河流的研究［D］．青岛：中国海洋大学，2008.

[56] 张克强，李军幸，张洪生，等．国内外农村生活污水处理技术及工程模式探讨［C］首届全国农业面源污染与综合防治学术研讨会论文集，2004：223-225.

[57] 赵飞，张书函，陈建刚，等．透水铺装雨水入渗收集与径流削减技术研究［J］．给水排水．2011（S1）.

[58] 赵建伟，单保庆，尹澄清．城市面源污染控制工程技术的应用及进展［J］．中国给水排水，2007，23（12）：1-5.

[59] 赵剑强．城市地表径流污染与控制［M］．北京：中国环境科学出版社，2002.

[60] 浙江省农村生活污水处理工程技术规范编制说明［Z］浙江省环境保护科学设计研究院，2011.

[61] 郑兴，周孝德，计冰昕．德国的雨水管理及其技术措施［J］．中国给水排水，2005，21（2）：104-106.

[62] 周海，李剑．城市雨洪防控与利用的LID-BMPs联合策略［J］．人民黄河，2013，35（2）：47-49.

4 城市河流的原位水质净化

城市河流的原位水质净化是在河流自身的河道空间内去除污染物、强化水体自净能力，进而实现城市河流水质净化。城市河流的原位净化主要包括城市河流内源污染控制和治理、城市河流水系结构优化与水力调控、河道水体曝气、生物膜自然处理、微生物菌剂投加，以及其他物理和化学处理法等。本章就目前在国内外应用较广的几种河流原位治理技术的原理、方法以及特点等进行论述。

4.1 内源污染控制与治理

在河流外源污染得到逐步控制后，内源就成为不可忽视的污染源。内源通常包括河道底泥释放的污染、水产养殖产生污染以及水体中水生动植物的排放和释放的污染。相比而言内源中河道底泥污染对水环境的影响大且难以控制，这里重点讨论底泥污染的处理技术。

对河流污染底泥的处理主要有异位处理和原位处理两种方式。异位处理就是将污染底泥挖掘出来运输到指定地方再进行处理，即将污染源移除，主要有底泥疏浚和异位淋洗等；而原位处理是在不移除污染底泥的前提下，采取措施防止或阻控底泥中的污染物进入水体，主要有原位覆盖、钝化和生物处理等。而按照底泥污染控制与处理方法原理的不同，又可分为物理化学控制技术与生物控制技术。物理控制技术借助的工程措施主要包括底泥疏浚和底泥覆盖技术等，化学修复主要是通过化学制剂跟底泥中的污染物发生化学反应转变成非污染物，生物控制技术是利用生物体（主要是微生物）来降解底泥中的污染物。对于城市水体内源污染控制技术，目前国内应用最多的为底泥疏浚技术，而原位的底泥覆盖、化学修复和生物修复等应用相对较少。本节主要介绍原位的底泥覆盖、化学修复、生物修复技术（底泥的原位生物修复技术主要为原位投菌法，详见 4.6 部分）以及基于各种技术的联合修复技术。

4.1.1 底泥污染现状

底泥污染已经成为污染城市河流水环境的重要污染源之一。沉积在河道底泥中的污染物可随着环境的变化向上层水体中释放，污染水体。此外，底泥又是底栖生物的主要生活场所和食物来源场所，污染物质可直接或间接对底栖生物或上覆水生物产生致毒、致害作用，并通过生物富集、食物链等过程，影响陆地生物和人类健康。根据美国 EPA 对美国 2111 个流域中的 1327 个进行调查，96 个流域的底泥受到污染，这些流域多集中在工业和经济较为发达的地区。全美国有 10% 的河流底泥已经足以对鱼类及食用鱼类的人和野生动物构成威胁。

在我国，内源污染也十分严重。早在1979年《湘江污染综合防治研究》中就发现，湘江底泥中重金属污染十分严重，在进行底泥生物毒性评价时，霞浦港底泥中8种实验生物中的7种在试验期间死亡；对山东南四湖底泥的调查表明，近二十年沉积的底泥是二千年来污染最严重的底泥层。

研究和实践表明，要修复城市重污染河流的水环境，需要在截除入河污水后，适当处理城市河流的内源污染。如上海市区的苏州河，在治理初期，1993年年底一期入河污水截污后，尽管外源污染物被大幅度削减，但是河流水质并未达到预期的效果，经调查研究，内源污染是主要原因之一。通常来说，河流内源污染主要通过以下3个过程影响河流水质。

① 底泥耗氧，造成水体缺氧。

② 底泥污染物释放（包括碳、氮、磷和金属元素等物质），造成水体污染物含量增大。

③ 底泥污染的生态毒性（主要由难降解有机物 PAHs、PCBs 等组成），由于疏水性强、难降解，在底泥中大量积累。通过生物富集（bioaccumulation）作用，有毒有机物可以在生物体内达到较高的水平，从而产生较强的毒害作用，通过食物链还可能毒害到人类。

4.1.2 底泥覆盖技术

（1）技术原理

底泥原位覆盖和污染控释技术又称封闭、掩蔽或帽封技术，主要是通过在污染底泥上放置一层或多层覆盖物，使污染底泥与水体隔离，防止底泥污染物向水体迁移，采用的覆盖物主要有未污染的底泥、清洁砂子、砾石、钙基膨润土、灰渣、人工沸石、水泥，还可以采用方解石、粉煤灰、活性炭、土工织物或一些复杂的人造地基材料等。底泥覆盖可以起到4方面功能：a. 通过覆盖层，将污染底泥与上层水体物理性隔开；b. 覆盖作用可稳固污染底泥，防止其再悬浮或迁移；c. 通过覆盖物中有机颗粒的吸附作用，有效削减污染底泥中污染物进入上层水体；d. 改良表层沉积物的生境。

底泥原位覆盖技术可与底泥疏浚技术联用，将表层污染沉积物进行有效疏浚后，在残留底泥表面铺设覆盖材料，以防疏浚后沉积物的重新悬浮和残留污染物的释放。

（2）技术关键

覆盖层是该项技术的关键，覆盖的形式可以是单层覆盖也可以是多层覆盖。但在通常情况下，会添加一些要素来增强该技术功能的发挥，如在覆盖层上添加保护层或加固层（以防止覆盖材料上浮或水力侵蚀等）以及生物扰动层（防止生物扰动加快污染物的扩散）。根据使用的覆盖材料的不同，可以将原位覆盖技术分为被动覆盖技术和主动覆盖技术，被动覆盖技术主要是使用被动覆盖材料如砂子、黏土、碎石等处理有机污染和重金属污染的底泥；主动覆盖技术主要是利用化学性主动覆盖材料如焦炭和活性炭等隔离处理底泥中营养盐等污染物，也有一些企业生产具有特定功能的主动覆盖材料。

底泥原位覆盖的施工方式主要有表层机械倾倒、移动驳船表层撒布、水力喷射表层覆盖、驳船下水覆盖、隔离单元覆盖。该技术的主要流程见图4-1。影响底泥原位覆盖与污染控释技术的关键指标有底泥环境特征指标、覆盖材料的材质、覆盖层的厚度以及覆盖的施工方式选取等。

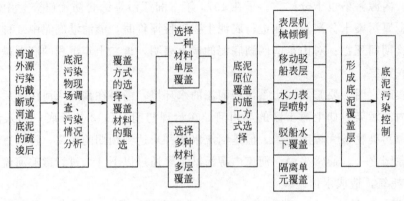

图 4-1 底泥原位覆盖技术工艺流程图

（3）优点与局限性

覆盖技术相比别的控制技术，花费低，对环境潜在的危害小，适用于多种污染类型的底泥，便于施工，应用范围较广。但覆盖技术也存在明显的局限性，一方面，由于投加覆盖材料会增加水体中底质的体积，减少水体的有效容积，因而在浅水或水深有一定要求的水域，不宜采用原位覆盖技术。另一方面，在水体流动较快的水域，覆盖后覆盖材料会被水流侵蚀，也会改变水流流速、水力水压等条件，如果对这些水力条件有要求的区域，覆盖技术则不能实行。实践中底泥覆盖可以与疏浚工程相结合，先疏浚后覆盖。

（4）应用实例

目前，国外已经采用覆盖技术用于底泥污染物释放的控制，国外的一些底泥覆盖应用实例见表 4-1。而在国内，采用覆盖法控制底泥污染释放工程报道较少，多数文献研究都处于实验室阶段。

表 4-1 国外底泥覆盖的应用实例

工程位置	污染物	场地条件	覆盖条件	施工方法	年份/年
日本 Kihama Inner 湖	营养盐	3700m²	细沙，5cm 和 20cm 厚	驳船散布	—
日本 Akanoi 海湾	营养盐	20000m²	细沙 20cm 厚	驳船散布	—
密歇根 Manistique 河	PCBs	水深 3～4.5m，面积 1858m² 的浅滩	40mil（1mil＝25.4 $\times 10^{-6}$ m），约 1mm 厚的塑料衬垫	驳船上起重机拖放	
威斯康星州 Sheboygan 河	PCBs	浅河的几个地区/洪泛平原	砂子和石块	直接机械拖放	1990
纽约 St. Lawrence 河	PCBs	6968m²	砂/砾石/石块	从驳船上用桶放下	1990
华盛顿 Denny 海湾	PAHs，PCBs	靠岸边 1.2hm²，深 6～8m	0.79m 砂质底泥	驳船散布	1990
华盛顿塔科马 Simpson	木焦油，二噁英，PAHs	靠海岸 6.88hm²，不同深度	1.2～6.1m 厚的砂质沉积物	砂箱水力管道输送	1992
挪威 Eirtheim 海湾	金属	100000m²	土工织物和篾筐	驳船散布	1993
华盛顿 Eagle 海港	木焦油	22hm²	0.9m 砂质底泥	驳船散布和水力喷射	1994

续表

工程位置	污染物	场地条件	覆盖条件	施工方法	年份/年
安大略 Hamilton 港	PAHs，金属，营养盐	工业海港 10000m² 区域	0.2～0.5m 厚砂子	管道水下覆盖	1995
华盛顿 Anacostia River	PAHs，PCBs，金属等	临近华盛顿海军造船厂的两个示范区，分别 240000ft²（1ft² = 0.092903m²），120000ft²	Aquablok 焦炭芯垫，平铺于底泥表面，覆盖 15cm 厚的砂子做固定	驳船抓斗机施放，潜水员配合	2004

4.1.3 底泥化学修复技术

（1）技术原理

原位化学修复技术是向受污染的水体中投放一种或多种化学制剂，通过化学反应消除底泥中的污染物或改变原有污染物的性状，为后续微生物降解作用提供有利条件。化学修复其本质就是利用化学制剂和底泥中的离子发生化学反应，使其转变为无毒无害的化学形态。用于修复污染底泥的化学方法主要有氧化还原法、湿式氧化法、化学脱氯法、化学浸提法、聚合、络合、水解和调节 pH 值等。其中，氧化还原法适于修复复合污染底泥，其原理是在氧化还原药剂的作用下，使有机污染物发生电子转移，进而实现污染物的分离或无害化；化学脱氯法是用于修复多氯污染物污染底泥的常用方法；化学浸提对重金属污染底泥的修复非常有效。目前较多应用的化学修复药剂有氯化铁、铝盐、CaO、CaO_2、$Ca(NO_3)_2$ 和 $NaNO_3$ 等。

（2）优点和局限性

化学修复方法见效快，目前应用较为广泛。不过由于化学修复需要花费大量的化学药剂，制剂用量难以把控，而且一些化学制剂本身对水体生态环境有影响，同时化学反应可能受 pH 值、温度、氧化还原状态、底栖生物等的影响。例如运用原位钝化技术处理底泥时，作为钝化剂的铝盐、铁盐、钙盐应用环境各有不同，同时，由于风浪、底栖生物的扰动会使钝化层失效，使底泥中的污染物重新释放出来，影响了钝化处理的效果。

（3）应用案例

1992～1993 年，加拿大环境部在 Dofasco Boatslip 区域进行了底泥原位覆盖示范工程。该示范区域长 1000m，宽 100m，并且在 1988 年曾经疏浚过 3000m³ 污染底泥，其主要污染物有重金属、硫化物、油、有机化合物，尤其是 PAHs。在该示范工程中，在缺氧条件下采用硝酸钙与富含有机质的土壤混合进行原位覆盖。工程结果表明，原位覆盖能有效防止底泥中的 PCBs、PAHs 及重金属进入水体造成二次污染，对水质有明显的改善作用，且微生物在 197 d 内就降解了将近 78% 的油和 68% 的 PAHs。

4.1.4 底泥的原位生物修复

（1）技术原理

污染底泥的原位生物修复分为原位工程修复和原位自然修复。原位工程修复是通过加入微生物生长所需营养来提高生物活性或添加培养的具有特殊亲和性的微生物来加快底泥环境的修复；原位自然修复是利用底泥环境中原有微生物，在自然条件下创造适宜条件进行污染底泥的生物修复。

自然河流中有大量的植物和微生物，它们都有降解污染有机物的作用，植物还可以向水里补充氧气，有利于防止污染。河流底泥的原位生物修复包括微生物修复（狭义上）和水生生物修复两大部分，两者可互相配合，达到要求的治理效果。有研究表明，运用水生植物和微生物共同组成的生态系统能有效地去除多环芳烃的污染。高等水生植物可提供微生物生长所需的碳源和能源，根系周围好氧菌数量多，使得水溶性差的芳香烃，如菲、蒽以及三氯乙烯在根系旁能被迅速降解。根周围渗出液的存在，能提高降解微生物的活性。种植的水生植物的根茎能控制底泥中营养物的释放，而在生长后期又能较方便地去除，带走部分营养物。

（2）优点和局限性

原位生物修复技术具有以下优点：a. 原位生物修复技术在所有修复技术中成本是相对较低的；b. 环境影响小，原位修复只是一个自然过程的强化，不破坏原有底泥的物理、化学、生物性质，其最终产物是 CO_2、水和脂肪酸等，不会形成二次污染或导致污染的转移，可以达到将污染物永久去除的目的；c. 最大限度地降低污染物浓度，原位生物修复技术可以将污染物的残留浓度降低至很低，如经处理后，BTX（苯、甲苯和二甲苯）总浓度可降至低于检测限；d. 修复形式多样；e. 应用广泛，可修复各种不同种类的污染物，如石油、农药、除草剂、塑料等，无论小面积还是大面积污染均可应用。

当然，原位生物修复技术有其自身的局限性，主要表现在：a. 由于原位生物是一个强化的自然过程，修复速度较慢，是一个长期的过程，不能达到立竿见影的效果；b. 微生物不能降解所有进入环境的污染物，污染物的难降解性、不溶解性以及与底泥腐殖质结合在一起常常使生物修复不能进行；c. 特定的微生物只能降解特定类型的化合物之，状态稍有变化的化合物就可能不会被同一微生物酶所破坏，河流水质变化带有一定的随机性，对所选取修复的生物种类提出了很高的要求；d. 原位修复受各种环境因素的影响较大，因为微生物活性受温度、溶解氧、pH值等环境条件的变化影响；e. 有些情况下，生物修复不能将污染物全部去除，当污染物浓度太低，不足以维持降解细菌群落时，残余的污染物就会留在底泥中；f. 采用水生植物方法时，必须及时收割，以避免植物枯萎后产生腐败分解，重新污染水体。

4.1.5 底泥的联合修复

采用联合修复技术可以发挥各项修复技术的长处，达到更高效彻底的修复效果。由于生物修复通常具有明显的成本优势，对生态环境的影响较其他方法小，因此在综合治理中应以生物修复方法为主，其他方法配合，各种方法之间分步骤实施或同时使用。

（1）植物-微生物联合修复

植物-微生物共生体系是消除底泥中污染物的有效方法，高等植物根区环境中具有明显的厌氧、缺氧和好氧微生物降解功能区。在共生系统中高等植物不仅能够为微生物提供碳源和能源，根周围的渗出液还能够提高微生物的降解活性。高等植物作为原位微生物修复的"固定化载体"，投入底泥修复系统中的大量微生物制剂，如微生物体、输氧剂、替代电子受体和营养物等，都能够附着在植物体上，进而对微生物修复底泥起到强化作用。在实际应用中，基于上述修复原理还采取了生物反应器、生物通风法等方法，也取得了不错的效果。

（2）化学-生物联合修复

在生物修复中，由于底泥中有机物的水溶性低，而生物反应主要在液相中进行，因此底泥中有机物的低利用性影响了生物修复效率。在化学修复中，淋洗和电动修复可增加污染物质的溶解，使污染物分布均匀，从而促进生物的吸收。如淋洗法，加入淋洗液（表面活性剂等）可将污染物洗脱出来后再进行生物修复。

而电动修复可使添加的细菌、营养物质等在底泥中分布均匀，使微生物能有效接触污染物质，这些化学方法可说是生物修复的增强技术。另外还有臭氧-生物修复，先将底泥进行臭氧化处理，减少其中的难降解有毒有害物质，为后续的生物修理提供有利条件。

4.2　河流结构优化与水动力调控

4.2.1　河流流态与水环境修复的关系

古语说"流水不腐，户枢不蠹"，意指常流的水不发臭，常转的门轴不遭虫蛀。这是古人朴素地说明水体流态与水环境之间的关系。而从机理上分析，流态与水环境的关系主要体现在以下几个方面：

① 河流系统的特点是水体的不断运动和更新。水流速快，冲刷作用强，物质输移能力就强。由于河流的流动特性，如果发生水污染，一方面污染物会随着水流迁移，减少污染物在当地的累积和危害；另一方面上游发生的水污染在水流作用下会很快影响到下游地区，从而扩大了污染的影响范围。

② 污染物稀释则是流态影响水环境的另一个因素，通过稀释，能够快速降低污染物质在河流中的浓度，从而降低其在河流中的危害程度。河流的稀释能力和效果取决于河流的水力推流和扩散能力，所以在实施稀释过程中，要判断污水流量和河流流量的比例，河流沿岸的生态状况，可调水量以及河流水力负荷允许的变化幅度等。

③ 提升河流溶解氧水平，维持河流的自净能力，也是河流流态影响河流水环境的一个非常重要的影响因素。河水流动的过程，相当于不断曝气的过程。河流流速越快，水体的大气复氧能力越强。根据研究，水体大气复氧系数是流态的函数，可以式（4-1）表达：

$$k_a = C\frac{u_x^n}{h^m} \tag{4-1}$$

式中　k_a——水体大气复氧系数，d^{-1}；

　　　u_x——水体流速，m/s；

　　　h——平均水深，m；

　　m，n——经验系数。

④ 大气中的氧气不断向水体中扩散，可以使水体中溶解氧维持在一定的水平，一方面为鱼类等水生动物提供必需的生境，另一方面增加水体中好氧生物的活性，提升水体对污染物的自净化能力。同时流水还可以冲刷带走可能沉积的污染物，避免这些污染物在河流中的堆积并形成二次污染。所以，在流速较大的河流系统中水环境质量和生态系统呈现较良好的状态。

因此在城市河流修复过程中，从水体自净能力维持或提升，以及生态系统保护的角度，有专家学者提出了最小生态流量、生态流速、环境流速等相关概念，并在实际城市河流修复实践中应用。但由于流态与水环境间的定量关系复杂，各个河流水体差异大，各个水体没有统一的最小生态流量、生态流速、环境流速等参数，各地要结合各自的情况确定适合当地实际情况的参数。

4.2.2　水系沟通与结构优化

受自然因素与人为活动共同作用，城市河流的形态和连通关系也在逐渐演变。自然因素主要是区域水文条件、地形地貌和土壤特征等。比如平原河网地区的城市河流，上游来水及本地降水丰富，地势平缓，受上游来水、本地径流以及下游水位顶托等相互作用，会出现不均匀淤积和冲刷，从而引起河道形态的自然演化。城市河流形态和连通关系变化的更重要因素为人为因素，比如城市河道的疏浚，传统城市河道整治中常用的截弯取直，以及城镇化背景下的建房和修路引起的河流填埋、改道或部分侵占等，均会很大程度地改变原有城市河道的形态结构和连通关系，使城市河流流态出现死水区、滞留区、缓流区、束水区。

改善城市河流流态，为城市水环境整治的主要手段，而水系的沟通和结构优化是河流（尤其是平原河网河流）流态改善的基础。在实际工作中，一般通过实地调研、现状流速监测，找到水系连通性阻水节点，开展优化沟通水系的物理性工程措施。

为了定量表达复杂水系的水体流态时空特征，可以建立河网水动力学-水质模型，选择影响水动力条件的边界参数，进行模拟运行，科学地识别城市河流的死水区、滞留区、缓流区、束水区及其对水环境的影响。

在上述水系结构解析的基础上，通过水系沟通或河道节点改造工程措施，避免类似断头浜等死水河段出现，保障水体的连通性，优化河流流场分布，改善河流水动力条件，增强河网的污染物自净能力。

4.2.3　水体推流与动力学调控

对于地处地势平缓区域的河流水系，由于上下游水位差小且不稳定，水动力学条件不佳，再加上城市河流中闸坝的隔断，这些城市水体多为滞流或者缓流水体。为改善这些城市滞流或者缓流水体的水体流态，增加水体局部微循环，可以有针对性地采取水体推流技术实现。

水体推流设备可以与曝气系统结合，在进行局部造流、加快水体流动的同时，保持河道有充足的溶解氧，也为河道生物群落的生存和繁衍创造条件。

常用的水体推流设备有叶轮吸气推流式曝气机、水下射流曝气机、潜水推流器、远程推流曝气设备等。

4.2.3.1 叶轮吸气推流式曝气机

（1）概述

叶轮吸气推流式曝气机的示意如图 4-2（a）所示。

其工作原理为：叶轮吸气推流式曝气机以一定的角度安装在水中，电动机和进气口保持在水面上，电动机转动后带动实心轴和螺旋桨，水流在螺旋桨周围高速流动，产生一个负压区，负压使得进气口吸入空气并流经大口径的通风管，然后进入螺旋桨附近的水域，螺旋桨产生的紊乱打碎气泡、高效进行氧气传输及水下方向性超强推流作用。叶轮吸气推流式曝气机可以用浮筒支撑放置于水面[图 4-2(b)]，也可以固定于坚实的河岸上。

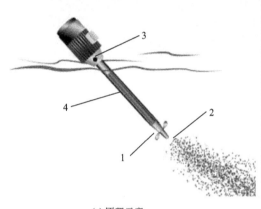
(a) 原理示意

(b) 实体效果

图 4-2　叶轮吸气推流式曝气机的示意

1—螺旋桨；2—螺旋桨产生的富含空气的水流；3—位于水面上的进气口；4—通风管和传动轴

该设备有较高的氧气传递效率，受水位影响较小，易于安装和拆卸，维护简单等特点，可以按照城市水体的流向，系列安装多个叶轮吸气推流式曝气机，组成一个水流相互衔接的流场。

（2）实例

1990 年，为保证北京亚运会的顺利进行，北京市在黑臭河清河的一段长约 4km 的河段中放置了 8 台 11kW（15 马力）的叶轮吸气推流式曝气机，形成一个优化的流场，并且运行期间，基本消除了曝气河段的臭味，BOD_5 去除率约 60％，COD 去除率约 80％，氨氮去除率达 45％；曝气区的 DO 从 0 上升到 5～7mg/L，曝气区邻近区域的 DO 上升到 4～5mg/L。

4.2.3.2 水下射流曝气机

（1）概述

水下射流曝气机是用潜水泵将水吸入，经增压从泵体高速推出后，利用装置在出水管道水射器将空气吸入，气-水混合液经水力混合切割后进入水体。典型的射流曝气机及其应用实况如图 4-3 所示，不过其影响范围较小。

图 4-3 水下射流曝气机及运行图

（2）实例

2008 年，北京市实施了中心城区重点水域（筒子河、水碓湖、龙潭湖）水质改善工程，分别在筒子河配置 9 台 5.5kW 水下射流曝气机，在水碓湖配备 68 台不同功率（1.5kW，2.2kW，5.5kW）的水下射流曝气机，在龙潭湖配备 45 台不同功率（1.5kW，5.5kW）水下射流曝气机，再配合其他水质改善的技术措施，实现了上述中心城区重点水域（筒子河、水碓湖、龙潭湖）水质明显改善，水体透明度增加，水华得到抑制，主要水质指标达到《国家地表水环境质量标准》（GB 3838—2002）Ⅳ类标准。

4.2.3.3 潜水推流器

（1）概述

潜水推流器是利用水体中叶轮的旋转，将电能最大程度地转换为水的动能。典型的潜水推流器及其应用实况如图 4-4 所示，它影响范围较大，能耗较小。根据在北京中南海水体中对功率 4kW、叶桨直径 320mm 的潜水推流器的现场测试结果，在 100m 外的流速可以达到约 0.02m/s，实测的流速分布如图 4-5 所示。此外潜水推流器具有结构紧凑、体积小、质量轻，操作维护简单、安装方便快捷、使用寿命长等特点。

（2）实例

2008 年，为了改善北京市中南海水体的流态，预防水华的发生，根据影响范围确定布置潜水推流器 61 台，其中中海布置潜水推流器 31 台，南海布置潜水推流器 30 台。

选用的潜水推流器功率为 4kW、叶桨直径为 320mm。投入的工程建设费用 220 万元。工程的实施解决了中海东西两岸近岸区域和南海的大部分区域水体流动性差，易形成污染物积累的问题，达到了破坏藻类生长适宜的水力条件，抑制了水华发生。

图 4-4 潜水推流器及其运行图

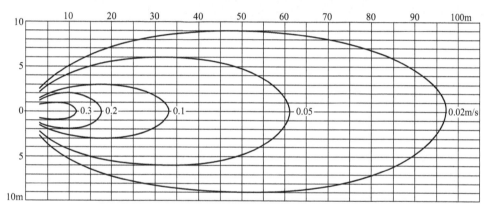

图 4-5 潜水推流器流场图（功率 4kW，叶桨直径 320mm）

4.2.3.4 远程推流曝气设备

（1）概述

远程推流曝气设备通过水下的大流量低扬程的推流设备结合管道，实现水体的远程交换和净化，提升水体的自净能力。尤其适用于断头浜型的城市河道和只有一端与外围河道联通的城市小型景观湖泊。

该技术可以实现 100~200m 城市河段的水体推流，如果水体溶解氧低，则可同时实现曝气（设备可曝气也可不用曝气）。通过科学合理的布置，可以使城市河道水体构建良好的水循环，改善水体的静水流态，促进上下层水体交换，激活了水体的自然净化机能，对抑制藻类暴发和蚊虫滋生也有较好的效果。

该设备安全可靠，能耗较低，在水下运行，几乎无噪声，不影响水体景观；不堵塞，运行维护简便。利用 1.5kW 的功率，可以达到 300m³/h 的流量，实现城市水体的远程推流。

（2）实例

北京市工人体育馆南湖为一个水量 $4.2 \times 10^4 \text{m}^3$ 的景观水体，补水水源为污水厂的再生水，南湖西北端为一个断头的城市河道，两岸布满高档酒吧等。工体南湖水华现象严重，西北端断头河有黑臭现象。

2008 年，为了控制北京市工人体育场南湖断头河的严重的水污染和黑臭问题，投资 20 万元，布置了功率为 1.5kW，叶轮直径 100mm，长度 200m 的远程推流曝气设备，实现了推流流量 $360m^3/h$，充氧 $1.6kgO_2/h$ 的能力，显著改善了工体南湖断头河的水环境，消除了黑臭现象，得到两岸酒吧业主的好评，施工照片见图 4-6。

图 4-6　远程推流曝气设备照片

4.2.4　闸坝调度与水动力调控

4.2.4.1　技术原理

为了改善城市河流的流态，修复河流水环境，建成人水和谐的生态河道，可以优化城市河流的闸泵调度方式，在满足人类对水资源利用需要的同时，进行城市河流的水动力调度，优化河流水体流态。

最早进行闸泵调度改善河道水质的是日本，而在国际上更多的是利用水闸控制河道流量来确保河道的水质目标，通过闸泵调度使得水体流动起来，提高水体自净能力，改善水质。如美国俄勒冈州的威拉米特河流治理就充分利用水库调度，改变下泄流量，改善了水质。通过调整闸泵的调度运行方式，恢复、增强水系的连通性，包括干支流的连通性、河流湖泊的连通性等，保证水闸下游维持河道基本功能的流量，保持河流具有一定自净能力的水量，防止河流断流、河道萎缩和维持河流水生生物繁衍生存。

城市河流的闸泵调度方式的优化，要充分考虑城市河流水利工程设施的类型和运行方式的差异，充分利用水动力调控设施设备，如水闸、泵等，以流态优化和水环境改善为目标，实现城市河流整体水动力条件的调控。

4.2.4.2　闸泵生态调度的基本原则

① 以满足人类基本需求为前提　凡事以民生为重，人类修建闸泵的初衷就是为了维护人类基本生计，保护人类生命财产安全，因此闸泵的生态调度也首先应考虑满足人类的基本需求。

② 以河流的生态需水为基础　河流生态需水是闸泵进行生态调度的重要依据，闸下泄水量，包括泄流时间、泄流量、泄流历时等应根据下游河流生态需水要求进行

泄放。为了保护某一个特定的生态目标，合理的生态用水比例应处在生态需水比例的阈值区间内。

③ 遵循生活、生态和生产用水共享的原则　生态需水只有与社会经济发展需水相协调，才能得到有效保障；生态系统对水的需求有一定的弹性，所以，在生态系统需水阈值区间内，结合区域社会经济发展的实际情况，兼顾生态需水和社会经济需水，合理地确定生态用水比例。

④ 以实现河流健康生命为最终目标　闸泵生态调度既要在一定程度上满足人类社会经济发展的需求，同时也要考虑满足河流生命得以维持和延续的需要，其最终的目标是维护河流健康生命，实现人与河流和谐发展。

4.2.4.3　实例——北京市核心内城水系的循环工程

该实例选自北京市水务局组织完成的北京市核心内城水系的循环工程规划及工程材料。

（1）背景

随着北京市城市化的发展和人口的急剧增加，水资源紧缺情况日益严重，城市内城河湖缺少补充水源，水体缺乏流动，富营养化日益加深。为提升北京市中心区北海、中南海、筒子河等内城水域的流态，改变水环境现况，经多方案比较，提出中南海、筒子河水循环方案。

北京市中心区核心内城水系主要包括筒子河和六海（指相互连通的西海、后海、前海、北海、中海、南海），水源来自京密引水渠。在循环工程前，水从北海经永安闸流入中海，由中海经大虹闸流入南海，由南海通过葫芦嘴闸、日知阁闸流入织女河暗渠，由织女河暗渠通过中山公园水榭进入玉带河，最后进入下游河道。在北海与筒子河之间，有两根直径1.25m 的混凝土管，即所谓的"双排管"连接，其功能是在筒子河水位低于常水位，水量不足时，由北海向筒子河补水，从北海经双排管流至筒子河。在西筒子河与织女河暗渠之间，有西南筒子河退水管连接，其功能是在雨季筒子河需要排水时向下游河道分水，流向为从筒子河经过筒子河西南退水管流至织女河再流至中山公园水榭最后流至玉带河进入下游河道。

（2）水系循环工程实施

为了强化中南海水体的流动，进而达到提升水环境状况的目的，提出建设两座泵站的方案，其中一号泵站位于西南筒子河退水管现状阀井处；二号泵站位于北海与筒子河连通双排管中间折点北侧。两个泵站的流量均为 $0.5m^3/s$，工程的建设投资 663 万元，年运行费为58.8 万元。

通过泵站建设，实现了中南海、筒子河的水体循环流动。水体从南海日知阁闸流入织女河暗渠，由织女河暗渠经过西南筒子河退水管的一号泵进入筒子河，筒子河水体经双排管处的二号泵进入北海，由北海自流至中海，中海经大虹闸自流入南海，使水体循环流动起来。水体还可以通过中海万字闸，流进丰泽园，再通过结绣闸流进南海，进一步加大水体循环流动的范围。

根据上述水循环方案，中海、南海每月可以循环 2 次，西侧筒子河每月可以循环 8 次。水质监测表明，工程实施后中南海水体水质得到显著提高，根据监测，夏季可达到Ⅳ类，春、秋、冬季为Ⅲ类，基本实现规划的水体功能目标。

4.2.5 实例——甪直古镇水系结构优化与动力学调控

该示范工程为清华大学负责的国家水体污染控制与治理科技重大专项课题"水乡城镇水环境污染控制与质量改善"的成果之一。

4.2.5.1 背景

甪直镇是太湖流域保存十分完好的水乡古镇，有"神州水乡第一镇"的美誉，地处江苏省苏州市的东部。甪直镇湖、荡、潭、池星罗棋布，纵横交错，吴淞江是甪直补水之源，澄湖是甪直蓄水池，水系的流向基本上以"从西向东、从北到南"为主流线（图4-7）。全镇内河道共有188条，总长170多千米，水网稠密，水系复杂，是较为典型的水网湖泊地区。甪直镇水利工程设施主要是闸坝和排水泵站，闸坝共计55座，含有泵站的闸共计14座。

甪直古镇区内主要河流有四条，分别为西汇河、中市河、马公河和西市河。四条河流相互贯通，贯穿整个甪直古镇区。甫里塘与洋泾港是进入古镇区的主要来水源，图4-8中箭头代表水流方向。从水动力条件上，古镇区河流比降偏小、流速缓慢。其中地园浜、金巷浜、思安浜、云家娄、眠牛泾浜、石家湾为断头浜或断头河，存在水流滞留现象，图4-8中的椭圆形区域为水流滞留区。

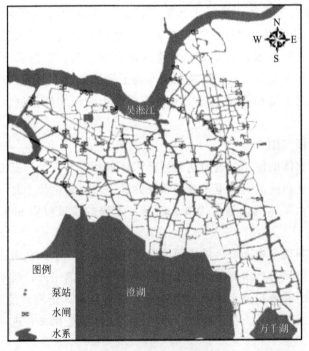

图4-7　甪直镇水系图

图 4-8　古镇区水系水流方向示意

4.2.5.2　角直水系结构、水动力、水环境状况识别

（1）角直水系结构解析

通过历史水系变迁分析发现，从 1979 年到 2009 年的 30 年间，角直古镇河网水面率下降了 18.22%，河网密度下降了 1.6%，河频率降了 4.68%。其水系形态特征变化主要体现在 3 个方面。

① 河道裁弯取直，表现为自然弯曲的河道人为地改造为直线型河道。

② 河道连通性降低，河道填埋、淤堵形成断头河，表现为河道长度变短，甚至完全消失；河道被截断为若干部分，从而形成了断头浜以及一些独立的水塘等。

③ 自然河道逐渐被人工或半人工河道取代，城镇建成区域河道多为水泥砌成护岸，随着城镇化建设的加快，中心镇区的水系河道水泥化、渠道化比重逐年增加。调查发现，镇区水系河道共有 7 处处于阻塞（半阻塞）状态，如图 4-9 所示，红色圆点符号是现场调研时发现的阻断水处。

（2）角直水系水动力状况识别

角直地处江南平原河网地区，地势平缓坡降不明显，建成区多为人工渠化河道，周边村庄河道保留着自然河道的形态结构，其河网密布交织，水流平缓，水动力学条件差，河道曲折交错流态复杂，流向受下游水位顶托以及风向影响，有时表观上河道表面水流呈现反向流。

通过监测断面的设置，研究区监测断面平均流速处于 0.01～0.11m/s 之间，大部分

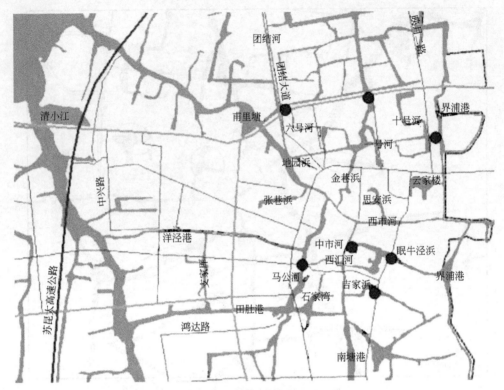

图 4-9　研究区水系阻断处

（74.8％）断面平均流速监测值小于 0.05m/s，流动缓慢。

（3）水环境状况

镇建成区范围河流氨氮（NH_3-N）平均值全部为劣 V 类水质；COD 指标平均值除有 1 个断面是 V 类外，其余为劣 V 类，镇建城区系污染程度较严重。现状水质调研监测分析表明，整体上角直断头浜水质更差。从空间上，洋泾港河道监测数据各指标明显劣于其他几个河道。

4.2.5.3　角直古镇水系结构优化与沟通

根据角直镇实际情况，确定实施沟通的阻水瓶颈点如图 4-10 所示。主要内容包括：沟通和调控古镇区水系，做到古镇水系"水流畅通和水质维持"；以水乡文化园建设为核心，通过新河道的开挖与修复，增加古镇河网水面率，改善古镇区河道景观建设，与古镇人文水文化景观建设协调发展，同时沟通古镇下游的眠牛泾浜、吉家浜、张家库、南塘港等河流，做到镇区水系"出流通畅"，达到角直镇区水系的结构优化和畅通。

水系沟通工程实施以前，眠牛泾浜由于河道被堵，成为一潭死水。沟通后，中市河与界浦港经眠牛泾浜一线贯通，河水恢复流动，水质也得到相应改善。与此同时，其他得到沟通的河道，流动状态较沟通前都有了显著改善（见图 4-11）。2010 年 11 月监测所得的角直水系流速均值约为 0.043m/s，而沟通前的 2009 年 11 月监测所得流速均值约为 0.033m/s，增幅约 30％。可见水系结构优化对角直水系流动状态改善效果明显。并且，水体流动性改善促进了水质改善。

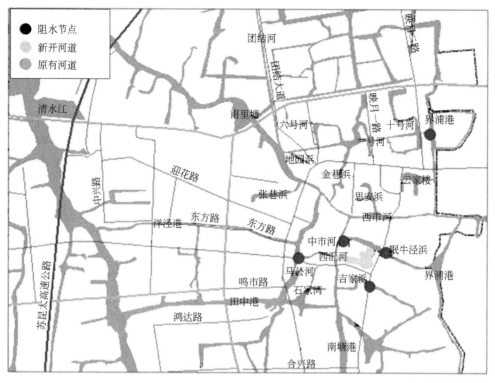

图 4-10　水系沟通节点及优化

(a) 眼牛泾浜西与西汇河沟通前

(b) 眼牛泾浜西与西汇河沟通后

(c) 眼牛泾浜东阻水点

(d) 眼牛泾浜东阻水点沟通后

图 4-11　古镇核心区水系沟通前后照片（见文后彩图）

4.2.5.4 基于闸泵联合调度的水动力调控

（1）与支家厍湿地净化联动的断头浜激活

支家厍是一条南北向河道，北起洋泾港中段，南止田肚港中段，河道狭长。支家厍中部接纳一条深入居住区的断头浜，如图4-12所示。现场考察发现，支家厍水动力不足，河水长时间处于停滞状态，尤其是所接断头浜，由于居住区产生的生活污水不能及时排除，导致水质变差。为改善此状况，依托人工湿地的建设，在支家厍右岸修建泵站，抽水经管道进入湿地，经净化后排至断头浜，并经后者排至下游，见图4-12。该工程在设计上希望通过泵站在实现为人工湿地补水的同时达到增强支家厍水动力的效果。

图4-12　支家厍水动力调控工程示意

采用水泵将支家厍污染河水输送入人工湿地，通过人工湿地的净化后由出水管排入支家厍断头浜，支家厍断头浜河湾面积$1950m^2$，平均水深$1.5m$，按照处理能力$500m^3/d$计算，支家厍断头浜水体交换时间可以达到$5.85d$，从而激活支家厍断头浜。

（2）与古镇湿地净化联动的西汇河流态改善

西汇河是甪直古镇区主要河流之一，具有重要的景观和旅游航运功能。受河道狭窄、上游拥堵等因素影响，西汇河的流动状况并不理想。为此依托古镇湿地工程，将湿地处理后的马公河水经暗管于永宁桥附近排入西汇河，改善西汇河流态，如图4-13所示。

为了进一步加强水动力调控力度，增加对西汇河流动性的改善，在西汇河上游与马公河相接处设置推流泵。

由于古镇湿地设计处理能力为$300m^3/d$，出水全部经管道排入西汇河。西汇河总水量（以常水位水深$1.5m$计算）约为$1200m^3$。可以实现西汇河水$4d$内更换一次的效果。

另外，根据西汇河初始流速约为$0.01m/s$，而设定水动力调控目标为$0.05m/s$，选用潜水推流设备，达到$360m^3/h$的循环通量和$1.6\sim1.8kgO_2/h$的增氧能力。西汇河上游断面的平均流速从$0.013m/s$提升到$0.048m/s$，基本达到了设定的水动力调控目标；同时推流

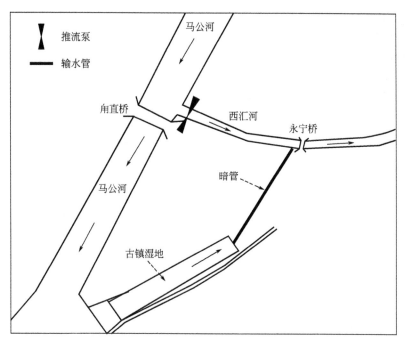

图 4-13　西汇河上游水动力调控示意

泵安装前后断面溶解氧平均浓度分别为 5.5mg/L 和 7.69mg/L，有了明显的提高。

（3）应急水动力调控方案

充分利用甪直水系的闸、泵等水利设施，合理调整其运行状态，实现在较短时间内快速改善并维持镇区主要河道流动性的目的。其基本思路是，开启位于甪直水系下游的排水泵（甪直中学泵站），配合启闭若干水闸，据此引入外江水，改善相关河道的流动性。

调水主要通道为甫里塘—西市河—中市河—眠牛泾浜，以及甫里塘—西市河—马公河—西汇河—眠牛泾浜。据此应对现有水利设置做出运行安排：调水前，关闭长港里闸、新开河闸、翔里浜闸、二号河闸、团结河南口闸、一号河西口闸、金巷浜南闸、思安浜闸、洋泾港东闸、中市河南闸、甪直中学闸、龙潭港闸，开启西市河西闸；开启甪直中学泵站开始调水。调水结束时关闭甪直中学泵站，停止抽水；上述水闸可以恢复原状态。本方案所涉及的水闸、泵站位置见图 4-14。

上述调控方案对古镇区河道及其关联河道的水动力改善效果明显，如图 4-15 所示，古镇区内主要河道的流速大幅提高，尤其是前文所述调水通道中的河水流速。

通过对沟通前（2009 年 11 月 8 日）、沟通后（2010 年 11 月 30 日）和调控后（2010 年 12 月 1 日）流速的对比分析，见图 4-16，沟通前古镇水系平均流速为 0.055m/s，沟通后增为 0.07m/s，采用动力调控后，进一步变为 0.09m/s。

4.2.6　实例——同里古镇水系水动力优化调控示范

该示范工程为清华大学负责的国家水体污染控制与治理科技重大专项课题"产业密集型城镇水环境综合整治技术研究与示范"的成果之一。

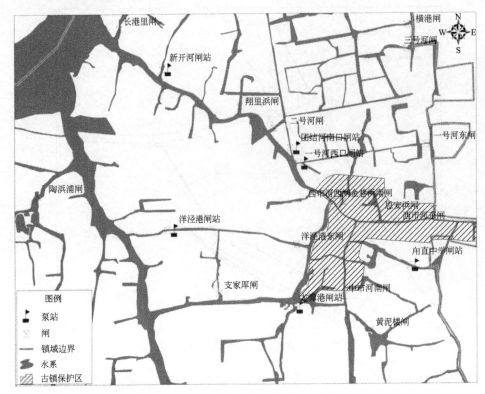

图 4-14 应急方案相关水利设施分布

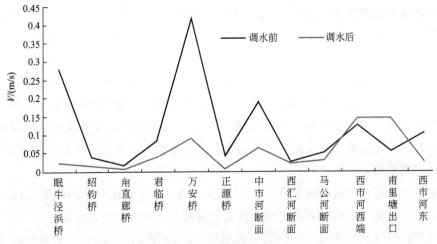

图 4-15 实施水动力调控前后断面流速（V）对比

4.2.6.1 背景

水乡古镇，尤其是江南一带的水乡古镇，地势平坦，河网密布，因水成镇，具有鲜明的地区特征。水不仅与水乡古镇人们的生产生活息息相关，而且是古镇自然和文化特色的核心体现。随着人口增长、工农业发展、经济增长等多种因素，河网水系的断面和平面流通结构受到一定的影响和破坏，河段内出现水流滞流或缓流现象；再加上污染物的过量排放，镇区

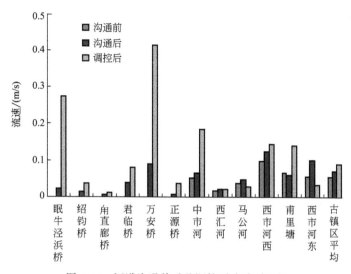

图 4-16　河道沟通前后及调控后流速对比图

水环境污染严重，水体浑浊乃至变黑发臭现象屡有发生。优化调控水乡古镇水动力状况，提升水体自净能力，进而提升古镇整体水环境状况，对恢复和保持"小桥流水人家"的水乡古镇风貌具有重要意义。

4.2.6.2　研究区域水网水动力特征分析

同里镇位于苏州市吴江区东北部，地处太湖东岸，大运河畔，是著名的水乡古镇。同里古镇区水系结构主要如图 4-17 所示。古镇区水系有 8 个出入流口（1～8）与外部吴江大运河相接。每个出入流口每天由人工巡视，根据巡视人员对河道浑浊程度、颜色深浅、气味大

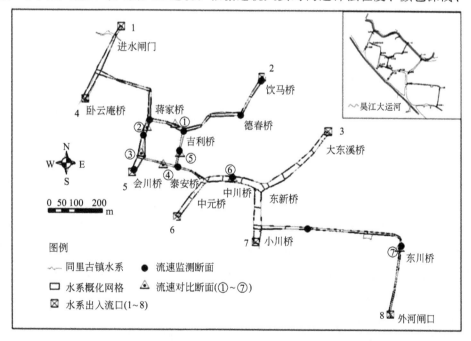

图 4-17　同里古镇区水系图

小等水体感官性状，开闸放水。同时由进水泵站处从外部运河调水，或从水质较好的同里湖调水进入古镇区水系。

为全面系统地了解同里古镇区水系水动力状态，于 2013 年 5 月 3～4 日选取均匀分布于同里古镇区整个水系的 25 个断面进行流速监测，25 个断面的断面流速测量结果如图 4-18 所示。

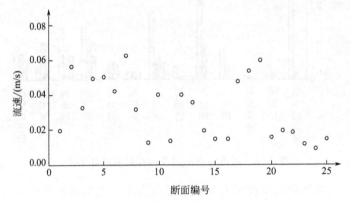

图 4-18　同里古镇区水系各断面流速测量结果

对上述 25 个断面流速进行统计分析，结果如表 4-2 所列。可以看出，同里古镇区整体流速偏小，76％的断面流速小于 0.05m/s。由于监测流速断面基本均匀分布在整体水系，可以认为整个水系超过 50％的河段流速小于 0.05m/s。

表 4-2　2013 年 5 月 3 日—4 日监测断面流速测量结果情况

流速范围/(m/s)	断面数量	断面占总监测断面百分比
<0.02	11	44％
0.02～0.05	8	32％
>0.05	6	24％

4.2.6.3　同里古镇区水系水动力模型构建

为了支持同里古镇水系的水动力调控优化，需要在现场调查和数据处理的基础上，建立古镇区水动力学模拟模型。

（1）模型选取

目前，在平原河网地区应用较为主流的水动力模型主要有 EFDC 模型、MIKE11 的水动力模块等。EFDC（environmental fluid dynamics code）是由美国威廉玛丽大学开发，并且由美国环保局推荐使用的地表水动力模型，目前已经广泛的应用于各类水体的水动力模拟中。由于本研究研究区域相对较小，水系结构相对简单，兼顾对后续水质模型研究影响，且 EFDC 模型在本研究区域的相似或相邻区域已有典型应用，因此，选用 EFDC 模型为基础，建立同里古镇水系的水动力模型。

（2）模型概化、初始值确定

选取 EFDC 作为模型工具后，对研究区域进行时空概化。由于古镇区河道形状相对规则，故而基本采用凸四边形网格（河道交汇点、转弯点等特殊区域根据实际情况为三角形）

进行水系概化。同时，由于河道水深较浅，均在 2m 以内，垂直差异较小，故而垂向不分层。概化后得到 61 个正交网格，概化结果如图 4-20 中概化网格所示。

模型初始值主要指每个概化单元格内的水位值，根据实际水文监测结果，结合空间差值方法得出。此外，气温、降水、蒸发、光照强度等环境变量均采用同里古镇水网所在区域的月均值。

考虑到模型模拟的常态情况，以及降雨、蒸发、大气压等自然因素的可用数据，选择模拟时间长度为 365d。模拟的时间步长，根据一般文献调研及以往经验，选择为 15s。

（3）模型参数率定

EFDC 模型参数初值首先根据模型推荐值和已有文献研究调研确定，再通过试错法率定，对参数进行适当调整。采用中值误差和 NS（nash-sutcliffe）模拟系数法评价模型参数率定和模型验证的合理性，其中，中值误差（e0.5）和 NS 系数的表达式如下：

$$e_{0.5} = 0.6745 \sqrt{\frac{\sum\limits_{i=1}^{n} \left(\dfrac{y_i - y_i'}{y_i}\right)^2}{n-1}}$$

$$NS = 1 - \frac{\sum\limits_{i=1}^{n} (y_i - y_i')^2}{\sum\limits_{i=1}^{n} (y_i - y_{avg})^2}$$

式中　y_i——第 i 个观测值；

　　　y_i'——第 i 个计算值；

　　　y_{avg}——监测值的平均值；

　　　n——测量值的个数。

EFDC 水动力模型中，本研究所选取的参数主要为曼宁粗糙系数。一般河道的曼宁粗糙系数为 0.01~0.08，本研究中粗糙系数取值为 0.05。

综合考虑研究区域数据的可得性和关注重点，本研究中，采用 2014 年 6 月 24 日实际监测的同里古镇区 11 个监测断面流速数据进行率定，采用 2014 年 6 月 25 日实际监测的相同监测断面的流速数据进行验证。在整个水系内均匀选取监测断面，具体如图 4-20 中流速监测断面所示。各监测断面流速率定结果如图 4-19 所示，误差计算结果见表 4-3。

表 4-3　同里古镇区水系各监测断面流速率定误差计算结果

编号	监测断面	监测值/(m/s)	模拟值/(m/s)	相对误差	中值误差	NS 系数
1	饮马桥	0.100	0.091	8.76%		
2	德春桥	0.059	0.063	−7.26%		
3	吉利桥	0.085	0.063	26.78%		
4	吉利-泰安中	0.080	0.057	28.54%		
5	泰安桥	0.120	0.105	12.20%		
6	蒋家桥	0.042	0.043	−0.72%	18.60%	0.81
7	蒋家-会川中	0.032	0.026	18.54%		
8	会川桥	0.058	0.026	56.11%		
9	中川桥	0.069	0.037	46.44%		
10	小川-东川中	0.164	0.144	12.17%		
11	东川桥	0.165	0.164	0.52%		

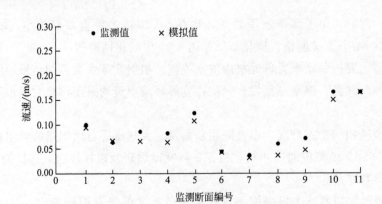

图 4-19　同里古镇区水系各监测断面流速率定结果

分析模型产生的误差，可能有以下几点。

①流速监测值本身存在误差，本研究的流速监测采用的是 Sontek 声学多普勒水流剖面仪，监测过程中由于操作原因、风速影响等会使得监测值产生一定的误差。

②由于流速测量值和模拟值均较小，使得产生较小的绝对数据偏差时会产生较大的误差。总体来说，流速率定得到的中值误差为 18.60%，NS 系数为 0.81，针对同里水系的情况，认为当中值误差小于 20%，NS 大于 0.8 时，模拟结果在可接受的合理范围内。

（4）模型验证

采用 2014 年 6 月 25 日实际监测值进行模型验证。具体结果如图 4-20 和表 4-4 所示。总体来说，模型验证的中值误差为 18.39%，NS 系数为 0.81，可以认为模拟验证结果合理，可以应用模型进行后续工作。

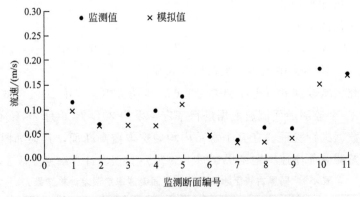

图 4-20　同里古镇区水系各监测断面流速验证结果

表 4-4　同里古镇区水系各监测断面流速验证结果

编号	监测断面	监测值/(m/s)	模拟值/(m/s)	相对误差	中值误差	NS 系数
1	饮马桥	0.110	0.091	16.91%		
2	德春桥	0.066	0.063	3.73%		
3	吉利桥	0.086	0.063	27.13%		
4	吉利-泰安中	0.092	0.057	38.10%		
5	泰安桥	0.122	0.105	13.54%		
6	蒋家桥	0.038	0.043	−12.53%	18.39%	0.81

编号	监测断面	监测值/(m/s)	模拟值/(m/s)	相对误差	中值误差	NS 系数
7	蒋家-会川中	0.029	0.026	9.21%		
8	会川桥	0.057	0.026	55.36%		
9	中川桥	0.055	0.037	33.06%		
10	小川-东川中	0.178	0.144	18.90%		
11	东川桥	0.168	0.164	2.39%		

4.2.6.4 同里古镇区水系水动力优化调控方案

（1）城镇水网生态流速确定

河流的水动力状态和整体水环境状态息息相关，为了达到一定的生态或水质目标，需要维持河流在一定的流速范围内。这方面的研究中，生态流速是应用较为广泛的一个概念。生态流速一般意义上是指为了达到一定的生态目标，河道内所需要维持的水流流速范围。目前国内大多数对于生态流速的研究与应用，主要都集中在较大的江河内，且一般以对流速较为敏感的水生生物或鱼类等作为指示物种来判定河流适宜的生态流速。

生态流速的概念在平原河网地区内河流的流速控制中较少使用。对于平原河网地区的河流，尤其是城镇中的河流，一般河流河道水深较浅，流速缓慢，且河道人工化现象较明显，水质较差，众多河流内生长的鱼类生物敏感性较低。因此，要从生物角度判断平原河网区域河流的生态流速，考虑到藻类（浮游植物）结构相对简单、生长周期短、能够灵敏地反映水体水质的变化等特点，再针对平原河网区域水体普遍富营养化的特征，可选取藻类作判据。针对平原河网区域河流的生态流速，应当保持一定流速使得藻类不会大量聚集和暴发，同时流速也不应过大造成底泥扰动而使得河流透明度较低。

为了确定研究区域合理的生态流速范围，本研究重点调研了国内关于河流内藻类暴发临界流速的研究文献。廖平安等（2005）以故宫筒子河为例，通过模拟实验研究发现，流速从 0.05m/s 增加到 0.2m/s 时，流速的增大对藻类生长具有抑制作用。王利利以嘉陵江为例，通过实验模拟研究分析得到在 0.08～0.14m/s 之间存在临界流速，当河流流速大于此临界流速时，Chla 随着流速的增大而减小。焦世珺以三峡库区某水库水为样本，通过实验模拟分析得到三峡库区下游低速河道水华暴发的临界流速为 0.05m/s。

除了藻类生长的临界流速，国内也有一些关于流速与水质的响应关系研究。针对太湖流域平原河网水系，莫祖澜（2014）以太湖流域嘉兴城区内河道为例，通过实验模拟监测，分析了不同流速（0.05m/s、0.1m/s、0.2m/s）下 TN、NO_3^--N、TP 及 DO 的变化情况，确定了控制流速在 0.1m/s 以内为城区河流的最佳流速。

由于藻类暴发的影响因素很多且关系复杂，流速仅为影响因素之一，在此综合文献调研结果，考虑到同里古镇区现状流速较小，44% 的断面流速小于 0.02m/s，76% 的断面流速小于 0.05m/s。同时考虑场地、经济投入等因素，认为同里古镇区河流合理的生态流速目标范围为 0.05～0.1m/s。

（2）水动力调控情景方案

根据同里古镇区流速达到 0.05～0.10m/s 这一目标，设定不同的古镇区水系的出入流口水量分配，分析水网的流速空间分布情况。在同里古镇区水系的进水闸门（出入流口 1）和饮马桥（出入流口 2）已经建有泵站，可分别从外部大运河和下游同里湖调水进入古镇水系。同时，考虑到同里古镇区内游客分布的情况，游客集中区域为景区南大门（中川桥附近）和三桥区域（吉利桥附近），需要保证一定的流速以满足景观要求。而小川桥至外河闸口段属于居民区，附近有浴场，水质最差，需要适当提升流速为水质改善方案的实行提供保证。

综合考虑上述因素，同时根据现有泵站的调水能力、古镇水系整体水量、经济因素等，制定了从出入流口 1 入流、从出入流口 1、2 同时入流，其他各个出流口按自然状态出流或进行适当的流量分配出流等共 8 个情景。各情景的具体出入流条件如表 4-5 所列。

表 4-5　各模拟情景基本出入流情况

出入流口	1	2	3	4	5	6	7	8
情景 1	+0.42m³/s	自然状态（所有闸门均完全打开状态）						
情景 2	+0.42m³/s	−40%	−10%	0	−10%	0	0	−40%
情景 3	+0.23m³/s	自然状态（所有闸门均完全打开状态）						
情景 4	+0.23m³/s	−40%	−10%	0	−10%	0	0	−40%
情景 5	+0.42m³/s	+0.5m³/s	0	0	0	0	0	−100%
情景 6	+0.42m³/s	+0.5m³/s	−10%	0	−10%	0	0	−80%
情景 7	+0.23m³/s	+0.5m³/s	0	0	0	0	0	−100%
情景 8	+0.23m³/s	+0.5m³/s	−10%	0	−10%	0	0	−80%

注：1. 入流为＋，出流为−。

2. 出流口流量中的百分比为该出流口流量占总入流量的百分比。

（3）调控情景分析

对上述 8 种情景进行给模拟，分析比较断面 1～7 的流速情况。图 4-2（a）为饮马桥不进水的 3 种模拟情景下，断面 1～7 流速比较情况。在进水泵站入流量一定的情况下，调节各个出流口的流量分配，可以使得部分监测断面的流速增加，但相应的，其他部分监测断面流速会减小。比如增加饮马桥处出流量后，虽然吉利桥断面流速得到增加，但监测断面 5 流速明显减小。而在相同条件下，进水泵站入流量为 0.42m³/s 时，整体流速更大。但主要断面的流速仍小于 0.05m/s，说明在饮马桥不进水的情况下，同里古镇水系整体流速偏小，未达到合理的控制生态流速范围。

图 4-21（b）为进水泵站进水的同时，饮马桥处入流为 0.5m³/s，4 种不同情景的 7 个断面流速模拟情况。可以看出，当饮马桥处同时入流时，进水泵站处入流量大小的改变，对各个断面整体的流速影响相较于饮马桥处不入流时明显减小。游客集中三桥区域（断面 5）和景区南大门中川桥（断面 6）流速基本达到 0.05m/s，水动力状况较好。不过，此时蒋家桥-吉利桥段流速相对较小。

图 4-21（c）为在进水泵站保持入流量为 0.42m³/s 时，其他出入流口不同流量的情景模拟。由图 4-21（c）可以看出，在饮马桥处增加 0.5m³/s 的入流量，同里古镇水系整体流速明显增加，尤其是三桥区域（断面 5）和景区南大门中川桥（断面 6），流速接近 0.04m/

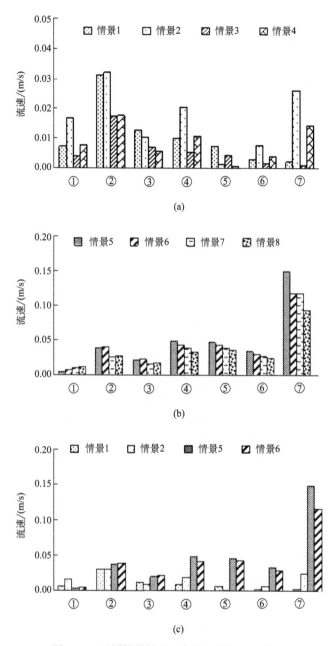

图 4-21 不同情景情况下各断面模拟流速情况

s。在饮马桥增加 0.5m³/s（24h）的流量后，饮马桥进水流量与进水泵站进水量基本一致，这导致吉利桥-蒋家桥段流速较小，相对饮马桥不进水时的流速要小。

综合图 4-21 分析可知，要使得同里古镇区水系整体水动力状况较好，同时保证重点区域，尤其是游客容易集中的三桥区域和景区南大门中川桥的流速较大，可以选择的情景方案包括情景 6 和情景 8。考虑到目标流速范围，情景 6 情况下水系整体流速分布更平均，基本达到 0.05m/s。

因此，推荐采用情景 6 方案，同里镇在采用该方案后也取得了预期的水动力优化效果。

4.3 河流曝气复氧技术

4.3.1 跌水曝气复氧技术

4.3.1.1 技术原理

跌水曝气是利用水在下落过程中与空气中的氧气接触而实现复氧，包括天然跌水曝气和人工跌水曝气。城市中的河流一般都没有明显的自然高差，所以城市河流水环境修复一般可结合景观建设，依靠人工抬高一侧水位进行不同程度的跌水曝气。图 4-22 为一种形式的人工跌水曝气现场照片。

图 4-22　人工跌水曝气实景照片

跌水曝气复氧的途径：一是在重力作用下，水滴或水流由高处向低处自由下落的过程中充分与大气接触，大气中的氧溶解到水中，形成溶解氧；二是在水滴或水流以一定的速度进入跌水区液面时会对水体产生扰动，强化水和气的混掺产生气泡，在其上升到水面的过程中，气泡与水体充分接触，将部分氧溶入到水中形成溶解氧。

4.3.1.2 技术经济特征

跌水曝气充氧动力消耗少，可利用自然地形地势节约成本。如果结合景观建设，采用提水后跌水曝气，通常需设置坝体和提升泵，总体上投资较少，操作管理方便，工艺占地面积小，并能起到改善水体流动性和充氧效果。

不过目前单纯的跌水曝气在国内的应用多用于常规的园林景观应用。如果用于处理污染河水，一般要和其他生物处理工艺连用成为组合工艺。跌水曝气可以设置在核心工艺前（如跌水曝气接触氧化工艺）起到给污染水体充氧的目的，或放置在核心工艺后将出水设计成跌水形式回到河道中，提升城市河湖水体的溶解氧水平。

4.3.2 人工曝气复氧技术

4.3.2.1 技术原理

（1）概述

城市河流受到耗氧有机物污染后，水体溶解氧被耗氧有机物消耗，水体出现缺氧，危害水生态系统，严重时河水黑臭。人工曝气技术是针对这类城市河道的特点，采用各种强化曝气技术，人工向水体中充入空气（或氧气），加速水体复氧，以提高水体的溶解氧水平，恢复和增强水体中好氧微生物的活力，使水体中的污染物质得以净化，从而改善河流水质。人工曝气充氧的具体作用如下。

① 加速水体复氧过程，使水体的自净过程始终处于好氧状态，提高好氧微生物的活力，同时在河底沉积物表层形成一个以兼氧菌为主，且具备好氧菌群生长潜能的环境，从而能够在较短的时间内降解水体中的有机污染物。

② 充入的溶解氧可以氧化有机物厌氧降解时产生的 H_2S、CH_4S 及 FeS 等致黑、致臭物质，有效改善水体的黑臭状况。例如，美国圣克鲁斯港曝气研究显示曝气后的 H_2S 浓度只是曝气前的 $1/2 \sim 1/3$。

③ 增强河流水体的紊动，有利于氧的传递、扩散以及水体的混合。

④ 减缓底泥释放磷的速度，当溶解氧水平较高时，Fe^{2+} 易被氧化成 Fe^{3+}，Fe^{3+} 与磷酸盐结合形成难溶的 $FePO_4$，使得在好氧状态下底泥释放磷的过程减弱，而且在中性或者碱性条件下，Fe^{3+} 生成的 $Fe(OH)_3$ 胶体，吸附上覆水中的游离态磷，并且在水底沉积物表面形成一个较密实的保护层，在一定程度上减弱了上层底泥的再悬浮，减少底泥中污染物向水体的扩散释放。

（2）河流曝气充氧设备形式

根据需曝气河流水质改善的要求（如消除黑臭、改善水质、恢复生态环境）、河流条件（包括水深、流速、河流断面形状、周边环境等）、河段功能要求（如航运功能、景观功能等）、污染源特征（如长期污染负荷、冲击式污染负荷等）的不同，河流人工曝气可采用固定式充氧和移动式充氧不同形式。

① 固定式充氧技术：即在需要曝气增氧的河段上安装的固定的曝气装置。固定式充氧站可以采用不同的曝气形式。

② 移动式曝气充氧技术：移动式充氧平台可以根据需要自由移动，这种曝气形式的突出优点是可以根据曝气河流污染状况、水质改善的程度，机动灵活地调整曝气设备的位置和运行，从而达到经济、高效的目的。

（3）曝气充氧设备分类与特性

当前国内外已经工程应用的曝气充氧设备种类较多。从充氧所需的氧源来分，有纯氧曝气与空气曝气设备。按工作原理来分，又可以分为鼓风机-微孔布气管曝气系统、纯氧-微孔管曝气系统、叶轮吸气推流式曝气器、曝气复氧船、太阳能曝气机、水下射流曝气设备、叶轮式增氧机等。河道人工曝气可以单独使用，也可与其他微生物技术、植物净化技术、接触氧化工艺等组合使用。表 4-6 显示了各种主要曝气充氧设备的主要特性比较。

表 4-6　各种河流曝气充氧设备的特性比较

曝气设备类型	组成	优点	缺点	适用范围	实例
鼓风机-微孔布气管曝气系统	鼓风机＋微孔布气管	充氧速率较高 25%～35%（5m 水深）；在城市污水处理厂中应用广泛	安装工程量大，维修困难，对航运有一定的影响；鼓风机房占地面积大，运行噪声较大	城效不通航河流	上海市徐汇区上澳塘河
纯氧-微孔布气管曝气系统	氧源＋微孔布气管	占地面积小，运行可靠，无噪声；安装方便，不易堵塞；氧转移率高 15%（1m 水深）～70%（5m 水深）	对航运有一定的影响，投资大	不通航河流	德国 Emsher 河、Teltow 河；上海新泾港河
纯氧-混流增氧系统	氧源＋水泵＋混流器＋喷射器	氧转移率高 70%左右（3.5m 水深）；可安置在河床近岸处，对航运的影响较小	投资高	既可用固定式充氧，也可移动式充氧	英国 Thame 澳大利亚 Swan 河、上海苏州河
叶轮吸气推流式曝气器	电动机＋传动轴＋进气通道＋叶轮	安装方便，调整灵活；漂浮在水面，受水位影响小；基本不占地；维修简单方便	叶轮易被堵塞缠绕；影响航运；会在水面形成泡沫，影响水体美观	不通航河流	韩国 Suyon 江河口釜山港湾；北京清河河流
水下射流曝气	潜水泵＋水射器	安装方便，基本不占地；运行噪声小	维修较麻烦	不通航河流	北京中心城区筒子河、水碓湖、龙潭湖
叶轮式增氧机	叶轮＋浮筒＋电动机	安装方便；基本不占地	会产生一定的噪声；外表不美观	多用于渔业水体，水深较浅的水体	

4.3.2.2　技术适用性

根据国内外河道曝气的工程实践，河道曝气一般应用在以下 4 种情况。

① 在污水截污管网和污水处理厂建成之前，为解决河道水体的耗氧有机污染问题而进行人工充氧，如德国莱茵河支流 Emscher 河的情况。

② 在已经过治理的河道中设立人工曝气装置作为应对突发性河道污染的应急措施。突发性河道污染是指连续降雨时城市雨污混合排水系统溢流（CSO），或企业因发生突发性事故排放废水造成的污染。

③ 在已经过治理的河道中设立人工曝气装置作为河道进一步减污的阶段性措施。

④ 景观生态河道，在夏季因水温较高，有机物降解速率和耗氧速率加快，造成水体的 DO 降低，影响水生生物生存。

在选用曝气设备类型时，要考虑河道的如下情况。

① 当河水较深，需要长期曝气复氧，且曝气河段有航运功能要求或有景观功能要求时，一般宜采用鼓风曝气或纯氧曝气的形式。但是，该充氧形式投资成本大，铺设微孔曝气管需抽干河水、整饬河底，工程量大，在铺设过程中水平定位施工精度要求较高。

② 当河道较浅，没有航运功能要求或景观要求，主要针对短时间的冲击污染负荷时，一般采用机械曝气的形式。对于小河道，这种曝气形式优点明显，但需考虑如何消除曝气产生的泡沫及周围景观的协调。

③ 当曝气河段有航运功能要求，需要根据水质改善的程度机动灵活地调整曝气量时，就要考虑可以自由移动的曝气增氧设施。对于较大型的主干河道，当水体出现突发性污染，溶解氧急剧下降时可以考虑利用曝气船曝气复氧。选择曝气船充氧设备时，需考虑充氧效率、工程河道情况、曝气船的航运及操作性能等因素，通常选择纯氧混流增氧系统。

④ 在大规模应用河道曝气技术治理水体污染时，还需要重视工程的环境经济效益评价，即合理设定水质改善的目标，以恰当地选择充氧设备。如景观水体的治理，在没有外界污染源进入的条件下可以分阶段制定水体改善的目标，然后根据每一阶段的水质目标确定所需的充氧设备的能力和数量，而不必一次性备足充氧能力，以免造成资金、物力、人力上的浪费。

4.4 生物膜法

生物膜法在传统污水处理中应用较多，将其应用于河流水环境修复的本质就是对河流中原有的生物净化过程的进行强化。它通过模拟河流中砂石等材料上附着的生物膜的净化作用，人工填充各种载体，在载体上形成生物膜，当污染河水经过生物膜时，污水与载体上的生物膜充分接触，吸附污染物和净化水体。生物膜是附着于载体上的菌胶团，由于菌胶团中细菌和胞外聚合物的作用，可以絮凝或吸附水中的有机物，这使菌胶团表面既附有大量的活性细菌，又有适宜细菌繁殖的有机物。这样，菌胶团表层的细菌的迅速繁殖，可以很快消耗水中有机物，水质得到改善。

生物膜技术已被广泛用于重污染河流的治理工作中，其能有效降解水体中的 COD、NH_3-N，对消除黑臭、提高溶解氧浓度都有不同程度的作用。生物膜降解污染物的过程主要分为 4 个阶段：a. 水体中的污染物扩散至生物膜表面；b. 污染物质在生物膜内部扩散；c. 污染物质在微生物的作用下进行降解；d. 代谢生成物排出，老化的生物膜脱落。

目前，国内外常用于净化河流的原位生物膜技术主要有以砾石作填料的砾间接触氧化法和人工生态基生物膜技术。这些方法在中小城市河流净化方面具有净化效果明显、便于管理等特征。

4.4.1 砾间接触氧化法

4.4.1.1 技术原理

(1) 概述

砾间接触氧化法通过在河流中放置一定量的砾石作充填层，水中污染物在砾间流动过程中与砾石上附着的生物膜充分接触、沉淀，进而被生物膜作为营养物质而吸附、氧化、分解，从而使水质得到改善，其原理如图 4-23 所示。该技术的实质是采用人工强化的方法使单位河床面积上附着的生物膜面积增大以提高河流的净化能力。

砾间接触氧化法是一种模仿生态、强化生态自然净化水质过程的方法，其净化河流水质的过程主要有以下几项。

① 砾石表面微生物（生物膜）的吸附、吸收与分解，长时间与污水接触的砾石表面形

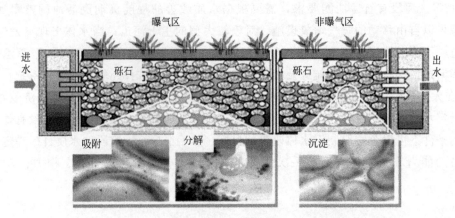

图 4-23　分离方式-砾石填充净化槽工作原理示意

成生物膜,生物膜吸附、吸收水中的有机物用于自身的代谢,转化和降解水中的污染物。

② 接触沉淀,砾石间形成连续的水流通道,当污水通过时,水中的悬浮固体（SS）因沉淀、物理拦截、水动力等原因运动至砾石表面而接触沉淀;由于砾石间形成的滞滞流的水力条件利于沉淀,因此接触沉淀的效果比自然河流的更加明显。

由吸附、沉淀及生物氧化而从水中分离的污泥,通过生物分解作用可将污泥的有机成分降至约原来的 1/4 以下。即使如此,操作人员每 3～6 个月也需要进行污泥清除,以延长砾间设施操作寿命,砾石不再需要挖出更换,其使用期限长达 20 年以上,若停止使用后地下也仅有砾石,不会造成二次污染。

常用的砾间接触氧化槽的形式如图 4-24 所示。图 4-24 (a) 为基本应用型,构造简单,产生的污泥沉积于滤料孔隙间。图 4-24 (b) 则为使污泥能够被适当储留,因此在砾石层下部设置污泥储留槽,砾石层与污泥呈分离状态。图 4-24 (c) 则为使接触材料容易管理维护,将其置于筐内而成单元化组合。图 4-24 (d) 则将砾石依粒径进行排列,下槽填充粒径 12～60mm,而上层则填充粒径 8～12mm 的特殊陶粒等。

（2）分类

由于地形和水质等条件的不同,利用砾间接触氧化法净化河流水质有不同的工艺方法。

① 原位方式与旁位方式　按照设施设置的位置不同,砾间接触氧化法可分为原位方式和旁位方式（见图 4-25、图 4-26）:原位方式为直接设置砾石于河道内的河床上（也有少数是设于水面）,不需另外占用土地去处理,不过其处理效率通常较低;旁位方式则是设置于河道边的滩地,多利用重力引水,于上游设置取水堰,以提升河水水位,同时可降低来水悬浮固体含量以减少砾石的阻塞,然后引水入砾石填充净化槽进行净化,利用取水堰水位与放流水位的水位差,以重力流方式再排回水体。日本 2001 年前有 50％以上的砾间接触设施是直接设于河床和水面,但随着砾间接触曝气氧化设施的使用,旁位方式的案例越来越多。

② 砾间接触氧化与砾间接触曝气氧化。由于砾间接触氧化法净化河流水质效果受水中的溶解氧和有机物浓度的影响,所以其一般适用于 BOD 小于 20mg/L 的河流水质净化。对于溶解氧浓度较低和 BOD 较高的河流,可以在砾石层底部铺设曝气管以增加溶解氧,提高净化效果,即为砾间接触曝气氧化法。

（3）砾间接触氧化法设计特征

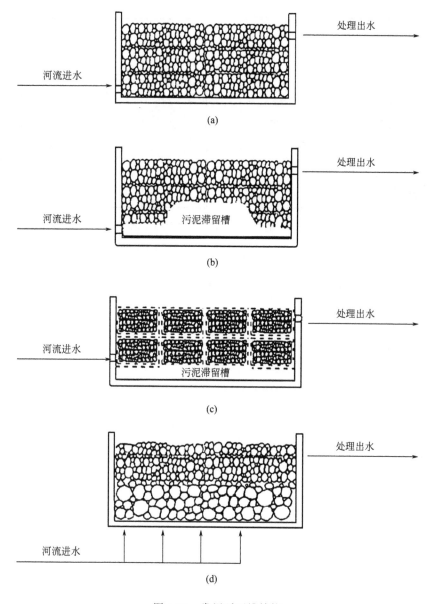

图 4-24 常用砾石槽结构

① 设置场地。净化 $1m^3/s$ 污染河水所需要的设施面积为 6000～12000m^2（无曝气）和 9000～18000m^2（有曝气），水深 2～4m。可见设施所占用面积较大。

② 预处理。为防止砾间堵塞以及延长设施使用周期，进水应不含大的漂/悬浮物，必要时应设置拦污栅和沉砂池。

③ 是否需要增设曝气设备。根据日本的研究和工程实例，当来水溶解氧较低（低于 5mg/L）或水中 BOD 较高（超过 20mg/L）时，则需要增设曝气设备，一般砾间接触曝气氧化可用于 BOD 为 20～80mg/L 的河流水质净化。

④ 停留时间。根据实际操作经验，砾间接触氧化设施中 BOD 的去除率随时间增长而提高，并在 70～80min 时达到 65％左右的较稳定值。因此一般停留时间为 1.3～1.5h。若有

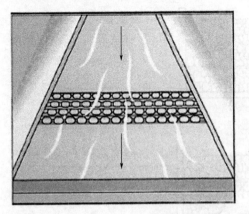
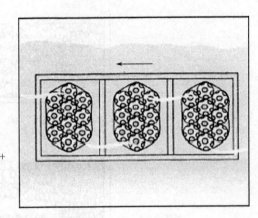

图 4-25　直接方式-原位砾间接触氧化法

图 4-26　分离方式-旁位砾间接触氧化法

曝气阶段，则曝气段停留时间 1.5h，接触段停留时间 0.5h 以去除 SS。

⑤ 净化槽长度。根据水力条件拟定净化槽过流长度，一般为 15～20m。

⑥ 孔隙率。25%～50%，一般为 35%～40%。

⑦ 排泥。由于沉降和微生物的合成，设施内必然会聚集污泥。现行砾间接触氧化设施污泥处理方法有两种，一种是半年一次曝气排泥，另一种是大约 5 年一次砾石更新。

⑧ 工艺组合。砾间接触氧化法对 BOD 和 SS 的去除率有效。增加曝气后 NH_3-N 的去除率提高，但 TN 去除率提高不明显，主要是因为 NH_3-N 硝化后仍然留在水中。因此，当要求进一步降低营养盐含量时，可结合其他方法进行应用。

4.4.1.2　技术经济特征

砾间接触氧化法利用进出水水位差进行设计，属重力下流方式，可以节约能源，设施的管理也比较容易。同时，在河流水面上取一定的余裕空间设置覆盖层，可以在上面种植草坪或修筑体育设施，提高土地的利用率。

本方法有处理效果较好，处理水量大，每公顷每天可处理 20000t 污水，运行管理方便成本低，设计寿命 20 年以上；设置地点灵活；可建成地下式，不影响地面的合理利用等优点；在日本、韩国和中国台湾得到了广泛的应用，工程运行维护费约为污水处理厂的 1/3。

采用本方法时，如果对砾石间隙内生成的污泥不进行定期排除的话，就不可能得到稳定的净化效果，因此在设计时要考虑到防止污泥堵塞现象的发生。一般的情况下是在砾石的下部设置可以洗泥用的散气管，定期进行充气以洗去沉积的污泥。另外，当河流水的 BOD 浓度高于 20mg/L，有必要在砾石层下部设置曝气装置，以增加下部河水的溶解氧浓度，提高净化效率。

砾间净化法虽具有纯天然、可地下化、处理效能佳、处理成本低等优点。但是，该法却无法像污水处理厂一样处理高浓度污水及处理工业废水。

4.4.1.3 实例——台湾南门溪砾间接触氧化水质改善工程

该工程选自 2007 年中国台湾中央大学蔡万宝的研究生论文《以在槽式砾间接触氧化法改善河川水质之效益评析》。

（1）背景

南门溪发源于新竹市高峰里的埔尾山麓，紧邻新竹科学工业园区，其南侧为高峰植物园，全长约 2.14km，平均坡度约为 0.021，在位于新兴里与光镇里之间的南大路振兴桥下汇入客雅溪。南门溪集水区内人口约 35368 人，面积约 6.87km²。南门溪主要承受集水区生活污水为主，也有来自少量养猪场、养鸡场的小部分畜牧废水。另在其河道下方埋设有科学园区污水处理厂出流排放专管，其专管出口箱涵在振兴桥下方，与南门溪河水混合后，汇入客雅溪。

经在本工程场址上游约 150m 及场址起点处的测量，南门溪流量介于 7200～14000m³/d 之间，平均 10000m³/d；而据枯水期 12 月份的在工程场址上游约 100m 处的水质监测，COD 为 20～40mg/L，BOD 为 14～25mg/L，SS 为 7～20mg/L。

（2）实施情况

此工程为台湾第一座直接式原位砾间接触氧化工程，此工程采取在河道内直接开挖，为了确保厂址安全及排洪需求，以现有河道向下开挖，将工程主体结构直接设置在河道的河床底下，设施顶部亦沿着河道底部高程设计，使其排洪功能不受到影响。工程于 2006 年 1 月 5 日开工，同年 10 月 19 日完工进水养菌，进行净化设施试运转，并于 2006 年 12 月 29 日正式启用。

工程场址位于南门溪新兴桥下游约 100m 处为起点，再往下游延伸约 140m，场地面积约 2400m²，河段坡度高差为 1～1.2m，其位置如图 4-27 所示，工程平面布局如图 4-28 所示。

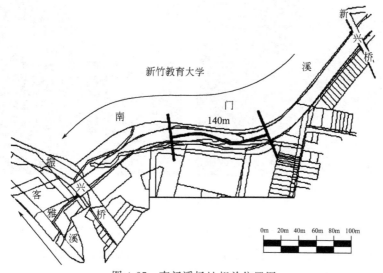

图 4-27 南门溪场址相关位置图

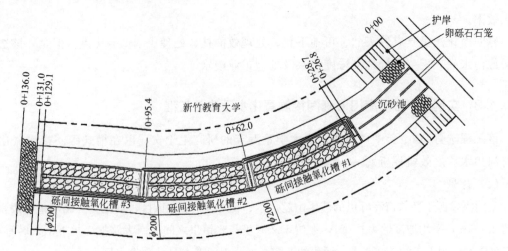

图 4-28　南门溪砾间接触氧化工程平面布局图（单位：m）

该河段宽为 10～20m，河道右侧紧邻新竹教育大学，左侧紧邻住宅区，南门溪两岸均设有混凝土护岸，河道底部亦为混凝土构筑，部分河段为复式断面，本场址河道的混凝土已损坏，且河道转弯处有淤积土堆而生长杂木、竹子、杂草等（图 4-29）。

图 4-29　南门溪场址施工前现场状况

河道现场施工较为不便，且该河段为人口、住宅密集区，施工空间受限，采用直接式原位砾间接触氧化法，净化设施全长约 140m，宽约 8m，场地面积约 2400m²，河段坡度高差为 1～1.2m。主要施工项目为复式断面导水引道工程、沉淀槽工程、砾间接触氧化槽工程和砾石铺设工程，工程照片见图 4-30～图 4-33。

施工前　　　　　　　　　　　　　　　开工中

构筑中　　　　　　　　　　　　　　构筑完成

图 4-30　复式断面导水引道工程施作情形

整地　　　　　　　　　　　　　　　开挖中

底板钢筋绑扎　　　　　　　　　　沉淀槽构筑完成

图 4-31　沉淀槽工程施作情形

开挖及挡土支撑 底板钢筋绑扎

侧墙施工 反冲洗曝气测试

图 4-32 砾间接触氧化槽工程施作情形

图 4-33 砾石铺设工程施作情形

（3）工艺流程及参数

本工程水质净化系统处理单元设施流程如图 4-34 所示，流程模拟构造如图 4-35 所示。

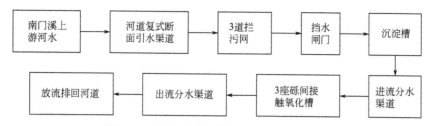

图 4-34　南门溪砾间接触氧化工程设施流程

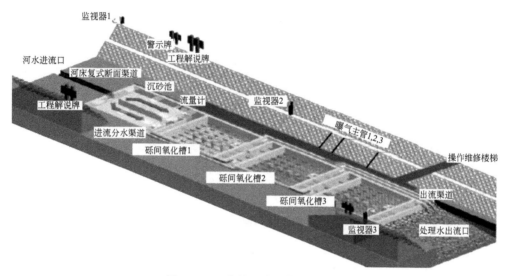

图 4-35　工艺处理流程模拟构造图

本工程利用河水重力流方式进入处理设施内，先经 3 道拦污网栅初筛后经挡水闸门进入沉淀槽（长 30m，宽 8m，深 1.5m），其中挡水闸门可在洪水来临时关闭，避免洪水携带大量泥沙和其他悬浮物进入处理设施而保证净化槽的安全运行；随后沉淀槽中的水通过进流分水渠道分成 3 股进入 3 座砾间接触氧化槽（各槽长 35m，宽 5m，深 2.5m）处理，槽内以天然砾石为接触材料，砾石粒径为 10~15cm，以混合粒径不规则排列；为不影响河道正常排洪功能，将砾间接触氧化槽顶部加盖，处理后的出水，经接触氧化槽出水端的出水孔墙及出水堰等设施排入南门溪下游，最后汇入客雅溪。另外接触氧化槽底部铺设反冲洗曝气管，以鼓风机定期进行反冲洗及排空作业，将老化的生物膜、杂质等排出。当来水流量超过设计流量时，多余水量将直接由处理设施上方往下游流出。

主体砾间接触氧化槽的设计参数见表 4-7。

表 4-7　砾间接触氧化槽设计参数表

次序	名　称	规　格	备注
1	沉淀槽尺寸	$30m(L) \times 8m(W) \times 1.5m(D)$	
2	砾间接触氧化槽尺寸	$35m(L) \times 8m(W) \times 2.5m(D)$	3 座
3	设计流量	$Q = 10000m^3/d$	
4	砾间接触槽停留时间	1.5h	
5	砾间接触槽流过长度	135m	

次序	名　　称	规　　格	备注
6	砾石尺寸	10～15cm	
7	孔隙率	50%	
8	砾石接触表面积	50m²/m³	
9	有效水深	1.7m	
10	砾石厚度	1.7m	
11	进水 BOD 浓度	25mg/L	
12	进水 SS 浓度	20mg/L	
13	BOD 分解系数	$k = 0.01d^{-1}$	
14	污泥堆积日数	3 个月清理一次	
15	污泥浓度	$S_c = 10\%$	

（4）工程结果

历经 5 个月的操作运转，观察监测水质状况，并定期进行槽体排空清淤作业，其平均去除率 BOD 为 35.62%，SS 为 41.38%，COD 为 29.23%，大肠杆菌为 53.15%，DO 变化趋势则呈厌氧下降趋势，介于 $-72.65\% \sim 4.60\%$ 之间，平均为 -28.37%，详见表 4-8。

表 4-8　沉淀槽及砾间槽去除率比较表

指标 ＼ 设施	沉淀槽	第一槽	第二槽	第三槽	砾间槽平均	备注
DO	−6.41%	−35.09%	−29.37%	−20.65%	−28.37%	变化率
SS	17.44%	58.20%	66.52%	−0.60%	41.38%	去除率
BOD	−4.17%	43.91%	44.85%	18.10%	35.62%	去除率
COD	3.28%	40.77%	34.14%	8.90%	29.23%	去除率
大肠杆菌	−14.00%	56.80%	63.50%	35.74%	53.15%	去除率

（5）经济性分析

该工程中主体设施砾间接触处理设施工程费为 2012.89 万元新台币，占所有建设费的 61.46%；3 年功能维护及管理费为 415.08 万元新台币；折合建设成本为 3275 元新台币/ (m³·d)，操作维护成本为 0.38 元新台币/ (m³·d)，处理成本为 8.97 元新台币/ (m³·d)。

（6）运行管理

工程运行维护管理由全职人员担任，每日、每周、每月、每季均订有详细的操作维护及管理工作计划。

① 每日应执行的检查项目及记录要求。

检查或清理进水端跌落处（至上游 50m 处）及出水端下游河中（至下游 50m 处）是否有污物淤积或漂流物；观察及记录砾间接触氧化槽进水端水位及出水渠水位差，作为反冲洗时的依据；检查流量设施是否正常并每日记录进流量值；检视摄影机设备。

② 每周应执行的维护工作。

检查进出水墙开孔或筛网是否有堵塞物与砾间接触氧化槽的水位状态，必要时要进行反冲洗；维护场址环境卫生；每两周或视状况每月应启动反冲洗鼓风机一次，清除空气管线内的淤积物，避免空气管线内淤积污泥。

③ 每月、每季应执行的维护工作。

要对电器设备进行检查维护；对流量计（水位计）进行检查调校，并进行设备润滑工作；开展南门溪堤岸旁侧道路间的环境卫生维护；确认鼓风机运作是否正常；检查或清理进水端跌落处及出水端下游河中是否有污物淤积或漂流物；每月维护或清理进流端各人孔、沉淀槽、砾间接触氧化槽内及出水渠等淤积物，并清理砾间接触氧化槽进出水墙开孔（及筛网）的淤积物或堵塞物，同时检查鼓风机运作时是否有不正常噪声及振动；当各座砾间接触氧化槽进流端水渠内水位增高至某种程度时（各座不同）即要进行反冲洗工作（必要时，可视实际操作状况调整）；暴雨或是台风过后至少每2个月应全面进行曝气反冲洗、清淤及沉淀槽清理工作一次，包括沉淀槽、砾间接触氧化槽、进流跌落处及其上游、砾间接触氧化槽进出水挡墙开孔、出水渠及其上下游河段。

为使各项设施及设备正常运作，要拟定一套维护管理计划，要求操作人员需依维护管理标准进行操作，有关维护管理计划分为设备设施维护保养、一般行政管理及环境管理方面。

4.4.2 人工水草

4.4.2.1 技术原理

（1）概述

人工水草采用耐酸碱、耐污、柔韧性强，具有较大比表面积和容积利用率的仿水草高分子材料作为生物载体，是一种生物膜载体技术。人工水草固定在水中后，会吸附水中各种水生生物到其表面，随着时间的推移其表面会形成一层生物膜，这些微生物和藻类对于富营养化水体起到生物过滤和生物转换的关键作用。附着在人工水草上的生物相非常丰富，主要有细菌、真菌、藻类、原生动物和后生动物等构成复杂的生态系统。

起主要作用的生物体系通过自身的新陈代谢分解水中的有机物，人工水草上生长的生物可吸附水体中的富营养成分，如氮、磷、硫、碳等物质，并将这些富营养成分富集，通过不同的生物作用，转化成为二氧化碳、水和氮气等，从而夺取了藻类生长所需的营养物质，抑制了藻类的滋生，改善了水质。水中放置的人工水草将原有的以水-土界面为主的好氧-厌氧、硝化-反硝化条件扩大到整个水体，同时它不受透明度、光照等外界条件限制，从而大大提高了水质的净化效果。人工水草可应用于城市景观水体维护、城市湖泊和河流生态修复与维护方面。

（2）分类

人工水草按其结构形态主要分为生态基、生物填料及碳纤维生态水草3种类型。

① 生态基　生态基由两面蓬松的高分子材料和中间浮力层针刺而成，是一种经过处理的适合微生物生长的"床"，也就是一种新型生物载体。

② 生物填料　生物填料类型多样，有辫带式生物填料（图4-36）、多环串联人工水草（图4-37）、组合填料、软性填料、半软性填料、弹性填料（图4-38）、悬浮填料（图4-39）等。

图 4-36　辫带式生物填料

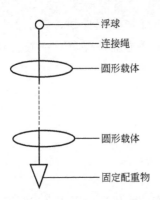

- 浮球
- 连接绳
- 圆形载体
- 圆形载体
- 固定配重物

图 4-37　多环串联人工水草

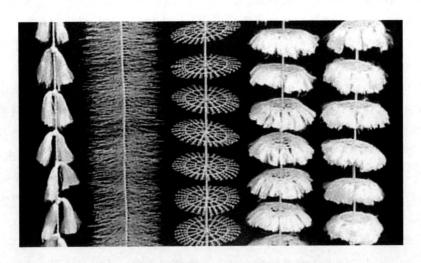

图 4-38　软性填料、弹性填料、半软性填料、组合填料

③碳纤维生态水草（见图 4-40）。碳纤维学名聚丙烯腈基碳纤维，是通过特殊热处理工艺，由碳纤维和相关的基体树脂（如环氧树脂）制备而成的，其含碳量随种类不同而异，一般在 90％以上。由日本小岛昭教授发明的碳纤维生态草其表面经过特殊处理，置于水中时能迅速散开，已成功应用于水环境修复和水污染防治领域。

图 4-39 悬浮填料

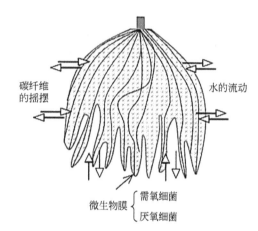

图 4-40 碳纤维生态水草

4.4.2.2 技术经济特征

（1）优点和局限

污染严重的城市河流一般溶解氧低、透明度低以及悬浮物量高，而人工水草技术可以克服普通水草在重污染河流中无法生长生存的问题。作为一种新型的生物膜载体材料，人工水草技术的优势特征主要包括：a. 比表面积大，可以附着大量微生物以及原生动物，进而吸附、降解污染物，实现水体的净化；b. 人工水草断面上会依次形成好氧、兼氧和厌氧三个反应区，在硝化和反硝化的作用下，进行高效的脱氮；c. 为水生生物营造良好的栖息环境；d. 造价一般比传统的工业生物填料低，管理维护少，适用用大面积的天然水体水质改善及生态修复；e. 效果好、二次污染小，在外界条件一致的情况下，人工水草的布置密度要小于传统的生物填料，更有利于氧的传递与利用。

然而人工水草主要是依靠附着的大量微生物起净化水体的作用，所以其效果会受到溶解氧的限制，在溶解氧低的河流水体为提高处理效率往往需配合曝气措施。

（2）人工水草的特性及选择

人工水草是生物膜附着的载体，是微生物赖以生存的场所。人工水草的材质、比表面积、表面粗糙度、布水布气方式、机械强度和环境耐受性等特性对工艺的处理效果具有直接影响。因此，选用人工水草时，要考虑到以下因素。

① 稳定性　人工水草作为生物膜的载体要能抗酸、抗碱、耐氧化，不易生物降解，不易老化。应用于城市河流中时，不断受到水力的冲击，其机械强度要大，耐冲击，尤其是不会产生有害物质、造成二次污染。人工水草要具有亲水性，充氧效率高，有利于微生物挂膜，并且老化生物膜易脱落，这样在河流应用时才具有相当的稳定性。

② 粗糙度　生物膜挂膜快慢的一个重要影响因素，人工水草表面越粗糙，挂膜时间越短。这是由于表面粗糙有利于增加微生物与人工水草间的接触面积，并且人工水草中孔隙的存在也可以对附着的微生物起到保护作用，减少水力的冲刷，因此表面孔隙率也对生物膜的附着性具有影响。

③ 便于安装维修和管理　人工水草需应用于河道，其性状应利于工程实施，并且便于后期管理。

④ 经济性　河道污染修复是一个长期的过程，需要大量的人力、物力和财力，人工水草作为重要的工程材料，应具有经济可行性。

4.4.2.3　工程应用情况

人工水草技术作为一种新型生物膜载体技术，在美国和日本等国家已经进行了工程应用，并取得了很好的效果。目前，我国也有不少应用。国内外应用中常见的人工水草类型及其应用情况见表 4-9。

表 4-9　国内外常见的人工水草类型及应用

人工水草类型	应用实例		
	时间、地点	具体实施情况	水质净化效果
阿科曼生态基	2007.03—2007.05 广州市大金钟湖（饮用水源修复示范）水体规模：60×10⁴m³	大金钟湖旁边鸣泉居度假村建后，生活污水进入湖中，导致部分湖区污染严重，藻华爆发，散发臭味。实施工程包括将阿科曼生态基直接布置于湖区的原位治理系统，以及建于湖岸的以循环过滤为核心的异位治理工程	治理 9 个月后，水质已达地表水Ⅲ类标准。透明度也从 0.63m 增加到 1.22m，接近 2 倍。治理效果见表 4-10
	2004.09 武汉塔子湖（2006 年度国家重点示范项目）水体规模：60×10⁴m³	塔子湖是汉口地区最大的城中湖，长期以来受生活污水、印染废水及水产养殖污染，水质严重恶化，导致藻类繁生、频频死鱼、腥臭难闻，被当地人称为"废水湖"。实施工程包括在湖中心放置阿科曼生态基，其他湖边区域采用以循环过滤为核心集中处理工程	治理仅 3 个月后，重点区域水质已明显好转，腥臭味消失，藻类大大减少。治理系统实施 10 个月后，水质达到地表水Ⅳ类以上。治理效果详见表 4-11
	2006.01 深圳荔枝湖（集中处理典型案例）水体规模：10×10⁴m³	生态基布置：荔枝湖污染物主要集中在下风向区域，生态基主要密布在水循环的必经区域，通过循环扩大生态基的作用范围，使全湖的水体均能经过生态基集中治理区的治理，同时，在截污工程未完善的零星排污口附近区域布置一定量的生态基，对污水进行就地处理	集中治理区效率分析：集中治理区面积约为 1.5×10⁴m²，平均水深 0.7m，循环水量约为 1.5×10⁴m³/d，停留时间约为 12h，集中治理区的生态基用量为 1600m²。治理区出水水质基本达到Ⅲ类，氮、磷削减率很高。详细治理效果详见表 4-12

$\mathrm{m^2}$ 的生态基用量为

人工水草类型	应用实例		
	时间、地点	具体实施情况	水质净化效果
细绳状人工水草	1991.05—1995.02 日本爱知县武丰镇六贯山排水沟(细绳状平面型)	将长约10cm,缠好人工水草材料的铁筋,沿水流方向每隔10cm设置一根,再用环脚螺栓固定在水路或侧沟的底部。净化宽2m,经三面衬砌的排水沟,设置长度为100m	BOD的平均去除率约为31.8%,SS的平均去除率约为18.5%
	1996.04—1996.09 日本木曾川水系2级河川的境川支流(细绳状大叶藻型)	采用浮力体增加浮力作用,上端安装高密度泡沫浮筒,下部以一定间隔的铁筋格子框架固定,中间布置人工水草,装置总长度为104m	BOD的平均去除率为20%,COD的平均去除率约为13%,SS的平均去除率约为10%
	1993年日本广岛县福(细绳状架台型)	山市排水沟渠每隔10cm一根,将人工水草沿水深方向,设置在钢管架台上,并形成多段式,最后将架台直接放置在河床断面上	COD的去除率为2%~32%,BOD的去除率11%~46%,SS去除率为16%~53%
多环串联人工草	2005年武汉市汉阳区月湖	以醛化纤纶为材料,由浮球、圆形载体、固定配重物组合而成,外形为多环串联,其顶端的塑料浮球在水中产生浮力,将人工水草拉紧使其在水中漂浮。圆形载体直径为8cm,人工水草高度与水深比为0.7时,布设人工水草的合适密度范围为8~16株/m²	抑制藻类生长,稳定DO;透明度由6cm提高到62cm
臭轮藻型人工水草	2008年宜兴市大浦镇林庄港的一段河流	以生物填料的支杆仿照臭轮藻的茎,中心扣环仿照臭轮藻的枝,填料丝仿照臭轮藻的叶研制而成。填料片的直径150mm,相邻填料片的间距80mm,支杆的直径4mm的人工水草,将其直接布设河道内	对氨氮的去除率在5.35%~39.91%,对TP的去除率最高达到了28.6%,对高锰酸钾指数的平均净去除率为5.4%,最高为9.9%

表 4-10 广州市大金钟湖阿科曼生态基水质净化效果

项目	COD/(mg/L)	BOD₅/(mg/L)	氨氮/(mg/L)	总氮/(mg/L)	总磷/(mg/L)	COD$_{Mn}$/(mg/L)	透明度/cm
地表水Ⅲ类	20	4	1.0	1.0	0.2	6	—
治理前	43.65	6.75	17.27	—	0.792	8.35	63
治理3个月	<10	6.62	<0.2	0.951	0.0373	2.68	122
治理6个月	<10	7.75	<0.2	1.02	0.107	3.20	94.7
治理9个月	11.1	3.6	0.23	1.0	0.010	2.89	117
优于标准/%	44.5	10.0	77.0	—	95.0	51.8	—
所达标准	Ⅰ类	Ⅲ类	Ⅱ类	Ⅲ类	Ⅰ类	Ⅱ类	—

表 4-11 武汉塔子湖阿科曼生态基水质净化效果

项目	氨氮	总氮	总磷	BOD₅	COD$_{Mn}$	COD$_{Cr}$	透明度/cm	DO
地表水Ⅳ类标准/(mg/L)	≤1.5	≤1.5	≤0.3	≤6	≤10	≤30	—	≥3
治理前平均值/(mg/L)	4.16	5.91	0.857	9.85	11.91	42.5	25	8.72
治理3个月/(mg/L)	2.070	7.07	0.217	6.48	6.87	29.3	25	16.8
治理6个月/(mg/L)	1.092	1.87	0.232	59	10.37	165	23	12.6
治理10个月/(mg/L)	0.998	1.39	0.425	6.5	10.4	26.7	23	2.5
治理1年/(mg/L)	0.075	1.25	0.154	6.60	10.0	28.0	40	9.0

续表

项目	氨氮	总氮	总磷	BOD$_5$	COD$_{Mn}$	COD$_{Cr}$	透明度/cm	DO
治理2年/(mg/L)	0.106	1.17	0.128	5.38	9.99	29.3	50.6	9.4
优于标准/%	92.9	22.0	57.3	10.3	—	2.3	—	213.3
所达标准	I类	IV类	IV类	IV类	IV类	IV类	—	I类

表 4-12 深圳荔枝湖阿科曼生态基水质净化效果

项目	COD/(mg/L)	BOD$_5$/(mg/L)	氨氮/(mg/L)	总氮/(mg/L)	总磷/(mg/L)	DO/(mg/L)
地表水IV类	≤10	≤6	≤1.5	≤1.5	≤0.3	≥3.0
治理区域进水	12.3	4.5	1.09	3.10	0.55	8.66
治理区域出水	13.3	4.0	0.61	0.93	0.05	8.15
去除率/%	—	11.1	44.0	70.0	90.9	—
所达标准(地表水)	V类	III类	III类	III类	II类	I类

4.5 生态浮床

4.5.1 技术原理

（1）概述

生态浮床又称生态浮岛、人工浮床或人工浮岛，是运用无土栽培技术，综合现代农艺和生态工程措施对污染水体进行生态修复或重建的一种生态技术。具体是在受污染河道中，用轻质漂浮高分子材料作为床体，人工种植高等水生植物或经过改良驯化的陆生植物，通过植物强大的根系作用削减水中的氮、磷等营养物质，并以收获植物体的形式将其搬离水体，从而达到净化水质的效果。另外种植植物后构成微生物、昆虫、鱼类、鸟类等自然生物栖息地，形成生物链进一步帮助水体恢复，生态浮床主要适用于富营养化及有机污染河流。

生态浮床能有效去除水体污染，抑制浮游藻类的生长，其原理为：a.营养物质的植物吸收；b.许多浮床植物根系分泌物抑制藻类生长；c.遮蔽阳光，抑制藻类生长；d.根系微生物降解污染。与其他水处理方式相比，生态浮床更接近自然，具有更好的经济效益。浮床上栽种的植物美化了环境，和周围环境融为一体，成为新的河道景观亮点。同时生态浮床的建设、运行成本较低。

（2）分类

生态浮床根据水和植物是否接触分为湿式与干式。湿式生态浮床可再分为有框和无框两种，因此在构造上生态浮床主要分为干式浮床、有框湿式浮床和无框湿式浮床三类。

干式浮床的植物因为不直接与水体接触，可以栽种大型的木本、园林植物，构成鸟类的栖息地，同时也形成了一道靓丽的水上风景。但因为干式生态浮床的植物与水体不直接接触，因此发挥不了水质净化功能，一般只作为景观布置或是防风屏障使用。

有框湿式浮床一般用 PVC 管等作为框架，用聚苯乙烯板等材料作为植物种植的床体。湿式无框浮床用椰子纤维缝合作为床体，不单独加框。无框型浮岛在景观上则显得更为自然，但在强度及使用时间上比有框式较差。从水质净化的角度来看，湿式有框浮床应用广泛。

（3）组成

常用的典型湿式有框生态浮床组成包括4个部分：浮床的框体、浮床床体、浮床基质和浮床植物。具体生态浮床的形式多种多样，如图4-41所示为一种生态浮床照片。

图4-41　生态浮床照片（见文后彩图）

① 浮床框体　要求坚固、耐用、抗风浪，目前一般用PVC管、木材、毛竹等作为框架。PVC管持久耐用、价格便宜、质量轻，能承受一定冲击力，应用最为广泛；木头、毛竹作为框架比前两者更加贴近自然，价格低廉，但常年浸没在水中，容易腐烂，耐久性相对较差。

② 浮床床体　浮床床体是植物栽种的支撑物，同时是整个浮床浮力的主要提供者。目前主要使用的是聚苯乙烯泡沫板，这种材料成本低廉、疏水、浮力大、性能稳定，不污染水体、方便设计和施工，重复利用率相对较高，此外还有将陶粒、蛭石、珍珠岩、火山岩等无机材料作为床体，这类材料具有多孔结构，更适合于微生物附着而形成生物膜，有利于降解污染物质，但成本相对较高。对于以漂浮植物，可以不使用浮床床体，而直接依靠植物自身浮力保持在水面上，再利用浮床框体、绳网将其固定在一定区域内。

③ 浮床基质。浮床基质用于固定植物，同时要保证植物根系生长所需的水分、氧气条件及能作为肥料载体，因此基质材料要具有弹性足，固定力强，吸附水分、养分能力强，不腐烂，不污染水体，能重复利用等特点，而且要能具有较好的蓄肥、保肥、供肥能力，保证植物直立与正常生长。目前使用较多的浮床基质为海绵、椰子纤维、陶粒等，可以满足上述的要求。

④ 浮床植物　植物是浮床净化水体的核心，需要满足以下要求：适宜当地气候、水质条件，优先选择本地种；根系发达，根茎繁殖能力强；植物生长快，生物量大；植株优美，具有一定的观赏性。目前经常使用的浮床植物有美人蕉、荻、香根草、香蒲、菖蒲、石菖蒲、水浮莲、水芹菜、水雍菜、金鱼藻等，在实际工程中应根据现场条件进行植物筛选。

（4）种植方式

生态浮床上植物有不同的种植方式，对水体的净化效果也不同。通过相关研究和实践，现在主要采用植物混合种植、植物与填料组合种植方式。对于水面植物合适的覆盖率等也要注意。

① 植物的混合种植 实践表明，多种植物以适当的配比种植能减少病虫害的发生，提高系统的稳定性，并且对水体的净化效果往往比单一种植要好。但是多种植物混合种植可能会导致生长竞争，因此需要根据植物利用水体空间的不同进行合理组合。

② 植物与填料组合种植 传统生态浮床净化水体的主体只有植物，但受水面限制其生物量有限，而且植物根系的微生物数量和种类较少，系统的净化能力难以进一步提高。此外，传统的生态浮床仅仅利用的是水面，而水下空间并没有得到充分利用。因此通过在浮床下悬挂填料，不仅充分开发利用了水下空间，更好地固定住植物，而且增加了系统内微生物数量和种类，强化了微生物净化作用，提高了生态浮床的净化能力。

③ 水面植物覆盖率。通常生态浮床的植物覆盖率越高，其对水体的净化能力则越强，但是夜间的呼吸耗氧也越严重。过高的植物覆盖率还会影响水体的大气复氧，最终可能导致水体缺氧，因此要合理设置植物覆盖率。

4.5.2 技术经济特征

（1）优点与局限

相较于其他生态修复技术，生态浮床具有以下优点：a. 可用于高等水生植物难以生长的区域（深水区或底部混凝土结构的水域）；b. 增加了生物多样性；c. 对水位变化的适应性较强，可移动性强；d. 具有景观美化作用；e. 具有一定的消波及保护河岸的作用；f. 建设、运行成本较低，具有良好的经济效益、环境效益和景观效益。

然而生态浮床技术也存在一定的问题与局限性。

① 浮床植物的选择既要考虑成活性，又要考虑不同的选择净化性。有些污染水体可能不适合最适净化植物的生长，在这种情况下就必须考虑替代植物，其净化性能就会降低，这就要扩大种植面积。而且植物的生长还受季节影响，不同的生长阶段其净化效果也不同。

② 浮床植物的回收处置。生态浮床植物种类繁多，植物死后若得不到适当处理，会造成水体二次污染。如重金属污染水体，当生态浮床植物得不到正确处理后，就可能把重金属由水体转移到土壤中，或者重新回到水体。此外，有的生态浮床选了可食用的植物，如空心菜、水芹等，其食用安全也需要重视。

③ 对深层水体缺乏净化能力。由于生态浮床主要依靠植物的吸收来净化水体，植物根系不能深入深层水域中，因此对底层水和底泥缺乏净化能力。

④ 夏季容易滋生蚊蝇，影响环境卫生。

（2）适用

生态浮床较适用于没有航道要求的景观河道；在居民聚集区的城市河流，由于其存在夏季容易滋生蚊蝇等虫类的原因，其使用也受到限制；它也不适用于工业废水连续排放的河道。

（3）经济性分析

生态浮床技术具有施工简单、工期短、投资小等优势，具体表现在：浮床植物和载体材料来源广，成本低；无动力消耗，节省了运行费；维护费用少，且应用得当时可具有一定的经济效益。

（4）管理与维护

生态浮床的管理维护一直是被忽视的问题，例如植物的无土栽培技术、病虫害防治技术、杂草防治技术、定期收割与越冬管理、动物病虫害预防与饵料投放、介质材料的更换等。如果维护管理跟不上，常常造成使用期极短，甚至直接成为二次污染源，必须安排专门人员进行维护。

4.6 微生物强化技术

4.6.1 技术原理

（1）概述

在河流水环境中，微生物作为分解者，对水体净化作用重大，具备污染物降解能力的微生物在水体中的数量和活性直接关系到水体自净能力的大小，也影响到水体微生物修复技术应用的成功与否。所以微生物强化技术的核心在于提高待修复污染水体中微生物的数量和活性，加快水体中污染物的降解和转化。目前，污染河流的原位微生物强化技术主要有两种方式。一种是微生物强化技术（bioaugmentation），即普遍使用的投菌法，其通过选择一种或多种混合功能的菌种，按一定的要求添加到受污染水体中，以促进水中微生物处理效率的提高。投加的菌种可以是从自然界或处理系统中筛选出的高效菌种，也可以是经过处理的变异菌种或经基因工程构建的菌种。另一种是向受污染水体中补充能促进微生物生长和活性的生物促生剂，一般是微生物必需的营养元素，如：微量元素、维生素、天然激素、有机酸、细胞分裂素、酶等营养物质；现在这两种方式通常是组合使用。

（2）技术流程

其中投菌法应用于河流水体修复的主要流程见图 4-42。其中河流水体环境特征调查是整个技术实施的基础，水温、pH 值、污染物种类和污染程度、河水体积等都直接影响生物菌剂的选取，剂量的投放和投放方式的选择。而生物菌剂的选种、培养和活化是整个技术的核心部分，直接影响水体污染物的去除率。

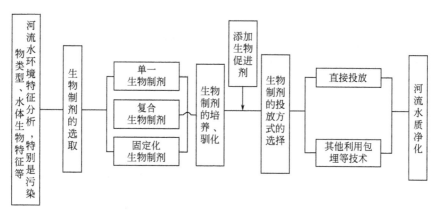

图 4-42 投菌法原位净化技术流程

（3）微生物的投加方式

城市污染河流一般均具有流动性，外加微生物菌剂和生物促生剂容易流失。因此，需要保证投加的微生物菌剂与污染物、生物促生剂与微生物菌剂之间有充分的接触时间。通常有以下几种应用方法。

① 直接投加法：若城市河流水体流动性较差，可直接向受污染水域表面均匀泼洒生物菌剂和生物促生剂；在流动性较好的河流中使用，则可在河流上游进行投加，使其在随水流往下游移动的过程中与污染物有充分的接触时间发生作用，具体投菌地点最好通过污染物降解动力学和水文学等方面的计算来确定。操作简便是该法的最大优点。

② 吸附投菌法：使微生物菌体先吸附在各类填料或载体上，再将填料或载体投入待治理的河流或底泥中，可有效降解该区域内的污染物。分子筛、蛭石、沸石等都可以作为吸附材料使用。这种方法可以防止菌体的大量流失。

③ 固定化投菌法：是通过物化方法将微生物封闭在高分子网络载体内，它具有生物活性和生物密度高的特点。在受污染河流或底泥中投加固定化微生物，可避免微生物快速流失，加快污染物降解，提高处理稳定性。但固定微生物的制作稍复杂，详见4.6.4部分。

应用于受污染河流的固定化微生物球体不宜过小，以防悬浮流失。此外，也有借鉴医药缓释胶囊的应用，其通过缓慢释放固定的微生物菌种，使投菌区域保持较高的微生物浓度。

④ 根系附着法：通过微生物在水生植物根系的富集作用，使大量外加微生物附着于受污染水域中的水生植物根系上，在提高受污染区域外来微生物浓度的同时，使微生物的分解产物被水生植物利用。根系附着法可以直接将菌种投加到受污染区域的水生植物根系附近的水体中，也可尝试在室内栽有水生植物的培养液中投加微生物菌种，使其先在水生植物根系挂膜，成功后再将水生植物移入受污染水体或底泥中。也可用类似的办法投加生物促生剂营养液。

该法可充分发挥微生物和植物的共代谢作用，但作用区域偏小。

⑤ 底泥培养返回法：取出一定量受污染河流的底泥，将底泥放入培养皿中，定期往底泥中投放营养液，并提供微生物生长的其他环境条件，使土著微生物在底泥中大量生长，待数量达到一定程度后，再将底泥脱水做成泥球、泥饼或泥块，返还入受污染河流中。泥球或泥饼在水体中逐渐分散，使大量土著微生物被释放进入受污染水体和底泥中。该法可大量快速培养土著微生物，但需一些辅助设备。这种方法对营养液作用发挥较有效。

⑥ 注入法：利用注射工具将营养液直接注入受污染水域表层底泥中，直接促进底泥中土著微生物的生长，使微生物对底泥中的有机物进行降解。也可采取这一方式外加微生物。

该方法主要用于底泥污染物的削减，适用于受污染面积较小的水域。

4.6.2　技术经济特征

微生物强化技术的技术特征如下。

① 针对性强，可有效提高对目标去除物的去除效果，污染物的转化过程在自然条件下即可高效完成。

② 微生物来源广、易培养、繁殖快、对环境适应性强和易实现变异等特性，通过有针对性地对菌种进行筛选、培养和驯化，可以使大多数的有机物实现生物降解处理，应用面广。

③ 微生物处理不仅能去除有机物、病原体、有毒物质，还能去除臭味、提高透明度、

降低色度等，处理效果良好。

④ 污泥产生少，对环境影响小，通常不产生二次污染。

⑤ 就地处理，操作简便。

但是，该技术还是存在着一些不足之处，主要如下所述。

① 筛选得到的高效降解菌可能仅对某一类污染物较有效，广谱性能差。

② 直接投加的菌体容易造成流失，或者被其他生物吞噬，影响投菌法的处理效果。

③ 实验室筛选得到的高效菌不一定能够在环境竞争中成为优势菌，还需要驯化以适应新的环境。

④ 高效菌种的筛选、驯化过程难度大、周期长。

⑤ 投加菌种不能一次完成，还需要定期补投。

4.6.3 微生物菌剂的种类

用投加微生物菌剂处理污染水体的研究和应用较多，所使用的微生物菌剂种类有单菌种，比如光合细菌、芽孢杆菌、硝化细菌、聚磷菌、酵母菌等，也有复合菌种，主要通过菌群间的协同作用实现对污染物进行去除。

4.6.3.1 光合细菌

（1）概述

光合细菌（photosynthetic bacteria，简称 PSB）是具有原始光能合成体系的原核生物的总称。它是一类以光作为能源，并能在厌氧光照或好氧黑暗条件下利用自然界中的有机物、硫化物、氨等作为供氢体兼碳源进行光合作用的微生物。PSB 在光照厌氧条件下，能够利用多种二羧酸、糖类、低级脂肪酸、醇类以及芳香族化合物等低分子有机物作为光合作用的电子受体，进行光能异养生长。PSB 在黑暗条件下能够利用有机物作为呼吸基质进行好氧异养生长。PSB 在厌氧光照条件下，不仅能利用光能同化二氧化碳，而且在某些条件下还能进行固氮和固氮酶作用并产氢。由于光合细菌的生理类型具有多样性，因此它是细菌中复杂的菌群之一。在不同的自然条件下，光合细菌的生理生化功能表现出差异性，例如固氮、固碳、脱氢、硫化物氧化等。

（2）分类

根据光合细菌所含光合色素和电子供体的不同，将光合细菌分为产氧光合细菌和不产氧光合细菌两类，其中蓝细菌和原细菌属产氧光合细菌；紫色细菌和绿色细菌为不产氧光合细菌。用于污水治理的主要是厌氧的光合细菌，如紫色无硫菌科中的菌种，用得最多的属为红假单胞菌属（Rhodopseudomonas）。

（3）特征

光合细菌是一类代谢多样、生存广泛、适应能力强的细菌，能通过自身的代谢活动去除水体中的有机物、氨氮、硫化氢等，增加水体中的溶解氧，在污水处理中应用十分广泛。光合细菌用于污染河流水体修复中具有处理效率高、操作方便、成本低等特点。

但是由于我国现在对 PSB 的应用还处于初级阶段，在应用中还存在许多局限性：a. 在水体有机污染物浓度很高时，PSB 易于死去，需要不断地添加新鲜菌体，增加成本；b. 光合细菌的个体十分微小，很难自然沉降，需要通过其他方法使其沉降，增加了处理费用；c. PSB 菌体的培养、保存也是在实际应用前必须解决的问题。

4.6.3.2　芽孢杆菌

（1）概述

属于芽孢杆菌属（*Bacillus* sp.）革兰氏染色阳性菌，是普遍存在的一类好气性细菌，能分泌出活性强的多种酶类，在其生命过程中又能以孢子体形式存在，易于生产和保存，广泛存在于土壤、水体、植物表面以及其他自然环境中，属化能有机营养型。芽孢杆菌可以降低水体中硝酸盐、亚硝酸盐的含量，从而起到改善水质的作用，还可与其他细菌竞争营养并且抑制其快速生长。

芽孢杆菌可以产生大量的胞外酶（蛋白酶、淀粉酶和半纤维素水解酶等），这些酶类可以促进水及底泥中的蛋白质、淀粉、脂肪等有机物分解、吸收，可起到降低水体富营养和清除底泥的作用，芽孢杆菌还可以通过消灭病原体或减少病原体的影响来改善水质。其生物膜的早期形成依赖于悬浮微生物的浓度及其增长活性，增大悬浮微生物浓度有助于提高微生物与载体的接触频率，而细菌活性较高时其分泌体外多聚糖能力强，这种物质可以在细菌和载体之间起到生物黏合剂的作用，使细菌容易实现在载体表面的附着、固定，所以芽孢杆菌有利于固定化。

（2）分类

目前可以利用的芽孢杆菌有枯草芽孢杆菌、凝结芽孢杆菌、地衣芽孢杆菌和蜡样芽孢杆菌等。一般应用较多的是枯草芽孢杆菌。

枯草芽孢杆菌对人畜无害，在自然界中分布广泛，国内外均允许将其用于饲养添加剂。枯草芽孢杆菌菌群进入水体后，能分泌丰富的胞外酶系，及时降解水体中的有机物，可有效避免有机物在水体中的积累。同时，能有效减少水体中有机物分解耗氧，间接增加水体DO，保证有机物氧化、氨化、硝化和反硝化的正常循环，保持良好的水质，从而起到净化水质的作用。

（3）特征

芽孢杆菌在微生物菌制剂中以芽孢状态存在，因而具有下列优点：a. 耐酸、耐盐、耐高温（100℃）及耐挤压；b. 在肠道上段迅速发芽转变成具有新陈代谢作用的营养型细胞；c. 具有多种有效促活性成分，富含多种氨基酸（18 种以上），能产生蛋白酶、脂肪酶、淀粉酶等多种胞外酶，还具有平衡或稳定乳酸杆菌的作用。

由于芽孢杆菌制剂是以芽孢形式存在的，所以对各种恶劣的环境因素都有很强的抵抗性，其活性稳定、易保存。因其制剂无毒、无残留、无污染，芽孢杆菌制剂正成为目前研究和生产应用的热点，已被越来越多地研制成微生物制剂应用到污染河流的修复中。

4.6.3.3　硝化细菌

（1）概述

硝化细菌（nitrifying bacteria）是一种好氧性细菌，它能够在有氧的水中或砂层中生长，在氮循环水质净化过程中扮演着重要的角色。硝化细菌是一类化能自养细菌，它具有自养性、生长速率低、好氧性、依附性以及产酸性等特性。当水体中溶解氧浓度低于 0.5mg/L 时，硝化作用明显减低。多数硝化细菌的适宜生长温度在 15～35℃ 之间，硝化细菌保持活性较高的最适温度为大于 20℃，但温度超过 35℃，硝化细菌将失去活性导致硝化作用将消失。温度小于 20℃ 时，氨的转化率会受到影响。有研究表明，当温度为 10～35℃，温度每升高 10℃，硝化速率可提高 3 倍。

硝化细菌不能利用光能，具有强烈的好氧性，能利用二氧化碳作为碳源，以氨、亚硝酸盐作为能源物质，通过氧化无机的氮化合物获得的能量进行有机物合成。硝化细菌的生物硝化作用机理为：通过亚硝化细菌的作用，将氨氮转化成为亚硝酸盐，再通过硝化细菌的作用，将亚硝酸盐最终转化成为硝酸盐，供植物利用。在这个生物硝化作用过程中，亚硝化细菌只能转化氨氮，而硝化细菌则只能转化亚硝酸盐。

（2）分类

硝化细菌属于自营性细菌的一类，它包括两个细菌亚群：一类是亚硝酸细菌，又称为氨氧化菌，它的作用是将氨氧化转化成亚硝酸；另一类是硝酸细菌，又称为硝化细菌，它的作用是将亚硝酸盐氧化成为硝酸盐。这两类菌通常在一起，比较难分离，这样可避免亚硝酸盐的积累。硝化细菌具有多种形态，包括杆状、球状和螺旋状。硝化细菌在自然界中分布广泛，一般分布于土壤、淡水、海水中。

4.6.3.4 聚磷菌

（1）概述

聚磷菌（polyphosphate-accumulating bacteria）也称为摄磷菌，并不是指某个菌种，是指具有兼性特性的，在好氧或缺氧状态下能超量吸收水体中的磷，使体内的磷含量超过一般细菌体内的磷含量数倍的一大类细菌，这类细菌被广泛地应用在污水的生物除磷上。

当聚磷菌生活在富营养水体中，并在其将进入对数生长期前，细胞能从水中大量摄取溶解态的正磷酸盐，在细胞内合成多聚磷酸盐，并加以积累，供对数生长期核酸合成用。另外，细菌经过对数生长期而进入停滞期时，大部分细胞停止繁殖，核酸的合成停止，而对磷的需求也很低，但如果环境中的磷仍有剩余，同时细胞又具有一定能量时，聚磷菌仍能从外界吸收磷，这种细菌对磷的积累作用大大超过微生物正常生长所需的磷含量，可达细胞重量的 6%～8%，有报道称甚至可达 10%，以多聚磷酸盐的形式积累于细胞内作为储存物质。当细菌细胞处于极为不利条件时，如好氧细菌处于厌氧条件下，即处于细菌"压抑"状态时，聚磷菌可吸收污水中的甲酸、乙酸、丙酸及乙醇等极易生物降解的有机物质，以储存在体内作为营养源，同时将体内存储的聚磷酸盐分解，以 $PO_4^{3-}-P$ 的形式释放到环境中来，以便获得能量，供细菌在不利环境中维持其生存所需，此时菌体内多聚磷酸盐就逐渐消失，而以可溶性单磷酸盐的形式排到体外环境中，如果该类细菌再次进入富营养的好氧环境时，它将重复上述的体内积磷。

（2）特征

聚磷菌在解决水体富营养化的问题上有其特殊的优势，富营养化往往表现为蓝藻的大量繁殖，其中磷含量超标是根本原因之一，因而含有聚磷菌的生物制剂作用就非常明显，是既环保又经济的富营养化防控手段，实践证明效果较好。但硝酸盐在厌氧阶段存在时，反硝化细菌与聚磷菌竞争中可优先利用水和底物中的甲酸、乙酸、丙酸等低分子有机酸，聚磷菌处于劣势，这也会抑制聚磷菌对磷的释放。

4.6.3.5 酵母菌

（1）概述

酵母菌（yeast）属于单细胞真菌，一般呈卵圆形、圆形、圆柱形或柠檬形，其直径一般为 2～5μm，长度为 5～30μm，最长可达 100μm。酵母菌具有发酵型和氧化型两种类型，前者是发酵糖类生成乙醇（或甘油、甘露糖等有机物质）和二氧化碳，主要应用于制作面包、馒头及酿酒；后者则是氧化能力较强但发酵能力弱甚至无发酵能力的酵母菌，这类酵母菌主要用于石油加工工业和废水处理过程。

酵母菌由于具有生长快、代谢效率高、能产生特殊代谢产物等特点而在食品、酒精、医药、饮料等行业被广泛应用，酵母菌还能利用无机氮源或尿素来合成蛋白质，如今已经成为目前最重要的单细胞蛋白来源，此外，酵母菌还具有能够代谢重金属离子，降解某些难降解物质，耐高渗透压和酸性条件等优点，在生态系统稳定性的维持以及污染环境的治理方面具有重要作用。

（2）分类

在生态环境中分布的酵母菌种类在不同的文献中有不同的描述。在 1984 年 Kregervan Rji 编写的《The Yeasts，a Taxonomic Study（第三版）》中指出生态环境中酵母菌有 60 个属 499 个种；在 1990 年但 Barnett 等编写的《Yeasts：Characteristics and Identification》中包含了酵母菌的变种，认为酵母菌一共有 81 个属 590 个种。因而，与其他微生物相比，尤其是丝状真菌和细菌，酵母菌的种类较少，但是它的分布范围却很广泛。

4.6.3.6 复合菌

（1）概述

复合菌是由两种或多种微生物按合适比例共同培养，充分发挥群体的联合作用优势，取得最佳应用效果的一种微生物制剂。

复合菌群中既有分解性菌群，又有合成性菌群，既有厌氧菌、兼性菌，又有好氧菌。作为多种微生物共存的一种生物体，复合菌群通过驯化在污染水体中迅速生长繁殖，可以快速分解水体中的有机物，同时依靠相互间共生增殖及协同作用，代谢出抗氧化物质，生成稳定而复杂的微生态系统，并抑制有害微生物的生长繁殖，抑制含硫、氮等恶臭物质产生的臭味，激活水中具有净化水功能的原生动物、微生物及水生植物，通过这些生物的综合效应从而达到净化河流水体的目的。复合菌群对控制水体 N 和 P 营养源、减轻水体富营养化方面十分有效，可用于富营养化水体的治理，相比于单种微生物菌剂具有更广的处理效果。

（2）常用的复合菌代表

当今常用的一种高效复合菌被称为 EM 复合菌群（effective microorganisms），相应技术被称作 EM 技术（EM technology）。它是由世界著名应用微生物学家日本的比嘉照夫教授在 20 世纪 70 年代发明的，是目前世界上应用范围较大的生物工程技术之一。EM 菌群是由光合细菌、乳酸菌群、酵母菌群、放线菌群、丝状菌群等 5 科 10 属 80 余种微生物组成的，光合细菌、乳酸菌、酵母菌和放线菌作为其代表性微生物。

4.6.4 固定化微生物技术

4.6.4.1 固定化微生物的常用方法

微生物固定化方法多种多样，大致可分为 5 种，即吸附法、交联法、共价法、包埋法以及介质截留法。

（1）吸附法

其原理是利用微生物和载体之间静电、黏附力以及共价结合力等的作用，将微生物固定在不溶性载体上形成生物膜，这种方法可分为两种：物理吸附和离子吸附。前者使用的载体多为具有高强度吸附能力的活性炭、石英砂、硅胶以及纤维素等，将微生物吸附到载体上，使之固定化，这种固定方法历史较悠久，其特点是简单易行，而且对微生物活力影响小，但其载体与微生物之间结合不够牢固，微生物易脱落。离子吸附则是利用微生物在解离状态下因静电吸引力而固着在有相异电荷的离子交换剂上，例如 DEAE-纤维素、CM-纤维素等。这种方法具有操作简单，微生物固定过程对细胞活性影响小，而且固着较牢固，应用比较广泛。

（2）交联法

是一种不需要利用载体进行固定化的方法，微生物利用物理或化学的作用进行结合，因此可以划分为物理交联法和化学交联法。物理交联法指通过适当改变微生物的培养条件，使菌体间发生直接颗粒化形成自固定，同时形成微生物的适宜代谢环境。化学交联法是通过使用化学试剂（包括双功能或多功能的试剂）与微生物进行分子间的交联，常用试剂有戊二醛，其他交联剂有异氰酸衍生物、双偶氮联苯和 N，N-乙烯双马来酰亚胺等。此法的缺点是交联过程中往往反应激烈，对细胞活性影响很大，而且交联剂大多价格昂贵，限制此法广泛应用。但是可以通过与其他方法联合使用，改善其使用性能。

（3）共价法

共价法就是细胞表面上功能团和固相支持物表面的反应基因之间形成化学共价键连接，从而成为固定化细胞。该法细胞与载体之间的连接键很牢固，使用过程中不会发生脱落，稳定性好，但反应条件激烈，操作复杂，控制条件苛刻。利用此法制备的固定化微生物在进行反应时往往要进行活化，从而会造成细胞大多死亡。共价键结合法主要有戊二醛法、肽键结合法、肽鳌合法等。

（4）包埋法

包埋法是将微生物限定在凝胶的微小格子或微胶囊的有限空间内，同时能让基质渗入和产物扩散出来。该法操作简单，可以将细胞锁在特定的高分子网络结构中，这种结构紧密到足以防止细胞渗漏。然而允许底物渗透和产物扩散，对细胞活性影响较小，制作的固定化细胞球的强度较高，是目前应用广泛的方法之一。

（5）介质截留法

介质截留法是通过利用半透膜、中空纤维膜、超滤膜的截留作用，将生物催化剂以可溶形式限定在一定的空间范围内。其优点包括：使基质与微生物充分有效的反应；选择性地控制底物和产物的扩散。但这种方法也存缺陷，如膜易污染、堵塞等。

4.6.4.2 固定化微生物的常用载体

固定化微生物技术所采用载体的物理化学性质直接影响所固定细胞的生物活性和体系传质性能。理想的细胞固定化载体应该具备的条件是：a. 对微生物无毒；b. 性质稳定，不易被微生物分解，并能耐受由于生物繁殖引起的破裂；c. 传质性能良好，透气性和透光性良好；d. 强度高，寿命长；e. 价格低廉。

固定化微生物载体一般可分为有机高分子载体、无机载体和复合载体三大类。

参考文献

[1] Bain. M B, Jia H F. A Habitat Model for Fish Communities in Large Streams and Small Rivers [J]. International Journal of Ecology, 2012 (962071), doi: 10.1155/2012/962071.

[2] Chanson H, Toombes L. Strong interactions between free-surface aeration and turbulence in an open channel flow [J]. Exp Therm Fluid Sci, 2003, 27 (5): 525-535.

[3] Guo Y, Jia H F. An approach to calculating allowable watershed pollutant loads [J]. Froniters of Environmental Science & Engineering, 2012, 6 (5): 658-671.

[4] Jia H F, Dong N, Ma H T. Evaluation of aquatic rehabilitation technologies in polluted urban rivers and the case study of the Foshan Channel [J]. Frontiers of Environmental Science & Engineering in China, 2010, 4 (2): 213-220.

[5] Jia H F, Ma H T, Wei M J. Calculation of the minimum ecological water requirement of an urban river system and its deployment: A case study in Beijing central region [J]. Ecological Modelling, 2011, 222 (17): 3271-3276.

[6] Kim K, Park M, Min J, et al. Simulation of algal bloom dynamics in a river with the ensemble Kalman filter [J]. Journal of Hydrology, 2014, 519 (D): 2810-2821.

[7] Spencer K L, Dewhurst R E, Penna P. Potential impacts of water injection dredging on water quality and ecotoxity in Limehouse Basin, River Thames, SE England, UK [J]. Chemosphere, 2006, 63 (3): 509-521.

[8] Sheng Yanqing, Qu Yingxuan, Ding Chaofeng, et al. A combined application of different engineering and biological techniques to remediate a heavily polluted river [J]. Ecological engineering, 2013, 57: 1-7.

[9] 北京工业大学. 碳纤维生态草河湖水处理装置 [P] 中国, CN201220137899.8. 2012-12-19.

[10] 曹承进, 陈振楼, 王军, 等. 城市黑臭河道底泥生态疏浚技术进展 [J]. 华东师范大学学报（自然科学版），2011 (1): 32-42.

[11] 曹文平, 王冰冰. 生态浮床的应用及进展 [J]. 工业水处理, 2013, 33 (2): 5-9.

[12] 常素云. 城市河道生物修复技术研究 [D]. 天津：天津大学, 2011.

[13] 陈陆华. 城市河道清淤机的研究与开发 [D]. 济南：山东大学, 2011.

[14] 陈尚智. 枯草芽孢杆菌的固定及其对微污染水体的净化研究 [D]. 广州：华南理工大学, 2011.

[15] 陈银鸿. 苏南河网地区某典型城镇河道水体污染与修复研究 [D]. 广州：华南理工大学, 2010.

[16] 陈玉辉, 张勇, 黄民生, 等. 梯级生态浮床系统净化富营养化水体的示范工程研究 [J]. 华东师范大学学报（自然科学版），2011, (1): 111-118, 171.

[17] 程曦, 张明旭, 孙从军. 综合调水前后苏州河下游水体耗氧特性比较 [J]. 上海环境科学, 2001 (05).

[18] 丁吉震. CBS水体修复技术 [J]. 洁净煤技术, 2000, 6 (4): 36-38.

[19] 丁炜．固定化微生物原位修复受污染饮用水源水研究 [D]．杭州：浙江大学，2011.

[20] 高本虎．橡胶坝工程技术指南 [M]．北京：中国水利水电出版社，2006.

[21] 高丹英，杨娇艳，兰波，等．黑臭水净化菌株-光合细菌的筛选及其水质改善能力的研究 [C]．中国环境科学学会
2009 年学术年会论文集，2009：766-772.

[22] 黄菲菲．组合微生物对黑臭水的净化研究 [D]．武汉：华中师范大学，2012.

[23] 黄燕，黄民生，徐亚同，等．上海城市河流治理工程简介 [J]．环境工程，2007，25 (2)：85-88.

[24] 韩鲁杰，王红瑞，许新宜，等．生态流速-临界水深法及在杜柯河中的应用 [J]．人民长江，2009，(21)：62-65.

[25] 纪荣平，吕锡武，李先宁，等．三种人工介质对太湖水质的改善效果 [J]．中国给水排水，2005，21 (6)：4-7.

[26] 贾海峰，马洪涛．城市河湖底泥疏浚对水生态的影响分析与对策探讨 [J]．北京水务，2006，(1)：48－51.

[27] 贾海峰，杨聪，张玉虎，等．城镇河网水环境模拟及水质改善情景方案 [J]．清华大学学报，2013，53 (5)：665-
672，728.

[28] 焦世珺．三峡库区低流速河段流速对藻类生长的影响 [D]．重庆：西南大学，2007.

[29] 焦燕．南方典型重污染城市内河水联合生物处理技术研究 [D]．哈尔滨：哈尔滨工业大学，2010.

[30] 金鹏飞，张列宇，熊瑛，等．上海外浜黑臭河道治理与生态修复工程 [J]．给水排水，2008，34 (z2)：63-65.

[31] 荆治严．城市重污染河流污染特征与生态修复技术的研究 [J]．环境保护科学，2012，38 (2)：16-19.

[32] 李海明．固定化微生物技术在苏州重污染河道治理中的应用研究 [D]．南京：河海大学，2007.

[33] 李捍东，王庆生．优势复合菌群用于城市生活污水净化新技术的研究 [J]．环境科学研究，2000，13 (5)：14-16.

[34] 李开明，刘军，刘斌，等．黑臭河流生物修复中 3 种不同增氧方式比较研究 [J]．生态环境，2005，14 (6)：
816-821.

[35] 李瑞杰．光合细菌在水处理中的应用研究 [D]．南京：南京理工大学，2004.

[36] 李伟杰，汪永辉．曝气充氧技术在我国城市中小河道污染治理中的应用 [J]．能源与环境，2007，(2)：36-38.

[37] 李伟杰．曝气充氧技术在上海新港河流污染治理中的应用 [D]．上海：东华大学，2007.

[38] 李小雁．人工生态基及网箱水草在景观水体中的应用 [D]．上海：华东师范大学，2009.

[39] 李艳蔷．植物浮床改善城市污染水体水质的试验研究 [D]．武汉：武汉理工大学，2012.

[40] 李盈利．天津市外环河投菌方法的模拟研究 [D]．天津：天津大学，2007.

[41] 梁益聪．碳素纤维生态草在城市黑臭水体修复中的应用研究 [D]．南宁：广西大学，2014.

[42] 廖平安，胡秀琳．流速对藻类生长影响的试验研究 [J]．北京水利，2005，(2)：12-14.

[43] 刘昌明，门宝辉，宋进喜．河道内生态需水量估算的生态水力半径法 [J]．自然科学进展，2007，17 (1)：42-48.

[44] 刘成．生物促生剂联合微生物菌剂修复城市黑臭河道底泥实验研究 [D]．南宁：广西大学，2012.

[45] 龙波．光合细菌对富营养化水体脱氮除磷研究 [D]．成都：西南交通大学，2013.

[46] 卢萃云，庞志华，林方敏，等．曝气充氧和人工造流技术修复河道污染水体 [J]．环境工程学报，2012，6 (4)：
1135-1141.

[47] 鲁春霞，刘铭，曹学章，等．中国水利工程的生态效应与生态调度研究 [J]．资源科学，2011，33 (8)：
1418-1421.

[48] 罗海东，张利昕，沈昊，等．EM 技术在村镇污染河道水体净化上的应用 [J]．江苏农业科学，2013，41 (5)：
346-349.

[49] 罗利民，王超，田伟君，等．细绳状生物填料在中小河流治理中的应用 [J]．污染防治技术，2003，16 (04)：
168-170.

[50] 马洪涛，贾海峰，王军，等．城市水生生态系统最小生态需水量计算方法研究——以北京为例 [J]．清华大学学报
（自然科学版），2007，47 (3)：352-355，360.

[51] 莫灼均．生物基接触氧化技术治理污染涌的试验研究与机理分析 [D]．广州：广东工业大学，2008.

[52] 莫祖澜．基于水体自净能力的河网闸泵调控优化模型研究 [D]．杭州：浙江大学，2014.

[53] 倪永珍，李维炯．EM 技术应用研究 [M]．北京：中国农业大学出版社，1998.

[54] 年跃刚，范成新，孔繁翔，等．环保疏浚系列化技术研究与工程示范 [J]．中国水利，2006，(17)：40-42，58.

[55] 年跃刚，史龙新，陈军．重污染水体底泥环保疏浚与生态重建技术研究 [J]．中国水利．2006，(17)：43-46.

[56] 邱竞真，廖晓玲，胡云康，等．人工生物浮床床体材料的研究现状 [J]．重庆科技学院学报（自然科学版），2009，11（6）：56-58，64.

[57] 曲树国，刘洪霞，赵海军，等．山东省河道闸坝生态调度原则和调度方式探讨 [J]．山东水利，2009，（7）：57-59.

[58] 宋刚福．闸坝控制下河流生态调度研究 [D]．西安：西安理工大学，2012.

[59] 宋雅静，谢悦波，黄小丹，等．本源微生物菌剂修复城市污染河流 [J]．环境工程学报，2012，6（7）：2173-2177.

[60] 苏冬艳．中空纤维膜曝气复氧改善河水水质的试验研究 [D]．邯郸：河北工程大学，2009.

[61] 孙从军．上澳塘河道曝气的试验研究 [D]．上海：中国纺织大学，1997.

[62] 孙惠森．沈阳蒲河沈北新区段水环境改善工程规划研究 [D]．吉林：吉林大学，2011.

[63] 孙远军．城市河流底泥污染与原位稳定化研究 [D]．西安：西安建筑科技大学，2009.

[64] 索帮成，李兰．碳纤维生态基技术在湖泊水体修复中的应用前景 [C]．//河湖水生态水环境专题论坛论文集．2011：1-6.

[65] 唐恒军，施永生，王琳，等．跌水曝气的应用初探 [J]．山西建筑，2007，33（9）：175-177.

[66] 田伟君．河流微污染水体的直接生物强化净化机理与试验研究 [D]．南京：河海大学，2005.

[67] 童敏，李真，黄民生，等．多功能人工水草生物膜处理黑臭河水研究 [J]．水处理技术，2011，37（8）：112-116.

[68] 王建慧．流速对藻类生长影响试验及应用研究 [D]．北京：清华大学，2012.

[69] 王建平，苏保林，贾海峰，等．密云水库及其流域营养物集成模拟的模型体系研究 [J]．环境科学，2006，27（7）：1286-1291

[70] 王锦旗．城市河道溢流堰对水体复氧及水质的影响 [D]．南京：南京师范大学，2007.

[71] 王婧．水网型城市水系规划方法研究——以南通崇川区水系规划为例 [D]．上海：同济大学建筑与城市规划学院，2008.

[72] 王利．橡胶坝在成都市府南河水域综合治理中的应用 [C]．2001全国城市水利学术研讨会论文集，2001：272-274.

[73] 王利利．水动力条件下藻类生长相关影响因素研究 [D]．重庆：重庆大学，2006.

[74] 王瑟澜，孙从军，张明旭．水体曝气复氧工程充氧量计算与设备选型 [J]．中国给水排水，2004，20（3）：63-66.

[75] 王维康．无泡膜曝气的传氧效能研究 [D]．哈尔滨：哈尔滨工业大学，2007.

[76] 王文林，殷小海，卫臻，等．太阳能曝气技术治理城市重污染河道试验研究 [J]．中国给水排水，2008，24（17）：44-48.

[77] 王学江，张峰华，吴真，等．应用组合填料预处理黑臭河水的试验研究 [J]．中国给水排水，2012，28（1）：71-73.

[78] 吴虹兴，蒋坤良．生态修复技术在河流治理中的应用研究 [J]．浙江水利科技，2008，（5）：4-6.

[79] 吴林林．黑臭河道净化试验研究及综合治理工程应用 [D]．上海：华东师范大学，2007.

[80] 熊万永，李玉林．人工曝气生态净化系统治理黑臭河流的原理及应用 [J]．四川环境，2004，23（2）：34-36.

[81] 徐续，操家顺．河流曝气技术在苏州地区河流污染治理中的应用 [J]．水资源保护，2006，22（1）：30-33.

[82] 薛维纳，裴红艳，杨翠云，等．复合微生物菌剂处理城市污染河流的静态模拟 [J]．上海师范大学学报（自然科学版），2005，34（2）：91-94.

[83] 杨凤娟．不同工艺生态浮床技术对污染水体的净化效果、机制及示范研究 [D]．广州：暨南大学，2011.

[84] 杨红艳．人工水草技术及其在城镇河道生态修复中的应用研究 [D]．济南：山东师范大学，2013.

[85] 杨婷婷，操家顺，周勇，等．原位围隔耐寒高羊茅浮床对苏州重污染河道水体的净化．湖泊科学，2007，19（5）：618-621.

[86] 张超．苏南地区新农村水系规划研究 [D]．南京：河海大学，2007.

[87] 张丹，张勇，何岩，等．河道底泥环保疏浚研究进展 [J]．净水技术，2011（01）．

[88] 张凤娥，张雪，刘义，等．新型植物对河道受污染水体中 TN、TP 去除效果的研究 [J]．中国农村水利水电，2010，（6）：56-58.

[89] 张杭丽，蔡国强，徐立，等．植物浮床技术修复富营养化水体示范工程 [J]．给水排水．2011（S1）：155-158.

［90］张晴波．环保疏浚及其控制研究［D］．南京：河海大学，2007.

［91］张姗姗．枯草芽孢杆菌的固定化及其净水效果的研究［D］．武汉：华中农业大学，2008.

［92］张绍君．纯氧曝气快速消除河流黑臭工程效果及河道影响因素研究［D］．北京：清华大学，2010.

［93］张同祺．人工曝气强化技术对缓流重污染水体水质应急修复的研究［D］．苏州：苏州科技学院，2011.

［94］张勇．城市黑臭河道生境改善与生态重建实验研究：技术耦合效应及机制［D］．上海：华东师范大学，2010.

［95］赵丰．水培植物净化城市黑臭河水的效果、机理分析及示范工程［D］．上海：华东师范大学，2013.

［96］郑斐，朱文亭，吴坚扎西，等．中空纤维膜曝气系统的设计计算［J］．工业用水与废水，2005，36（1）：55-57.

［97］郑立国．组合型生态浮床对富营养化水体的净化效果及其机理研究［D］．长沙：湖南农业大学，2013.

［98］钟成华．水体污染原位修复技术导论［M］．北京：科学出版社，2013.

［99］周杰，章永泰，杨贤智，等．人工曝气复氧治理黑臭河流［J］．中国给水排水，2001，17（4）：47-49.

［100］庄景，谢悦波，宗绪成，等．单一直接投加微生物修复技术在河流治理中的应用［J］．水资源保护，2011，27（2）：63-66.

［101］庄旭超．微生物原位强化修复技术在城市污染河道治理中的应用［D］．武汉：华中农业大学，2012.

5 城市河流水质旁位处理

污染河流的水质旁位处理是在河岸带建立独立的水质净化设施或系统，将部分被污染的河水从主河道内分流出来进行单独处理，净化后的水再返回河道。常用于河流的旁路处理的技术包括土地处理技术、人工湿地处理技术、氧化塘技术、强化生物接触氧化技术和生物滤床技术等。

在实际应用中，还可以将各种技术进行改型和改造，或将多种技术进行灵活组合，以达到高效低耗地净化河水的目的。本章重点介绍常用于城市河流旁位处理的人工强化快滤技术、化学絮凝技术、生物膜技术及自然生物处理技术。

5.1 人工强化快滤技术

人工强化快滤技术净化水质的主要机理是物理截留，适用于城市河流旁位治理的过滤技术，主要为连续砂滤技术和纤维过滤技术。

5.1.1 连续砂滤技术

5.1.1.1 技术原理

传统砂滤技术面临的共同问题是需要周期性地停机，然后进行反冲洗。如果需进行不间断过滤时，就需要另增加一台过滤装置交替使用。

连续砂滤技术是在传统砂滤技术上发展起来的一种过滤技术，它能够在过滤的同时对滤料进行清洗，能保证过滤装置的连续运行。它实现了在滤池中完成絮凝、过滤和反冲洗过程。按污水流经滤料的方向不同，连续砂滤技术分为上向流连续砂滤和下向流连续砂滤。按提砂管安装位置不同可分为内循环连续砂滤和外循环连续砂滤。

目前应用广泛的是内循环连续砂滤器，它是一种气提式上向流连续过滤的砂滤设备，正常运行过程中，水向上流经砂床，而砂子慢慢向下移动，过滤过程中脏砂通过中心上升管和洗砂槽清洗，清洗产生的污染物随清洗水一起被排出。连续砂滤设备正常运行过程中包括水路、砂路、气路（见图 5-1），其过滤和清洗过程如下。

① 水路　污水通过进水管进入过滤器，通过中心进水管和分配器进入滤床；在上流过程中，水体被砂滤层净化，并经顶部出水口排出。

② 砂路　当水流上升的同时，过滤砂层连续向下运动，脏砂在滤池底部经过气提管出

气口排出的有压气体，通过中心管被提升至顶部，在滤砂在洗砂槽被清洗后再生释放于顶部砂层。

③ 气路　从曝气管进气口进入的有压空气通过布气管进入滤池进行曝气。同时通过布置于上升管底部的气提管出气口排出的空气，利用气提作用使脏砂和水、气混合物一起沿着中心上升管上流，强劲的摩擦冲洗使杂质从砂粒中分离出来；在管道顶端脏水被空气携带排放出来，而砂粒沉降在洗砂槽中，体积更小、密度更小的悬浮固体将被反方向的清洗水清洗掉；干净的砂子落回到砂床顶端，重新进行过滤过程。通过气提作用转移的砂量取决于气提作用空气量的多少。

④ 清洗　清洗装置是连续砂滤的关键之一。具有独特水力特性的洗砂槽环绕于中心上流气提管上部。砂粒进入洗砂槽向下运动时，液位差迫使一小部分滤液在砂粒清洗器中向上运动，使得少量流经清洗器端口的干净的滤后水对砂进行最后的清洗。液位差越大，清洗水流就越大。砂滤冲洗水（泥水/脏水）在滤后水液面与清洗水的液位差作用下被排放出反应器。

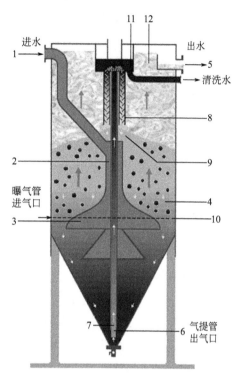

图 5-1　内循环连续砂滤技术示意

1—进水管；2—中心进水管；3—分配器；

4—滤床；5—顶部出水口；6—气提管出气口；

7—中心管；8—洗砂槽；9—顶部砂层；

10—布气管；11—清洗水液面；12—滤后水

5.1.1.2　技术经济特征

（1）优点与局限

内循环连续砂滤技术主要有以下优点：a. 过滤和反冲洗同时连续运行，过滤出水水质较稳定；b. 反冲洗不需要传统过滤器所需的中间水箱，反冲洗泵等，所以设备可以简化，节约占用空间，使维修和操作变得很简单，可远程遥控；c. 采用连续反冲洗，整个过滤过程滤料为流动状态，不会出现滤料板结现象；d. 进水水泵和压缩机作为驱动力来源，过滤的压力损失小，驱动力的消耗有限，可以降低了运行和维护费用。

存在的局限有：a. 底锥结构相对复杂，对土建要求高，也因此加大了池深；b. 由于洗砂水和过滤水是连通的，尽管存在确定的流向和流速，但洗砂水中的脏物质和过滤水之间的转移交换还是不能完全避免；c. 连续洗砂水量相对固定，因此在低进水负荷下洗砂水比例相对大；d. 破碎的滤料、密度大的污染物无法排除，在滤层上累积，影响过滤效果；e. 由于是移动床，过滤精度不如固定床高。

（2）适用

连续砂滤装置的冲洗水（泥水/脏水）需连续排出，所以适用于附近有污水管网可供接入的城市河流，并且不适宜严重黑臭、杂质及悬浮物很高的重污染河流。

5.1.2 纤维过滤技术

5.1.2.1 技术原理

（1）概述

纤维过滤技术是以富有弹性的软质纤维取代传统的硬质粒状滤料的过滤技术。纤维材料具有的体轻（密度小）、径细、质柔的特点，使纤维滤料不仅具有巨大的比表面积和较高的孔隙率，而且具有较高的机械强度、良好的化学稳定性，使其能在水力或机械压缩的作用下形成"理想滤层"。

（2）分类

根据各种纤维过滤器的结构特点和运行特性，纤维过滤器从总体上分为两大类：散堆式纤维过滤器和规整式纤维过滤器。

① 散堆式纤维过滤器　散堆式纤维过滤器是指滤床结构类似于颗粒滤床，仅是以纤维滤料代替了颗粒滤料，各种不同类型的纤维滤料无固定形式地进行堆积，其在局部上保持纤维滤料的特性，而整体上具有粒状滤料的特性。性能良好的散堆式纤维过滤器可以达到：过滤时在滤床横断面上形成致密、均匀的孔隙，以避免短流，提高滤出水水质，且沿过滤方向孔隙分布符合"理想滤层"的概念；反冲洗时，则类似于粒状滤料，即能实现高质量的流态化，纤维滤料在水流中散开并相互碰撞、摩擦，以达到良好的反冲洗效果。

目前主要的散堆式纤维过滤器有短纤维过滤器、纤维球过滤器、彗星式纤维过滤器及HW深层过滤器。

② 规整式纤维过滤器　规整式纤维过滤器是指将纤维材料以预先加工好的组件形式组装在过滤器（池）中而构成纤维滤床。相对于散堆式纤维过滤器，规整式纤维过滤器的滤床均匀致密性，并克服了散堆式纤维过滤器在反冲洗时对流化效果的依赖，大幅提高了反冲洗水、气对纤维滤料的作用力，还可通过增大反冲洗水、气流量来提高反冲洗效果。

目前规整式纤维过滤器主要有：短纤维束过滤器、刷形过滤器、胶囊挤压式纤维过滤器、滑板式纤维过滤器、自压式纤维过滤器、机械压缩式纤维束过滤器以及长纤维高速过滤器。

5.1.2.2 纤维滤料种类及特征

随着合成纤维工业的发展，可供选择的纤维种类和数量越来越多，纤维的物理和化学性能也有了很大的提高，进一步从材料上保证了纤维过滤的范围。

① 短纤维单丝乱堆过滤材料　以密度大于过滤水的短纤维单丝乱堆方式构成滤床，在过滤器中设置隔离丝网以防止短纤维过滤材料流失，反洗方式为气水联合反冲洗。这种过滤材料的缺点是，短纤维单丝易流失，易缠挂隔离丝网，此外由于纤维与过滤液的密度差小，因而清洗效果差。

② 纤维球过滤材料。

1）实心纤维球，采用静电植绒法将长 2～50mm 的纤维植与实心体上，可以通过改变实心体的密度而改善过滤材料床的特性。

2）中心结扎纤维球，以纤维球直径的长度作为节距，用细绳将纤维丝束扎起来，在结扎间的中央处切断纤维束，形成大小一致的球状纤维过滤材料。

3）改性纤维球，选用纤维球滤料，经过新的化学配方合成的特种纤维丝做成，经过改性处理后具有特有的某些去除性能。

纤维球滤料是一种构型对称的纤维滤料，它在拥有纤维滤料特征的同时，融入了粒状滤料的部分特征，相对于散堆短纤维滤床，反冲洗性能大为改善。不过由于纤维球滤床层中纤维球间的孔隙较大，影响了滤床孔隙的均匀分布，容易出现短流影响出水水质。其次，纤维球滤层压缩相对缓慢，使滤床的成熟期较长；此外，每个纤维球的中心处都有热黏结或细绳结扎所形成的硬结，降低了滤层的有效过滤面积，还容易形成过滤死角，造成流动不均匀。并且在反冲洗时，硬结周围纤维密实处积泥难以冲洗，存在反洗"死区"和积泥。

③ 棒状纤维过滤材料　将卷曲纤维长丝集束，用黏合剂喷雾收束，纤维丝束上的纤维之间形成多点相接，成为一体的棒状，然后切开成定长度的，类似于去外皮的香烟滤嘴形状的过滤材料。

④ 彗星式纤维过滤材料　一种不对称构型的过滤材料，一端为松散的纤维丝束，另一端纤维丝束固定在密度较大的实心体内，形状像彗星一样，故命名为彗星式纤维过滤材料，其在过滤与反冲洗两方面的性能均得到较大的改善。该种滤料类型主要有单尾型、双尾型、多尾型等。

彗星式纤维过滤材料的出水水质、滤床成熟期、截泥量和过滤周期等相对于纤维球过滤器均大为改善，并且反洗水耗低、残留积泥量小。其在使用过程中存在的主要问题包括：在"彗核"处依然存在一定的过滤不均匀性和反洗"死区"；反冲洗时出现"彗尾"团在"彗核"上而成球，以及多个填料相互缠绕在一起严重影响反冲洗效果的现象。

⑤ 纤维束过滤材料

这是一种极其规格化的纤维滤料，首先将纤维长丝缠绕成卷，拉直后构成束状，形成纤维束，在过滤设备的填充中，纤维束采用悬挂或者是两端固定的方式。

随着纤维过滤技术的不断进展，过滤器种类也不断进步，目前应用较广泛的有短纤维过滤器、纤维球过滤器、彗星式纤维过滤器、胶囊挤压式纤维过滤器、滑板式纤维过滤器以及自压式纤维过滤器。但现阶段纤维过滤器一般被用于给水深度处理工艺以及特定工业污废水如医学、化工、石油等领域的处理中，一般为压力式过滤方式，滤速较大；而鲜有报道应用于城市河流水体修复的，但由于纤维过滤技术的特征优势使其用于一般污染河流去除悬浮物、胶体等的处理成为优选技术。

5.1.2.3　软质弹性外壁可膨胀式滤池过滤技术

软性弹性外壁可膨胀式滤池是一种新的快滤技术，它将传统滤池固定的硬质外壁改造成具有弹性的软质滤池外围，并填充软质纤维球作为滤料，可用于城市河流水体中悬浮物、藻类等的物理截留和过滤。

（1）原理

弹性外壁可膨胀式滤池最大特点在于滤池侧壁采用软质弹性材料（图 5-2 中 19），根据不同工况需求，通过滤池外部进水池内的待处理水对弹性外壁进行压缩调节，使其处于内凹（图 5-2 中 19-实线）/外凸（图 5-2 中 19-虚线）状态，滤池填料室横截面积改变，从而改变滤料层的压实度。

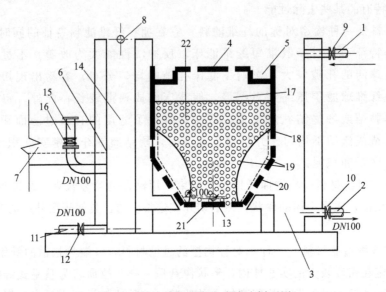

图 5-2　弹性外壁可膨胀式滤池剖面图

1—进水管；2—反冲洗出水管；3—过滤室；4—滤池上覆穿孔板；5—布水廊道；
6—出水方孔；7—出水渠；8—反冲洗水管；9—进水阀门；10—反冲洗出水阀门；
11—事故放空管；12—事故放空管阀门；13—滤池下方穿孔板；14—反冲洗室；
15—出水管；16—出水管阀门；17—填料室；18—滤池侧壁支撑；19—滤池弹性外壁
（实线为正常过滤工况形态，虚线为反冲洗工况形态）；20—滤池侧壁支撑；21—曝气管；22—滤料

① 过滤阶段，控制过滤室水位高于滤池主体内部水位，在水位差的压力作用下，软质弹性滤池外壁两侧内凹，填料室被压缩，其横断面相应较小，填料达到设计过滤厚度，污水通过进水装置进入滤池主体后正常过滤。

② 反冲洗阶段，放空过滤室水，此时由于填料的重力作用，软质弹性滤池外壁两侧呈外凸状，填料室横截面积变大，相应的滤料厚度变小，利于反冲洗的进行。在反冲洗过程中，虽然由于曝气作用滤料层膨胀，但由于填料室横截面变大，滤料总体厚度不会发生较大增加，利于反冲洗的有效进行，降低了反冲洗能耗。

该技术的主要特征表现在：a. 传统滤池具有固定的刚性外壁作为滤料填充空间，长时间过滤后，填料会压实甚至板结，造成反冲洗的困难。该滤池池壁采用软质弹性材料，可以利用过滤和反洗两个阶段由于水压变化产生的软质弹性池壁的内凹/外凸，在反冲洗前可自然疏松压实的填料，便于填料的反洗；b. 在实际过程中，可以利用城市河道闸坝等自然落差，实现滤池无动力运行，所需动力仅为反冲洗阶段的电耗，能耗较低；c. 滤池可与河道的闸坝位置结合起来放置，不占用陆地面积；d. 该技术运行管理简单、投资成本低、结合

气动阀及 PLC 自动控制系统可实现自动化运行，对水悬浮物去除效率高，适用于合流制排水系统的溢流、受污染城市河流等多种水体进行处理。

（2）优点与局限

软质弹性外壁可膨胀式滤池最大的优势为无动力，即过滤周期可无动力运行，动力完全依靠滤池中心过滤区和出水区的静水压差，保证滤池过滤的进行和出水正常出流。对浊度、悬浮物和藻类有很好的截留去除效果。另外纤维球滤料具有滤速较高，截泥量大、过滤周期长的优点，可用于直接过滤城市河流水体，具有良好的过滤适应性和稳定性。

由于滤池所用填料为纤维球，所以具有纤维球滤池的缺陷，纤维球中心处的热黏结或细绳结扎所形成的硬结，会降低滤层的有效过滤面积，过滤时容易形成死角，影响过滤质量。反冲洗时，硬结周围纤维密实处积泥难以冲洗掉，存在较大的反洗"死区"。

（3）适用

适用于非重污染河道雨洪溢流污水的治理，对河道浊度、悬浮物和藻类有很好的去除效果，滤池需要反冲洗，反冲洗污水需就近接入城市污水管道。不适用河道中有大量大颗粒杂质的重污染河道，此时河水需要进行预处理。

5.1.2.4 实例——苏州典型重污染河道软质弹性外壁可膨胀式滤池过滤技术示范

该示范为清华大学负责的"十二五"国家水体污染控制与治理科技重大专项子课题"重污染河道污染特征与协同修复研究与示范"的成果之一。

（1）背景

示范河道为官渎花园内河（原严家浜）及申家坟里浜位于建筑密集、流动人口多、基础设施不完善、排水系统混杂的老城区内，入河污染源来源多、位置分散、成分复杂、排放时间规律不强，尽管单个排放口排放量少，但污染源总体污染负荷较大，对水环境冲击较大。同时由于河道属于城市断头浜型河道，水体滞流，缺乏补充水源，水体自净能力差，导致河流生态系统严重退化，部分河段水体常年呈墨绿色或乳白色，部分河段出现黑臭现象，水体景观功能丧失。

由于东侧城中村重污染生活污水的间歇性汇入，导致河道污染严重，从东向西污染呈现逐渐降低的趋势，SS 为 23～106mg/L，浊度为 61.3～37.4 NTU，COD 为 78.66～32.9mg/L，NH_3-N 为 23.31～17.56mg/L，TP 为 6.45～1.85mg/L。官渎花园内河现状照片如图 5-3 所示。

（2）实施情况

弹性外壁可膨胀式滤池（图 5-4）设置在官渎花园内河东部截污坝驳岸边，滤池主体过滤尺寸 1.3m×1.2m×1.4m，钢体外观尺寸为 2.3m×1.7m×2.0m。由于现场条件有限，河水用潜污泵（$Q=6m^3/h$）直接抽入滤池中，实际河道修复工程中可根据现场条件将弹性外壁可膨胀式滤池直接安装在河道内，设置成利用进出水水面高差（过滤区水面高程和出水渠中水面的高程差）进行无动力过滤，即过滤周期内无需水泵抽水。出水经过出水渠流入设置在河岸边的蓄水池（图 5-5）中最终溢流回河道，蓄水池的另一作用为接反冲洗水。随着过滤的进行，纤维球滤层中截留的悬浮物量不断增多，水头损失不断增加，出水渠内水面不变，而过滤区内纤维球滤层上水面不断上升，上升到一定高度后滤池停止过滤，开始反冲

图 5-3　官渎花园内河现状

洗。反冲洗采用先气冲 3min，后气水同时反冲洗 20min，实际工程中可根据实际进水水质调节反冲洗时间，反冲洗废水就近接入市政污水管道。

图 5-4　弹性外壁可膨胀式滤池中试现场图

（3）工程效果及分析

弹性外壁可膨胀式滤池对浊度和叶绿素去除率较高，高效区时能达到 80％以上；对藻密度的去除效果次之，高效区时能达到 60％左右；对 SS 去除率能达到 50％以上，COD（基本为非溶解性 COD）和 TP 去除率能达到 40％以上；而对 NH_3-N 和 TN 去除率较低，基本没有效果（图 5-6～图 5-8）。

经过不同季节的运行监测，夏季装置对浊度、叶绿素、藻密度平均去除率约为 77.1％、60.2％、41.2％；冬季对浊度、叶绿素、藻密度平均去除率约为 81.1％、80.3％、69.5％。

夏季藻类对弹性外壁可膨胀式滤池过滤效果影响较大。冬季藻类较少，弹性外壁可膨胀式滤池去除效果的成熟期（反冲洗结束后滤床的孔隙中充满着反冲洗剩余的残留废水，新的过滤周期开始后的起始阶段，过滤效果稳定的过程）较短，一般 0.5h 即能达到高效区，而

图 5-5 弹性外壁可膨胀式滤池过滤开始时弹性外壁被挤压照片

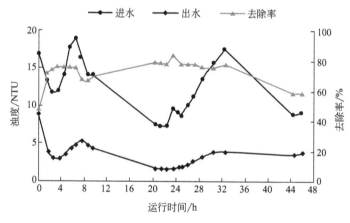

图 5-6 进出水浊度变化及去除率

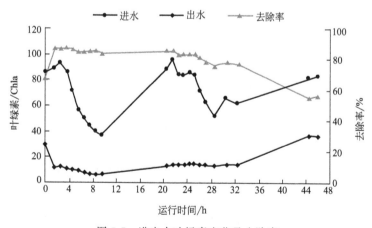

图 5-7 进出水叶绿素变化及去除率

夏季由于藻类暴发，滤阻较大，成熟期一般需要 3h 左右。过滤周期受悬浮物和藻类的影响较大，冬季滤池的过滤周期较长，可维持在 40h 以上；而夏季过滤周期较短，一般只能维持 20h 左右；在浊度相差较小的情况下，叶绿素藻密度较低，滤阻较小，过滤周期增大；由于冬季叶绿素和藻密度都相对较低，所以冬季对叶绿素和藻密度的去除效果更佳。

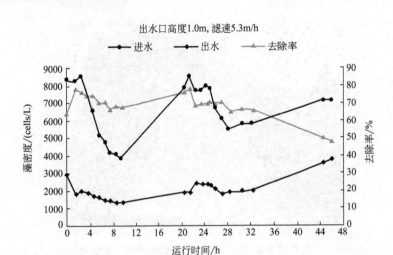

图 5-8　进出水藻密度变化及去除率

（4）运行与维护

弹性外壁可膨胀式滤池运行维护简单，可配合 PLC 自动控制终端设备，无需现场值守，只需定时检查风机等设备的运行状况。纤维球使用周期长，无需经常更换，弹性膜抗水性极强，牢固耐磨，单个滤池所需材料面积很小，费用低，更换频率小，一般 3～5 年才需更换。

5.2　化学絮凝技术

化学絮凝技术是一种通过投加化学药剂去除污染水体中的污染物以达到改善水质的水处理技术。该技术是利用物质的胶体化学性质和表面化学性质，通过压缩双电层等作用，多种阳离子被水体中的胶体粒子聚集后沉淀出来，其中多采用价格比较便宜的铁、铝和钙系无机絮凝剂、表面活性剂和各种高分子有机絮凝剂，使污染盐类凝聚并沉淀到水体底部或加以回收。化学絮凝技术在城市污水一级强化处理方面得到了广泛的研究和应用，随着水体污染形势的日趋严峻，对严重污染的黑臭河道的治理，化学絮凝技术也受到人们的重视，特别是对于控制污染河流底泥的磷释放，有较好的效果。主要应用方式如下：a. 直接将药剂投加到水体中（此方法属于原位化学絮凝技术，此处将不再叙述）；b. 设置岸边永久或临时化学絮凝反应器构筑物，投加药剂使之发生絮凝沉淀，出水回流至河流，从而达到净化水体的目的，适用于中小河流水体的净化。

利用该方法处理污染河水，使用方便、见效快、效果明显。但也存在许多突出的问题，如：a. 费用较高，并且由于化学絮凝处理的效果容易受水体环境变化的影响，化学药物对水生生物的毒性及生态系统的二次污染也受到重视，故其应用有很大的局限性；b. 由于河流是一个开放式水体，水量难以精确估算，另外在原位净化时使用化学絮凝法，混凝的搅拌强度难以控制，很难起到传统污水处理中所要求的效果。因此原位化学絮凝技术一般不单独使用而作为临时应急措施使用，而旁位化学絮凝技术可根据污染河道的情况作为前期强化黑臭河道的治理，而不能作为后期和长期河流生态修复和维持使用。

这里主要介绍强化混凝技术和在混凝技术基础上发展起来的磁絮凝分离技术。

5.2.1 强化混凝技术

5.2.1.1 技术原理

（1）概述

强化混凝是在常规混凝基础上发展而来的，是对常规混凝技术中的药剂、混合、凝聚和絮凝一个或多个环节的强化和优化（如对混凝剂的筛选优化、混凝剂剂量与混凝反应过程以及反应条件的控制等），从而进一步提高对水中污染物的净化效果。

其作用机理和过程主要为：向污染河水中投入混凝剂后，一方面通过压缩双电层和吸附电中和作用，胶体扩散层被压缩，ζ电位降低，胶体脱稳；另一方面通过吸附架桥和沉析物网捕等作用使脱稳后的胶体相互聚结成大的絮体并沉淀，实现固液分离。新型高分子混凝剂的使用使以上作用得到强化，它不仅具有以絮凝体吸附水中非溶性大分子有机污染物的物理吸附作用，又能对水中溶解性低分子有机物产生很强的化学吸附和强氧化等多种净化效果，从而可以提高污染物的去除率，但混凝效果还和许多因素有关，只有使混凝剂在最佳条件下起作用，才能达到强化混凝提高常规混凝效果的目的。

（2）强化混凝的主要影响因素

影响强化混凝的主要因素为原水水质、混凝剂种类及投加量、pH值、水温和水力条件等。

① 原水水质 原水水质是影响强化混凝的最主要因素之一，不同的原水水质，水中污染物含量、成分、pH值等差异较大，直接影响混凝剂种类的选择和投加量。

② 混凝剂种类及投加量 混凝剂的种类对混凝效果影响很大，不同的混凝剂对污染物的去除机理不同，对污染物的去除效果也有所差异。

③ pH值 pH值代表了水体的酸碱度、水体颗粒物的表面酸碱特性，以及混凝剂的形态分布与转化，从而最终影响乃至决定了混凝过程中颗粒物-混凝剂-溶液之间的两两相互作用与后续的絮体形成及固液分离效果。一般较低pH值有利于强化混凝对天然有机物的去除，不过在实际操作中，混凝剂的类型、投加量、pH值都必须同时考虑。

④ 水温 水温对混凝效果有明显的影响。当因水温低时，混凝效果差，尽管增加投药量，絮凝体的形成也很缓慢而且结构松散、颗粒细小。

⑤ 水力条件 水力条件是影响混凝过程中的关键性因素之一，水力条件影响混凝剂在水中的扩散，混凝剂加入原水中后将进行混合与扩散及混凝剂水解，水解产物与胶体颗粒作用使其脱稳而从水中去除。

（3）化学强化一级处理法CEPT技术

强化混凝技术中应用最多的是化学强化一级处理法（chemically enhanced primary treatment，简称CEPT）。该方法以低剂量的金属盐（如$FeCl_3$）与相当少量的阴离子聚合物联合使用，来处理受污染水体。

CEPT法主要用于去除以悬浮状或胶体形式存在的污染物，其不易用常规的物理处理法加以去除。胶体带有电性，能产生斥力并避免集结和沉降。如果是亲水胶体，还因为溶剂化作用在胶体之外包裹了一层水，阻止凝聚。金属盐的加入能引起凝聚和絮凝作用，增强了沉淀性能，沉降速度加快。

5.2.1.2 技术经济特征

（1）优点与局限

强化混凝技术具有的优势：a. 强化混凝工艺需要的沉淀池尺寸仅为传统一级处理工艺的1/2；b. 强化混凝工艺对水质变化、温度变化均有较强的适应性，避免了常规二级生物处理由于毒性冲击等导致生物处理系统无法正常运行的状况；c. 药剂的添加可根据水质水量变化进行调节，具有较大的灵活性、可靠性；d. 以较低的投资费用可获得较好的净化效果，而生物处理因冬季气候寒冷，所需污泥龄和水力停留时间较长。

强化混凝技术也存在着一些局限：a. 药剂费用较高，影响因素多，需要先进行实验室检测才能确定药剂的投加方案；b. 通常会使沉淀污泥的产量增加，使污泥处理处置的难度增加。在初沉池投加化学药剂，初沉池产泥量将增加50%～100%，在二沉池投药，活性污泥量增加35%～45%。使用污染河流旁位化学絮凝处理，可将产生的污泥每隔一段时间运至附近污水厂进行集中处理，或经脱水后填埋处置或堆肥利用。

（2）适用

强化混凝技术多用于污水厂，与其他水处理构筑物相结合处理污水。在应用于河道旁位水质净化时，适用于河岸边有较大空地的重污染黑臭河流的前期强化处理。

5.2.2 磁絮凝分离技术

5.2.2.1 技术原理

（1）定义与原理

磁絮凝分离技术是指通过磁性接种，即投加磁粉（又称磁种）和混凝剂，使污染物与磁粉混合反应凝结合成一体，快速形成以磁种为结晶核的微磁性絮凝团，从而使原本没有磁性的污染物具有磁性，在外加磁场的作用下，使具有磁性的絮凝体与水体分离，从而将污染物去除。加载的磁粉可以通过磁鼓分离器回收，实现循环利用。

（2）工艺流程

磁絮凝分离过滤工艺流程如图5-9所示，待处理的污染水体经过预处理后，进入微磁混凝反应器，与投加的磁种和常规药剂发生物理化学反应，使水体中的污染物在3～4min内形成以磁种为载体的微磁性絮团。

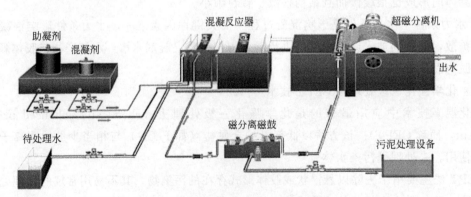

图 5-9 磁絮凝分离过滤工艺流程图

形成微磁性絮团的污废水再进入超磁分离机，在强磁场力的作用下，由超磁分离机吸附打捞微磁性絮团，快速实现固液分离，出水水质达标回用或排放。

超磁分离机分离出来的含磁种污泥，由超磁分离机自身的卸渣装置刮下进入磁分离磁鼓机，在磁分离磁鼓机中实现磁种与非磁性污泥的分离及磁种的回收，回收的磁种由泵打入前端的微磁混凝系统，实现循环利用。非磁性污泥排入污泥池，通过泵打入压滤机或离心机进行脱水和无害化、资源化处置。

5.2.2.2 技术经济特征

（1）优点与局限

磁絮凝分离技术使混凝工艺的分离速度大大提升，提高水处理速度，还能减少构筑物体积，无需扩建和大规模改造，就可以明显提高水处理效果。

① 通过投加磁粉，可以增强絮凝效果改善出水水质。

② 停留时间短：采用磁力分离比重力分离快数十倍，实现水体中污染物与水的快速分离，整个水处理过程停留时间不到5min，微磁絮凝所需的时间是普通絮凝所需时间的1/4～1/3。

③ 占地面积小：停留时间的缩短大大缩小处理设备的容积，从而减少占地面积一体化的机械设备占地是常规平流沉淀池的1/300～1/50，是高速澄清池的1/30～1/10。

④ 出水水质好：处理出水悬浮物浓度低于10mg/L，总磷低于0.3mg/L。

⑤ 运行费用较低：药剂投加量通常为常规混凝沉淀的1/3，磁种可循环回收利用。

⑥ 灵活：可将整套污水处理设备整装于集装箱内，集装箱亦可置于卡车上，形成移动式污水处理设备。

磁絮凝分离技术是一种简易可行且处理效率高的水处理技术，但存在着一定的技术难度和局限性，从而影响它的广泛应用。

① 介质的剩磁使得磁分离设备在系统反冲洗时难以把被聚磁介质所吸附的磁性颗粒冲洗干净，因而影响着下一周期的工作效率。为了尽可能提高磁场梯度，必须选择高磁饱和度的聚磁介质，而对聚磁介质的选择具有一定的技术困难。

② 一般用来水体净化的磁分离设备都需要添加化学絮凝药剂，而化学药剂的投加会使沉淀污泥的产量增加，使污泥处理处置的难度增加，在一定程度上增加了设备的污水处理成本，一般作为前期水质净化提升阶段的强化工艺。

（2）适用

① 适用于前期水质净化阶段城市河湖水质的强化净化：削减水体中磷营养盐、悬浮物、有机污染物的含量，有效抑制藻类的爆发，快速改善水环境质量。

② 排污应急处理：车载移动式超磁水体净化站，应急处理河道突发污染排放事件。

（3）经济性分析

通过前期工程实践，通常情况，该技术的经济成本如表5-1所列。

表 5-1　超磁分离水处理工艺经济性分析表

序号	应用范围	污染情况	工程费用/（元/t 水）	占地面积/（m² /t 水）	运行功率/（kW/t 水）	运行费用/（元/t 水）
1	河湖治理	微污染	700～1000	0.02～0.10	0.005～0.01	0.15～0.30
2	市政污水一级强化处理（含排污应急处理）	重污染	800～1200	0.02～0.12	0.005～0.01	0.25～0.40

注：1. 根据不同的污水进水实际情况，以及不同的出水要求，会有所变化。

2. 工程费用：包含建筑工程费、设备及工器具购置费、安装工程费，不含建设工程其他费用。

3. 运行费用包含电费、药剂费、水费、人工费、检修维护费，不含污泥外运/处置费、设备折旧费、企业管理费等。

5.2.2.3 北京市清河河北村排污口治理工程

本工程材料节选于由北京市东水西调管理处组织、北京环能德美环境工程有限公司建设的《北京市清河河北村排污口临时应急治理工程》成果材料。

（1）背景

北京市海淀区河北村排污口排出来的污水为典型的生活污水。污水来源主要为未进入截污管网的附近未拆迁村民所排。因现阶段尚没有市政管网截污，需要进行临时紧急处理。

（2）实施情况

临时应急治理工程（见图 5-10）位于河北村村南，总占地面积为 500m²。采用超磁分离水体净化技术，提高了河道水体透明度，降低嗅味，提高感官效果，减轻排入水体的污染负荷。工程规模日处理能力为 2500m³/d，工程于 2013 年 10 月建成运行。

图 5-10　超磁分离应急处理站

（3）工程效果

工程从 2013 年 10 月运行开始，实施单位进行了周期性的水质监测。从 2013 年 10 月至 2015 年 1 月，工程的实际运行效果如表 5-2 所列。进出水对比照片如图 5-11 所示。

表 5-2　实际运行进、出水指标及处理效果

序号	项目	进水范围/(mg/L)	进水均值/(mg/L)	出水范围/(mg/L)	出水均值/(mg/L)	平均去除率/%
1	COD	156~758	347	53~380	134	57
2	SS	121~330	222	14~27	18	90
3	TP	0.99~6.93	3.86	0.25~0.8	0.6	85

图 5-11　超磁分离应急处理站出水回流至清河（见文后彩图）

5.3 生物膜技术

生物膜法具有运行稳定、脱氮效能、抗冲击负荷能力力强、经济节能、无污泥膨胀问题，并能在其中形成较长的食物链，污泥产量较活性污泥工艺少，占地面积小等优点，可用于污染河道的旁位处理。

传统的生物膜法工艺主要有生物滤池、生物转盘、生物接触氧化、生物流化床等。现阶段污染河流的旁位处理技术中应用较多（尤其是日本、韩国以及中国台湾地区）的是砾间接触氧化法，这种旁位处理法兼有普通生物滤池和生物接触氧化法的特征，与普通生物滤池较为接近但也存在差异。而生物转盘技术较多地应用于磁絮凝分离技术中带磁介质的分离，一般不专门用于河道修复；曝气生物滤池、生物接触氧化和生物流化床在河道旁位处理工程也有应用。

5.3.1 砾间接触氧化技术

5.3.1.1 技术原理和技术特征

技术原理和技术经济特征详见本书 4.4.1 部分相关内容。

旁位砾间接触氧化法和生物滤池法中的普通生物滤池（即低负荷生物滤池）最接近，其一般适用于 BOD 小于 20mg/L 的河流水质净化，对于溶解氧浓度较低和 BOD 较高的河水，可以在砾石底部铺设曝气管以增加溶氧，提高净化效果，即为砾间接触曝气氧化法，可适用于 BOD 为 20~80mg/L 的河流水质净化；而普通生物滤池进水 BOD[根据《生物滤池法污水处理工程技术规范》(HJ 2014—2012)]控制在 200mg/L 以下，高于此值时，需将出水回流以稀释进水浓度。普通生物滤池通风为自然通风，而旁位砾间接触氧化法形式更灵活，可根据实际进水水质情况增加曝气措施。普通生物滤池一般为多采用固定喷嘴式布水系统，污水从上往下喷洒，且填料可选择碎石、卵石、炉渣、焦炭等无机滤料，而旁位砾间接触氧化法多为侧墙进水，填料一般选择砾石。

5.3.1.2 实例1——日本的古崎净化场砾间接触氧化工程

本工程材料节选于日本国土交通省关东地方整备局、江户川河川事务所编撰的《古琦净化设施》成果材料。

（1）背景

日本的古崎净化场是利用砾间接触氧化技术对河水水体进行净化的典范。它建于1993年，用于处理江户川的支流坂川的受污染河水，工程位于江户川的河滩地下，是廊道式的治污设施。用水泵将河水抽入栅形进水口，经导水结构后水流均匀平顺流入砾间接触氧化设施，出水流入新开的人工景观——亲近松户川，其空间布局如图 5-12 所示。

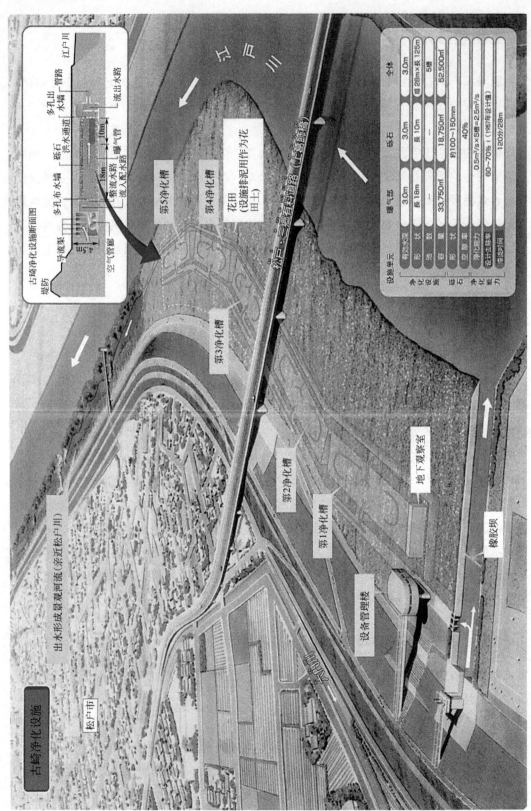

图5-12 日本的古崎砾间接触氧化净化场净化示意图

（2）实施情况

古琦净化场建有5个并联的净化槽，水净化槽的断面如图5-13所示，每个水净化槽主体结构是高4.5m、长28m、宽128m的地下矩形廊道，内部放置直径15～40cm不等的卵石。总设计水量为22×10^4 m³/d，曝气部分停留时间为1.5h，砾石部分停留时间为0.5h，污泥的滞留容量为6个月。

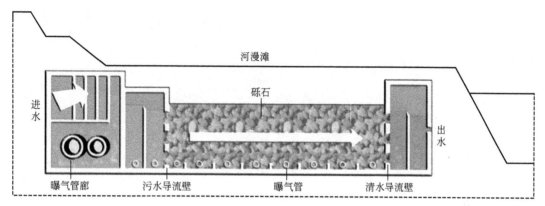

图 5-13 水净化槽结构断面示意

（3）工程效果

工程对污水的净化效果显著：BOD浓度由处理前的23mg/L下降到处理后的5.7mg/L，去除率为75%；SS由24mg/L下降到9.1mg/L，去除率为63%；氨氮由7.6mg/L降为2.2mg/L，去除率为70%。

在古崎净化场建成运行之后，在中国台湾、日本和韩国有很多类似的实践（表5-3），有些也在设计上有些改进，比如韩国良才川净化场和日本野川净化场主要在引水方式上做出改进：良才川净化场利用拦河橡胶坝产生的水压来引水，而野川净化场更是利用自然水位差引水，引水方式几乎都不需动力，大大降低了运行成本。

表 5-3 东亚砾间接触氧化工艺实施效果

河流净化场	曝气设备	工程日处理量/ （10^4 m³/d）	BOD$_5$ 去除率/%	SS 去除率/%	NH$_3$-N 去除率/%
中国台湾南门溪（原位）	有	1	34	56	11
中国台湾江翠公园	有	一期2.85， 两期共5.7	75	75	90
日本古崎	有	22	75	62	71
日本野川	无	10	75	85	
日本平赖川	无	15	75	85	
韩国良才川	有	4	75	70	

5.3.1.3 实例2——台湾江翠砾间接触氧化水岸公园

（1）背景

江翠砾间接触氧化水岸公园为地下砾间曝气接触氧化工程，位于新店溪左岸华翠桥段江子翠河滨绿地，紧邻光复赏鸟河滨公园，占地约 6.5hm²，已于 2010 年 2 月 8 日建成启用。建成运行时，本工程的砾间槽规模为亚洲最大，使用的砾石体积总数超过 21000m³。同时配合上部景观，提供了污水净化、休闲、社教、宣传、学术研究、运动等多种功能，成为淡水河流域自行车环河全线中，最具代表性之游憩景点之一，其现场照片如图 5-14 所示。

图 5-14 江翠砾间接触氧化水岸公园照片（见文后彩图）

（2）实施情况

江翠地下砾间接触氧化的第一期工程主要处理板桥地区江子翠抽水站非雨期排水，第一期计划的日处理量为 28500m³/d，全期完工处理量 57000m³/d（一、二期工程），其工程流程及效果如图 5-15 所示。在空间利用上，该处理设施采用立体化方式，上部空间建立景观水岸公园，地下设置净水设施，可达到民众在上部景观环保意向空间休闲游憩的的同时，地下的处理设施也正持续净化新店溪水质。除此之外，园区也结合太阳能发电，提倡清洁能源，以体现节能减碳。

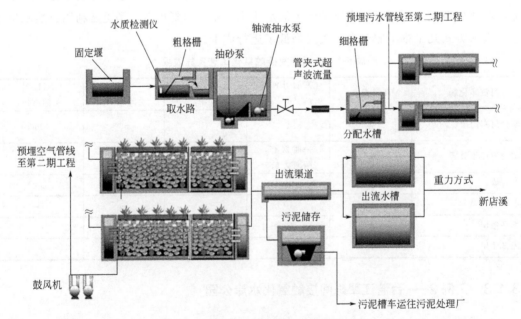

图 5-15 砾间曝气接触氧化工程流程示意

（3）工程效果

设计进、出水指标见表 5-4。每日可削减 BOD_5 总计 1054.5kg、SS 总计 1282.5kg、NH_3-N 总计 513kg，出水水质 BOD_5 至 13mg/L、SS 至 15mg/L、NH_3-N 至 2mg/L，污染削减率（BOD_5、SS 和 NH_3-N）超过 75％

表 5-4　设计进出水水质

项目	进水水质/(mg/L)	出水水质/(mg/L)	去除率	污染削减量
BOD_5	50	13	75％	1054kg/d
SS	60	15	75％	513kg/d
NH_3-N	20	2	90％	1282kg/d

工程建成后达到了很好的预期效果，实测进水水质平均值，BOD_5 为 34.12mg/L，NH_3-N 为 17.39mg/L，去除率（BOD_5、SS 和 NH_3-N）都超过 90％，有效削减板桥地区经由江翠抽水站排入新店溪的污染量。

5.3.2　曝气生物滤池

生物滤池技术是指依靠污（废）水处理构筑物内填装的填料的物理过滤作用，以及填料上附着生长的生物膜的好氧氧化、缺氧反硝化等生物化学作用联合去除水中污染物的人工处理技术，常见的包括低负荷生物滤池法（即普通生物滤池）、高负荷生物滤池法、塔式生物滤池法和曝气生物滤池法，前三者一般均采用自然通风。其中曝气生物滤池借鉴给水处理中过滤和反冲洗技术，利用浸没式接触氧化与过滤相结合的生物处理工艺，在有氧条件下完成污水中有机物氧化、过滤过程，使污水得到净化。

在生物滤池技术中曝气生物滤池在污水处理中应用最为广泛，具有去除 SS、COD、BOD_5、氨氮等的作用，其最大特点是集生物处理和普通滤池于一体，省去了二沉池，在保证处理效果的前提下简化了处理工艺，这种工艺特点决定其能够运用到河道的旁位处理中。所以生物滤池技术只介绍曝气生物滤池。由于各河流特征差异较大，需要根据河流实际情况对曝气生物滤池工艺进行适当改进和组合。

5.3.2.1　技术原理

（1）概述

曝气生物滤池（biological aerated filter，BAF）又称淹没式曝气生物滤池（submerged biological filter，SBAF），是 20 世纪 80 年代末法国在普通生物滤池的基础上发展的技术。它主要是依靠附着在填料表面的微生物吸附、氧化作用和滤料的过滤作用去除污染物。水中溶解性有机物被活性生物膜上的微生物所摄取、降解，而脱落的生物膜则部分地为滤料所截留，成为游离生物污泥。在经过一段运行时间后，由于微生物的增殖，使生物膜得到增长，游离的生物污泥也逐渐增多，污水通过滤料的阻力增大，通水量降低，并可能产生局部堵塞、死水区，为了恢复滤层的过滤能力，对滤层定期地用水、气进行强制的反冲洗。

曝气生物滤池有多种工艺形式和操作方法，按照水流方向分有上向流式和下向流式，按照填料密度分有悬浮型和沉没型。在污水处理中，根据不同的出水水质要求，采用不同的池型、填料类型及高度，可以实现单池去碳处理，单池去碳和硝化合并处理，单池去碳、硝化和反硝化合并处理；也可以采用串联（两段或三段）运行方式，如去碳＋硝化工艺、去碳＋硝化＋反硝化（后置反硝化）、去碳＋反硝化（前置反硝化）＋硝化等工艺，结合化学法还可实现同步脱氮除磷。

（2）结构与运行

曝气生物滤池由布水系统、曝气布气系统、承托层、生物滤料层、反冲洗系统（包括反冲洗空气和反冲洗水）等五部分组成。其构造与普通快滤池基本相同，不同的是曝气生物滤池底部增加了曝气系统，填料一般应用粒径在 3～8mm 的陶粒等粒状滤料。曝气生物滤池反应器按周期运行，一个周期由曝气过滤和反冲洗两个阶段构成。经预处理后的废水通过其布水装置（滤头、滤水板或穿孔管等）进入滤料床（图 5-16），通过人工强化的曝气作用，可获得更大的气-水接触表面，有利于氧的转移及滤料表面生物膜的氧化降解作用的发挥，亦有利于提高整个曝气生物滤池净化效果。出水回流至河道，而反冲洗水通过排水管回流至处理设施。

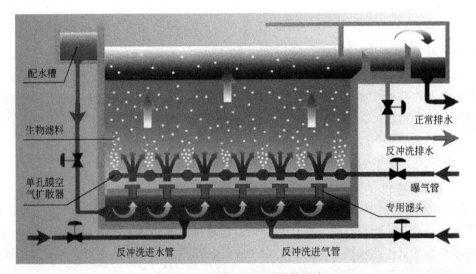

图 5-16　曝气生物滤池结构示意

5.3.2.2　技术经济特征

（1）优势与局限

采用曝气生物滤池法处理污染河水，可以有效提高出水水质，出水 COD 和 BOD 浓度都低于活性污泥法及传统的生物膜法。曝气生物滤池的微生物浓度和有机负荷比较高，可不设二沉池，占地面积较小，其占地面积为传统活性污泥工艺和接触氧化工艺的 1/5～1/10。且污泥产量很低，可以降低污泥处理与处置的费用；无需污泥回流系统，易于维护与管理。工艺流程短，耐冲击能力强。再加上曝气生物滤池工艺的运行费用低，对于处理污染河水来说，可以有效的降低处理总成本。

将曝气生物滤池应用于污染河水的处理，也存在一定的不足。曝气生物滤池对进水 SS

的要求比较高，通常需要进水 SS 控制在不大于 60mg/L。因此，在实际运行中对进水还需要采取适当的预处理的措施降低 SS，因此曝气生物滤池前通常设置有初沉池。而且曝气生物滤池必须进行反冲洗，反冲洗操作时间较短，增加了操作的工作量。曝气生物滤池会由于冲洗强度不够、滤池反冲洗周期延长、反冲洗不彻底等因素影响曝气生物滤池的功能，甚至发生滤料板结现象。应用于河道旁位处理中的曝气生物滤池在夏季可能会滋生蚊蝇，应远离居住区。曝气生物滤池的影响因素多，运行效果的关键因素是挂膜，主要的影响因素有滤料、水温、气水比、停留时间、pH 值等。曝气生物滤池一般除磷效果较差。

（2）适用

适用于受污染河道的旁位处理，当进水 SS>60mg/L 时，应增加相应的预处理设施去除河水中的大量杂质和 SS，以免堵塞曝气、布水系统，给系统的运行带来严重后果。

（3）运行与维护

曝气生物滤池系统简单，稳定性高，自动化程度高，系统稳定运行后无需专业人员参与管理和操作，仅需值班人员定期检查与维修保证系统的正常运行，当滤池运行中出现异常情况（如产生异味；生物膜严重脱落；滤池处理效率降低；滤池截污能力下降。进出水水质异常等）应进行有效的处理。一般需要维护的部分如下：生物滤料在曝气生物滤池中正常运行时，应定期观察生物膜生长和脱膜情况，观察其是否被损害。有很多原因会造成微生物膜生长不均匀，这会表现在微生物膜颜色、微生物膜脱落的不均匀性上，一旦发现这些问题，应及时调整布水布气的均匀性，并调整曝气强度来予以纠正。由于滤料容易堵塞，可能需要加大水力负荷或空气强度来冲洗。在某些情况下，如水温或气温过低，需要增加保温措施。另外，由于滤池反冲洗强度过大时有可能会使少量滤料流失，所以每年定期检修时需视情况给予添加。其中还需要对鼓风机进行维修保养，对风机定期进行常规检修，对水泵进行维护保养。

5.3.3 生物接触氧化

5.3.3.1 技术原理

生物接触氧化法是一种浸没型生物膜法，是在生物滤池的基础上，从接触曝气法改良演化而来的。它是介于活性污泥法与生物滤池法之间的生物膜法工艺，其特点是在池内设置填料，池底曝气对污水进行充氧，并使池体内污水处于流动状态，以保证污水与污水中的填料充分接触，避免污水与填料接触不均。在溶解氧和碳源都充足的条件下，微生物的迅速繁殖，生物膜逐渐增厚、成熟，污水与生物膜广泛接触，在生物膜上微生物的新陈代谢的作用下，污染物得到去除，污水得到净化。生物膜生长至一定厚度后，填料壁的微生物会因缺氧而进行厌氧代谢，产生的气体及曝气形成的冲刷作用会造成生物膜的脱落，并促进新生物膜的生长，此时，脱落的生物膜将随出水流出池外，在随后的二沉池中沉淀。

接触氧化池是由池体、填料、支架、曝气装置、进出水装置以及排泥管道等部件所组成的，见图 5-17。

接触氧化池的核心部分为填料区，填料是生物膜的载体，直接影响污水处理效果，载体

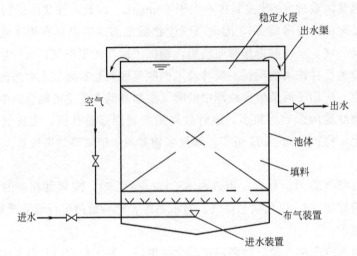

图 5-17　生物接触氧化池的基本构造

可应用碎石、炉渣、塑料等粒状填料，也可应用波纹板、软性纤维、蜂窝等填料。

目前，接触氧化池在有不同的结构形式，国内一般采用池底均布曝气方式的接触氧化池（图 5-17），这种接触氧化池的特点是直接在填料底部曝气，在填料上产生上向流，生物膜受到气流的冲击、搅动，加速脱落、更新，使生物膜经常保持较高的活性，而且能够避免堵塞。此外，上升气流不断地与填料撞击，使气泡反复切割，增加了气泡与污水的接触面积，提高了氧的转移率。

5.3.3.2　技术经济特征

（1）优点与局限

生物接触氧化法的主要优点是：a. 容积负荷高，污泥生物量大，处理效率较高，抗冲击负荷能力强，占地面积小；b. 无污泥膨胀问题，适合于溶解性有机物较多容易导致污泥膨胀的污水处理；c. 可以间歇运转，当停电或发生其他突然事故后，或长时间停运时，细菌为了适应环境的不利条件，会和原生动物都进入休眠状态，显示出对不利生长环境的较强适应力，一旦环境条件好转，微生物又重新开始生长、代谢；d. 维护管理方便，一般不需要回流污泥（实际河道修复工程可根据具体情况增加回流），运行方便；e. 剩余污泥量少。

接触氧化法存在的主要缺点是：a. 生物膜的厚度随负荷的增高而增大，负荷过高导致生物膜过厚，引起填料堵塞，故负荷不宜过高，同时要有防堵塞的冲洗措施；b. 大量产生后生动物（如轮虫类），后生动物容易造成生物膜的瞬时大块脱落，影响出水水质；c. 填料及支架等导致建设费用增加；d. 对于污染河流旁位处理来说，相比曝气生物滤池一般需要设置二沉池，增加占地面积和造价（实际河道修复工程可根据具体情况将二沉池替代）。

（2）运行与管理

生物接触氧化技术对冲击负荷有较强的适应能力，在间歇运行条件下也能够保持良好的处理效果，因此，对于实际河道处理具有现实意义。它操作相对简单、运行方便、无需污泥回流，不产生污泥膨胀现象，剩余污泥量少，也不产生滤池蝇，易于维护管理。

它作为一种生物处理方法，环境条件（水质、温度、pH 值等）对生物膜的影响是重要的，有时甚至是决定性的，所以必须定期对生物接触氧化池进行维护与管理，例如观察氧化池内的颜色、气泡、臭气、悬浮污泥和曝气等状况，一旦发现不正常应立即采取相应措施。

5.3.4　生物流化床

5.3.4.1　技术原理

（1）概述

生物流化床是 20 世纪 70 年代初由美国开发的生物膜技术。为提高生物膜法的处理效率，以砂（或无烟煤、活性炭等）作填料并作为生物膜载体，污水自下向上流动使载体层呈流动状态，从而在单位时间加大生物膜同污水的接触面积和充分供氧，并利用填料沸腾状态强化污水生物处理过程。生物流化床构筑物中填料的表面积大（$1m^3$ 载体的表面积可达 $2000\sim3000m^2$），填料上生长的生物膜很少脱落，可省去二次沉淀池。床中混合液悬浮固体浓度达 $8000\sim40000mg/L$，氧的利用率超过 90%。生物流化床工艺效率高、占地少、投资省，在污水硝化、脱氮等深度处理等有广泛应用。

生物流化床是由床体、载体、布水装置、脱膜装置等部分组成的。载体是生物流化床的核心组件，常用的载体有石英砂、无烟煤、焦炭、颗粒活性炭、聚苯乙烯球。均匀布水是生物流化床能够发挥正常净化功能的重要环节，特别对液动流化床（二相流化床）更为重要。布水不均，可能导致部分载体沉积而形不成流化。布水装置又是填料的承托层，在停水时，载体不流失，并且易于再次启动。气动流化床，一般不需另行设置脱膜装置。脱膜装置主要用于液动流化床，可单独另行设置，也可以设置在流化床的上部。

（2）分类

根据载体流化动力来源不同。生物流化床可分为以液流为动力的两相流化床（液动流化床）、以气流为动力的三相流化床（气动流化床）和机械搅拌流化床三种类型。此外，生物流化床根据床内生物膜处于好氧或厌氧状态可分为好氧流化床和厌氧流化床。

好氧流化床又可分为二相床和三相床。二相床采用预曝气对污水充氧，反应器内只进行液固两相反应。三相流化床是以气体为动力使载体流化并充氧，床内固、液、气三相互相接触。三相床因不需体外充氧和体外挂膜而应用更广泛，也被运用到河道的旁位处理中。此处将着重介绍三相流化床，5.1.1 部分介绍的连续砂滤技术即为气动砂滤三相流化床。

生物流化床的分类见表 5-5 生物流化床分类。

表 5-5　生物流化床分类

流化床分类	去除对象	流化方式（流化床类别）	充氧方式
好氧流化床	有机污染物（BOD、COD）氮	液动流化床	表面机械曝气 鼓风曝气并加压溶解
		气动流化床 机械搅动流化床	鼓风曝气
厌氧流化床	硝酸氮 亚硝酸氮	液动流化床 机械搅动流化床	

5.3.4.2 技术经济特征

由于厌氧流化床很少用于河流的水质净化，这里仅说明好氧流化床的特征。

（1）优点与局限

① 比表面积大　采用小粒径固体作为载体并且载体呈流化状态，因而流化床的比表面积比一般生物膜法大得多，几种生物膜法比表面积见表5-6。比表面积大是生物流化床具有高负荷、高去除率的根本原因。

表5-6　几种生物膜法比表面积

处理工艺	比表面积/(m²/m³)
普通生物滤池	40～120
生物转盘	120～180
接触氧化	130～1600
好氧生物流化床	3000～5000

② 耐冲击负荷能力强　由于生物流化床采用的填料载体具有微生物膜与活性污泥双重作用，其生物量非常大（10～14g/L），载体与混合污泥的流化状态提高了有机物和氧气的传质效果并保持流化床内良好的混合流态，使污水一旦进入，就能很快得到混合、稀释，从而对负荷突然变化的影响起到缓冲作用。

③ 容积负荷率与污泥负荷率高　在相同进水浓度下，采用生物流化床处理污水，可以使反应装置的容积大量减小，从而降低占地面积及工程投资。生物流化床的投资及占地面积仅相当于传统活性污泥法曝气生物反应池的50%～70%。

④ 填料上生长的生物膜很少脱落，可省去二次沉淀池，简化流程、运行管理和后续污泥的处理，更适宜应用到河道的旁位处理中。

另外载体处于流化状态，污水与生物膜充分接触，载体颗粒小在床内比较密集，互相摩擦碰撞，因此，生物膜的活性也较高，强化了传质过程。又由于载体不停地流动，还能够有效地防止堵塞现象。

但生物流化床动力能耗大，运行费用较高。

（2）水质净化效果

不同的城市河流污染源、污染负荷和水质情况各不相同，利用流化床处理工艺进行河道水质旁位处理时，污染物去除率可按照实际河道水质情况和处理要求参照以下范围进行计算，详见表5-7。

表5-7　流化床污水处理工艺的污染物去除率

污水类别	主体工艺	污染物去除率/%					
		SS	BOD₅	COD	NH₃-N	TN	TP
城镇污水	初次沉淀＋流化床	70～90	80～95	80～90	80～90	40～50（有缺氧区）	40～60（不加除磷剂） 80～90（加除磷剂）
工业废水	预/前处理＋流化床	70～90	80～90	60～80	—	—	—

注：应根据出水水质要求，决定是否在流化床后设置过滤池等后续处理构筑物。

（3）适用

最适用于悬浮物（SS）不高于 200mg/L，河水中有机质充足，碳源 BOD_5/TN 值不小于 4 的污染河道。当污染河道中磷污染严重时应配合化学除磷措施。

5.4 自然生物处理技术

污染水体的自然生物处理方法主要有水体净化法和土壤净化法两类。属于前者的有氧化塘和养殖塘，统称为生物稳定塘，其净化机理与活性污泥法类似，主要通过水-水生生物系统（菌藻共生系统和水生生物系统）对污水进行自然处理；属于后者的有土壤渗滤、人工湿地，统称为土地处理，其净化机理与生物膜法类似，主要利用土壤-微生物-植物系统（陆地生态系统）的自我调控机制和对污染物的综合净化功能，对污水进行自然净化。

污水的自然生物处理系统是一种利用天然净化能力与人工强化技术相结合并具有多种功能的良性生态处理系统。与常规处理技术相比，污水自然生物处理系统具有工艺简单、操作管理方便、建设投资和运行成本低的特点。建设投资通常为常规处理技术的 1/2～1/3，运行费用通常为常规处理技术的 1/2～1/10。

这里重点介绍常用的稳定塘、人工湿地和土地渗滤处理技术。

5.4.1 稳定塘

5.4.1.1 技术原理

（1）概述

稳定塘属于生物处理设施，其净化污水的原理与自然水域的自净机理十分相似，即通过污水中微生物的代谢作用和包括水生生物在内的多种生物的综合作用，降解污染水体中的有机污染物，净化水质。

污水在稳定塘内滞留期间，水中的有机污染物通过好氧微生物的代谢活动被氧化，或经过厌氧微生物的分解而达到稳定化。好氧微生物代谢所需的溶解氧由稳定塘水面的大气复氧作用以及水体中藻类的光合作用提供，也可根据实际情况设置曝气装置人工供氧。稳定塘的建造要因地制宜，充分利用河流周边的地形和空间，根据需要可设防护围堰和防渗层。

（2）分类

按塘内充氧状况和微生物优势群体，将稳定塘分为好氧塘、兼性塘、厌氧塘和曝气塘四种类型。根据处理后要达到的水质要求，稳定塘又可分为常规处理塘和深度处理塘。除利用菌藻外，还利用水生植物和水生动物处理污水的稳定塘称为生物塘或生态塘。此外，按照稳定塘出水的连续性和出水量，可以把塘分为连续出水塘和储存塘。

随着研究和实践的逐步深入，在原有稳定塘技术的基础上，发展了很多新型塘和组合塘工艺。这些技术或者进一步强化了稳定塘的优势，或者弥补了原有技术的不足。

① 活性藻系统 以色列 Shelef&Azov 等在 20 世纪 80 年代通过系统研究发展了这项技术。活性藻系统是根据藻菌共生原理，在系统内培养合适的菌类和藻类，同时控制菌类和藻类的比例为菌：藻＝3：1。利用藻类供氧以减少人工供氧量，而且还可以用大量繁殖菌藻的

方式进行污水净化、再生和副产藻类蛋白，从而进一步降低污水处理能耗和运行成本。这类稳定塘又称为高速率氧化塘。

② 高效藻类塘　高效藻类塘（high-rate algae pond）是美国加州大学伯克利分校的 Oswald 教授经过长期研究在 1990 年提出并发展的。它不同于传统稳定塘的特征主要表现在 4 个方面：a. 较浅的塘的深度，一般为 0.3～0.6m，而传统稳定塘，根据类型不同，其深度一般在 0.5～2.0m；b. 有一垂直于塘内廊道的连续搅拌的装置；c. 较短的停留时间，一般为 4～10d，比一般的稳定塘短；d. 宽度较窄，且被分成几个狭长的廊道，这样可以很好地配合塘中的连续搅拌装置，促进水的完全混合，均衡池内水温、氧和 CO_2 的浓度，使脱氮效果更加理想。以上四种特征创造了有利于藻类和细菌生长繁殖的环境，强化藻类和细菌之间的相互作用，因此高效藻类塘内有着比一般稳定塘更加丰富多样的生物相，对有机物、氨氮和磷有着良好的去除效果。现在在美国、法国、德国、南非、以色列、菲律宾、泰国、印度、新加坡等国都有很多应用。

③ 水生植物塘　利用高等水生植物，主要是水生维管束植物提高稳定塘处理效率，控制出水藻类，去除水中的有机毒物及微量重金属。研究表明，生长速度最快和改善水质效果最好的水生维管束植物有水葫芦、水花生、爵床和宽叶香蒲。

④ 悬挂人工介质塘　在稳定塘内悬挂比表面积大的人工介质，如纤维填料，为菌藻提供固着生长场所，提高其浓度来加速塘内耗氧有机物的去除效率，提升稳定塘的出水水质。

⑤ 超深厌氧塘　与常规厌氧塘相比，将深度超过正常值范围（3～5m）的厌氧塘称为超深厌氧塘。超深厌氧塘是一种稳定塘工艺，具有 BOD_5 容积负荷大，占地面积小，受温度影响小的优点。美国加州大学伯克利分校 Oswald W. J. 在 1990 年提出的高级综合塘系统（AIWPS）中，在兼性塘内设置 6m 深的厌氧坑，运行 25 年而不需清淤，说明底泥消化较好。英国 Mara 等 1992 年在非灌季节，用厌氧-超深厌氧塘（深 15m）系统将污水处理至含粪便大肠杆菌 1000 个/100mL 的灌溉水标准，比一般的厌氧-兼性-熟化塘系统节约占地 52%。

⑥ 移动式曝气塘　普通曝气塘多为固定式曝气。移动式曝气近似于有多个曝气器同时运转，可缩短氧分子扩散所需时间；同时含氧量高的水也随着移动式曝气器的移动而迁移，进一步缩短氧分子扩散所需时间。曝气器的移动有利于塘内溶解氧均匀分布，避免死角。

⑦ 组合塘工艺　组合塘工艺可分为两大类型：一是与生物滤池或生物转盘、活性污泥法组合，作为二级处理的补充；二是各种类型稳定塘的组合。

1）多级串联塘。是国外普遍采用的一种稳定塘形式，研究表明，多级串联塘较单塘不仅出水菌藻浓度低，BOD、COD、N 和 P 的去除率高，而且只需较短的水力停留时间。多级串联塘，其流态更接近于推流反应器的形式，从而避免了短路流现象，提高了单位容积的处理效率。从微生物的生态结构看，多级串联有助于污水的逐级递变，减少了返混现象，使有机物降解过程趋于稳定。由于不同的水质适合不同的微生物生长，串联稳定塘各级水质在递变过程中，会产生各自相适应的优势菌种，更有利于发挥各种微生物的净化作用。对于多级串联塘的设计，确定合适的串联级数，考虑分隔效应，找到最佳的容积分配比特别重要。典型的串联方式如"厌-兼-好"组合塘工艺，可比"兼-好"塘系统节省占地 40%。

2）高级综合塘系统。高级综合塘系统 AIWPS（advanced integrated wastewater pond system）

是由美国加州大学伯克利分校 Oswald 教授在 1990 年研究开发的，由高级兼性塘、高负荷藻类塘、藻类沉淀塘和熟化塘至少 4 种塘串联组成，在兼性塘内设置 6m 深的厌氧坑，污水从坑底进入塘内，坑内污水上升流速很小，污水中大多 SS 和 70% 的 BOD_5 在深坑中被去除。高级综合塘系统与普通塘系统相比，水力负荷率和有机负荷率较大，而水力停留时间较短；基建和运行费用较低；能实现水的回收和再用，以及其他资源的回收。经典的 AIWPS 流程（摘自 Green 等 1996 年发表于《Water Science and Technology》第 7 期的文章 "Advanced integrated wastewater pond systems for nitrogen removal"）见图 5-18。

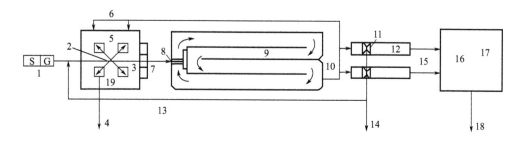

图 5-18 高级综合污水塘系统（AIWPS）工艺流程

1—格栅及沉砂池；2—配水器；3—发酵坑；4—沼气利用；5—高级兼性塘；
6—含氧水的回流；7—中层输送；8—桨轮混合器；9—高负荷藻类塘；10—上层输送；
11—藻类沉降室；12—藻类沉降塘；13—沉淀藻类回流；14—藻类利用；15—上层输送；
16—熟化塘；17—中层输送；18—水回用；19—补充曝气

3）生态综合系统塘。利用生态综合系统塘净化水质的工作原理是利用太阳能为生态系统的初始能源，利用食物链（网）中各营养级上多种多样的生物种群的分工合作来完成污水的净化。生态塘的核心是食物链（网），而食物链（网）中的核心是生物种属的合理构成。生态塘系统采用天然和人工放养相结合，对生态塘系统中的生物种属进行优化组合，使污水中能量得以高效地利用，使有机污染物得以最大限度在食物链（网）中进行降解和去除。在生态综合系统塘中，还可以以水生作物、水产和水禽形式作为资源回收，净化的污水可作为再生水资源予以回收再用。

5.4.1.2 技术经济特征

（1）优点与局限

稳定塘具有如下技术特征：

a. 可充分利用地形，结构简单，建设费用低，可以利用荒废的河道、沼泽地等地段建设，基建投资约为相同规模常规污水处理厂的 1/10～1/5；b. 可实现水质净化和再用，实现水循环；c. 处理能耗低，运行维护方便；d. 可以与周边景观结合，形成生态景观。可将净化后的水用作景观和游览的水源；e. 污泥产量少。稳定塘污水处理产生污泥量小，仅为活性污泥法所产生污泥量的 1/10；f. 能承受污水水量大范围的波动，其适应能力和抗冲击能力强。

但稳定塘也存在诸多缺点与局限，如有机负荷低，占地面积大；环境条件较差；污泥淤积，使有效池容减小；处理效果受气候条件影响大；设计或运行管理不当易造成二次污染的缺点；悬浮的藻类使出水 COD 较高。

（2）稳定塘设计参数

各种污水稳定塘设计参数见表 5-8，选自污水稳定塘设计规范（CJJ/T 54—1993）。

表 5-8　各种污水稳定塘工艺设计参数

常规塘型		BOD$_5$ 负荷/(kg/10^4m^{2}d)			有效水深/m	处理效率/%	进水 BOD$_5$/(mg/L)
		Ⅰ区	Ⅱ区	Ⅲ区			
厌氧塘		200	300	400	3～5	30～70	≤800
兼性塘		30～50	50～70	70～100	1.2～1.5	60～80	<300
好氧塘	常规处理塘	10～20	15～25	20～30	0.5～1.2	60～80	<100
	深度处理塘	<10	<10	<10	0.5～0.6	40～60	
曝气塘	部分曝气塘	50～100	100～200	200～300	3～5	60～80	300～500
	完全曝气塘	100～200	200～300	200～400	3～5	70～90	
生物塘	水深植物塘	—	50～200	100～300	0.4～2.0	60～80	<300
	深度处理塘		20～50	30～60	0.4～2.0	69～60	<100
	污水养鱼塘	20～30	30～40	40～60	1.5～2.5	70～90	<50
	生态塘	20～30	40～50	50～60	1.2～2.5	70～90	

（3）经济性分析

稳定塘的基建费用约为同规模活性污泥法的 1/3～1/2；年经营费约为后者的 1/4。稳定塘的总费用中征地费为重要的影响因素。稳定塘的占地面积比相应的其他二级处理要大，这是其推广的限制因素之一。根据 1990 年聂梅生等对稳定塘经济性研究得出的结论为，当地价低于 1.8 万元/亩时，处理规模小于 5×10^4 m^3/d 的城镇，采用稳定塘技术是经济可行的；对于流量大于 10×10^4 m^3/d 的大中城市来说，要求地价低于 1.5 万元/亩时采用稳定塘才经济，而大中城市周围地价都较高，其推广必然受制于经济因素。所以城市河流应用稳定塘处理工艺处理时，还应根据当地具体情况，应用临界地价的方法进行核算，当该地区的地价低于临界地价时，可考虑采用稳定塘方案的经济性。

（4）适用

稳定塘适用于小流量、低地价的地区，而大、中城市周围地价都较高，因而其应用必然受限。根据实际情况在南方地区推广、应用稳定塘的条件比北方优越，尤其是在中、小城市更易于推广。在北方地区则可利用滩涂、盐碱地及低洼地等地价低廉之处发展稳定塘。

（5）管理与运行

稳定塘的运行具有显著的周期性特点，结合季节气温条件的变化，可以划分为冬季储存期、春季恢复期、夏季净化期和秋季调整期等 4 个运行功能期。

① 冬季储存期　以安全越冬、保护塘体、水量储存、适当净化为主要功能。可以采取高水位冰下流动的运行方式，同时大幅度提高水力停留时间。

② 春季恢复期　以流态恢复、生态复苏、系统维护、净化启动为主要功能。初春，冰层全部融化，由于冬季冰层的覆盖，塘内深水区呈厌氧状态，局部有污泥上浮现象，需要对

塘面进行清理。逐渐降低运行水位和水力停留时间，恢复完善水生生态系统、运行控制及设备的检修与维护等。为增强人工型稳定塘的去除效果，在塘内放养了鱼苗，种植了睡莲。

③ 夏季净化期 以水质净化、稳定运行、生态保持、综合利用为主要功能。通过生态系统的进一步完善和优化，强化系统的综合净化功能，并实现水资源的综合利用。

④ 秋季调整期 以维持净化、生态整理、结构调整、平稳过渡为主要功能。尽可能长时间地维持水质净化作用，并通过植物收割、水位变化等措施调整和整理生态系统，为安全越冬运行做好充分准备。

5.4.2 人工湿地技术

5.4.2.1 技术原理

（1）概述

人工湿地指由人工建造和控制运行的与沼泽地类似的水质净化设施。人工湿地中都充填一定深度的基质层，种植水生植物，利用基质、植物、微生物的物化、生化协同作用使污水得到净化。物化作用主要包括重力分离过滤、离子交换、吸附、解吸、浸出，以及氧化还原反应、凝聚反应、酸化、沉降等；生化反应包括在好氧、缺氧、厌氧条件下一系列的生化作用。视具体情况，其底部可铺设防渗漏隔水层。

大多数人工湿地由 5 部分组成：a. 具有各种透水性的基质（又称填料），如土壤、砂、砾石等；b. 适于在饱和水和厌氧基质中生长的植物，如芦苇、香蒲等；c. 水体（在基质表面下或上流动）；d. 好氧或厌氧微生物种群；e. 无脊椎或脊椎动物。

其中湿地植物具有三个重要作用：一是显著增加微生物的附着（植物的根茎叶）；二是湿地中植物可将大气氧传输至根部，使根在厌氧环境中生长；三是增加或稳定土壤的透水性。植物通气系统可向地下部分输氧，根和根状茎向基质中输氧，因此可为根茎中好氧和兼氧微生物提供良好的生长环境。植物的数量对土壤导水性有很大影响，植物根可松动土壤，死后也可留下相互连通的孔道和有机质。基质的作用有：为植物提供物理支持；为各种复杂离子、化合物提供反应界面；为微生物提供附着。水体为微生物、动植物提供营养物质。

（2）分类

按照污水在湿地床中的流动方式可分为表面流人工湿地、水平潜流人工湿地和垂直潜流人工湿地三种基本类型，在三种基本类型中通过各种组合又出现了不同的组合湿地类型。

① 表面流人工湿地（surface flow constructed wetland）。指污水在基质层表面以上，从池体进水端水平流向出水端的人工湿地，其示意如图 5-19 所示。水以较慢的速度在湿地表面漫流，水深一般为 0.3～0.5m。它与自然湿地最为接近，接近水面的部分为好氧层，较深部分及底部通常为厌氧层，因此具有与兼性塘相似的性质，但由于湿地植物对阳光的遮挡，一般不会出现兼性塘中藻类大量繁殖的情况。植物的根系和被水层淹没的茎、叶起到微生物的载体作用，可以在其表面形成生物膜，通过其中微生物的分解和合成代谢作用，去除水体中有机污染物和营养物质。表面流人工湿地具有投资少、操作简单、运行费用低等优点。其缺点是占地面积大，水力负荷率小，去污能力有限，系统运行受气候影响较大，冬季水面易结冰，夏季易滋生蚊蝇，产生臭味，卫生条件差。

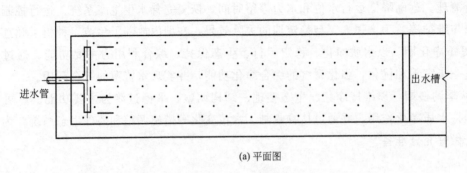

(a) 平面图

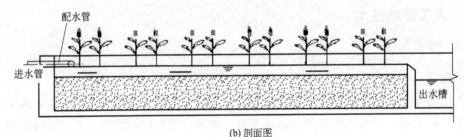

(b) 剖面图

图 5-19 表面流湿地结构简图

② 水平潜流人工湿地（horizontal subsurface flow constructed wetland） 指污水在基质层表面以下，从池体进水端水平流向出水端的人工湿地（图 5-20）。污水从湿地进水端表面流入，水流在填料床中自上而下流、自进水端到出水端，最后经铺设在出水端底部的集水管收集而流出湿地系统。由于其可以充分利用填料表面、植物根系上生长的生物膜和丰富的植物根系、表土层以及填料的降解截留等作用，处理效果较好。同时，该种系统的保温性较好、处理能力受气候影响小、卫生条件好，是国内外应用最广泛的人工湿地系统。缺点是投资较高、控制相对复杂、工程量大。

③ 垂直潜流人工湿地（verticalsubsurface flowconstructed wetland） 指污水垂直通过池体中基质层的人工湿地。垂直潜流人工湿地综合了表流人工湿地和潜流人工湿地的特性，按照水流在填料床中的流动方向，又分下行流和上行流湿地。垂直潜流湿地在湿地上部和底部分别布设布水管和集水管，对于下行流湿地，上部为布水管，底部为集水管，其示意如图 5-21 所示；上行流湿地则相反。垂直流湿地具有较强的除氮能力，但对有机物的去除能力通常不如水平潜流人工湿地系统，而且落干/淹水时间较长，控制相对复杂。其优点是占地面积较小，硝化能力高。缺点是系统相对复杂，建造要求较高，投资较高。

④ 复合垂直潜流人工湿地（integrated vertical flow constructed wetland） 复合垂直潜流人工湿地系统由下行流和上行流湿地串联组成，两池中间设有隔墙，底部连通（图 5-22）。下行池和上行池中均填有不同粒径的填料介质，种植不同种类的净化植物。为了保证水流的顺畅，下行池填料层比上行池的填料层要高 10～20cm，两池底部均设颗粒较大的砾石层连通。下行流表层铺设布水管，上行流表层布设收集管，基质底层布设排空管。来水首先经过配水管向下流行，穿越基质层，在底部的连通层汇集后，穿过隔墙进入上行池；在上行池中，水体由下向上经收集管收集排出。

⑤ 组合人工湿地（hybrid wetland systems） 由于待处理污水的来源多种多样，一般

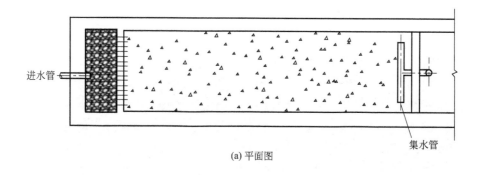

(a) 平面图

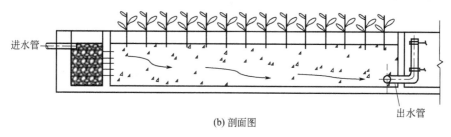

(b) 剖面图

图 5-20 水平潜流型湿地结构简图

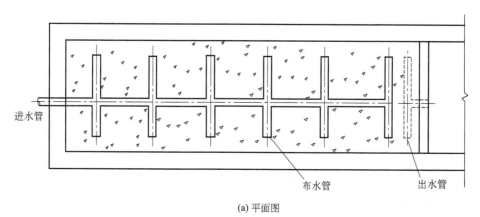

(a) 平面图

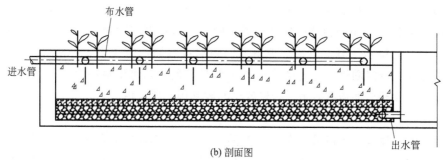

(b) 剖面图

图 5-21 下行流垂直潜流型湿地结构简图

来说，用一种单一的湿地系统处理有时难以达到预期效果。组合湿地系统是由多种类型的湿地系统串联而成的，这种系统在欧洲得到越来越广泛的关注。多种类型的人工湿地最佳组合方式取决于目标污染物。对于总氮含量较高的污染河水，由于单级人工湿地无法同时提供有

进水　　　碎石　砾石　砾石　　　出水　放空管

图 5-22　复合垂直潜流人工湿地

氧和无氧的条件，为了提高氮的去除率，经常将水平潜流与硝化作用较好的垂直潜流组合应用，并且这种组合方式已经证明是有效的。

另外，除了将多种类型的湿地系统进行组合之外，也可以考虑将湿地系统与各种物理化学处理系统（如砂滤系统、絮凝沉淀、接触氧化、微曝气系统等）进行组合。

5.4.2.2　技术经济特征

（1）优点与局限

人工湿地在处理污染河水上有其独特的优点：a. 建造费用相对低；b. 运行和维护成本低，简便，一般只需定期维护；c. 抗水力冲击负荷能力强；d. 可用于微污染水的回用和资源化；e. 同时还为湿地生物提供了栖息地；f. 能有效与景观相结合，具有景观效应。

但也存在一定的问题：a. 净化效果问题，由于植物自身一般不能对有机污染物进行代谢作用，植物本身的净化效果有限；b. 季节性问题，水生植物的生长易受季节的影响，在冬季往往净化效果不好，这就要求选择出喜温及耐寒的水生植物种类，在不同的季节用于净化；c. 应用范围问题，在重污染水体中，植物往往不能正常生长；d. 入侵植物问题，某些水生植物（如水葫芦）繁殖能力强，可能影响土著植物群落的稳定性，在利用过程需要加以控制；e. 虫害问题，不同植物的虫害种类不同，应该根据实际植物种类所产生的虫害进行相应的处理；f. 堵塞问题，造成湿地堵塞问题的可能原因有很多，主要有有机质的积累、有机负荷过高、悬浮固体负荷过高等；g. 后续处置问题，水生植物生长过程中可能会吸收某些风险物，收获后如何有效地进行资源化回收利用需要考虑。

（2）适用

对于污染河道是否可以采用人工湿地系统，应该根据河道的实际情况，最重要的是看是否有合适的空间。该技术对于项目地形条件的要求较为宽松，设计时可因地制宜。

进水污染负荷的变化对人工湿地污染物去除效率影响显著，应根据实际河道的污染负荷状况，判断是否适合建设湿地处理系统，进一步选择合适的湿地类型和植物的类型。垂直流人工湿地比表流人工湿地耐有机污染负荷冲击的能力更强，对于处理较高有机污染负荷的污水，垂直流人工湿地更为适用。

人工湿地污水处理技术易受气候条件影响，南北方差异较大，北方大部分地区冬季温度较低，难以维持生态系统的正常运行或保证污水处理效果。因此在选用该技术时，要选取合适的植物，并且要充分考虑项目地植物过冬问题。

该处理技术也可用于农村分散式污水处理，根据各地土地充裕情况、居住方式和经济状况而定。对于居住较为分散、土地宽裕的村庄，可选用分散式处理方式，以户为单位，充分利用农村空地，建设小规模湿地处理系统，可同时满足净化污水和美化环境的效果。

（3）人工湿地系统设计参数

人工湿地的主要设计参数，宜根据试验资料确定；无试验资料时，去除率等参数可采用经验数据或按表 5-9 的规定取值［选自《人工湿地污水处理工程技术规范》（HJ 2005—2010）］。

表 5-9　人工湿地系统设计去除率

人工湿地类型	BOD_5		COD_{Cr}		SS		NH_3-N		TP	
	进水/(mg/L)	去除率/%	进水/(mg/L)	去除率/%	进水/(mg/L)	去除率/%	进水/(mg/L)	去除率/%	进水/(mg/L)	去除率/%
表面流人工湿地	≤50	40~70	≤125	50~60	≤100	50~60	≤10	20~50	≤3	35~70
水平潜流人工湿地	≤80	45~85	≤200	55~75	≤60	50~80	≤25	40~70	≤5	70~80
垂直潜流人工湿地	≤80	50~90	≤200	60~80	≤80	50~80	≤25	50~75	≤5	60~80

人工湿地的主要工艺设计参数，宜根据试验资料确定；无试验资料时，可参照表 5-10 的数据取值。

表 5-10　人工湿地主要设计参数

人工湿地类型	BOD_5 负荷/[kg/(hm²·d)]	水力负荷/[m³/(m²·d)]	水力停留时间/d
表面流人工湿地	15~50	<0.1	4~8
水平潜流人工湿地	80~120	<0.5	1~3
垂直潜流人工湿地	80~120	<1.0(建议值北方 0.2~0.5;南方 0.4~0.8)	1~3

（4）运行与管理

湿地与稳定塘的运行在大多数情况下很相似。管理者应该注意水位的保持、护堤和堤面的维护、防止水的渗漏、控制虫害、流量分配和水位控制装置的维护等事项。水位调节装置和流量分配装置是湿地正常运行的重要组成部分，这些装置的堵塞会严重影响湿地系统的运行。如果设置了格栅，必须定期清洗以防止细菌过量生长，尤其是在流量较小的情况下，细菌在格栅附近的聚集速度更为惊人。

① 人工湿地运行中应适时进行水位调节：a. 根据暴雨、洪水、干旱、结冰期等各种极限情况，可调节水位，不能出现进水端壅水现象和出水端淹没现象；b. 当人工湿地出现短流现象，也要调节水位。

② 人工湿地植物管理维护可采用以下措施：a. 人工湿地栽种植物后即需充水，为促进植物根系发育，初期应进行水位调节；b. 植物系统建立后，应保证连续进水，保证水生植

物的密度及良性生长；c. 应根据植物的生长情况，进行缺苗补种、杂草清除、适时收割以及控制病虫害等管理，不宜使用除草剂、杀虫剂等；d. 对大型人工湿地水质净化工程应考虑配置植物生物能利用的装置。

③ 人工湿地在低温环境运行时，可采用以下措施：a. 做好人工湿地的保温措施，保证水温不低于 4℃；b. 定期做人工湿地的冻土深度测试，掌握人工湿地系统的运行状况；c. 强化预处理，减轻人工湿地系统的污染负荷。

（5）经济性分析

常规污水处理系统为保证污水处理效果良好，运行过程中还需加入药剂使污水达标排放；而人工湿地系统中，生活污水从沉淀池进入处理系统（水生植物园）开始，只需 1~2 名人员做好日常维护即可，与同等规模污水处理站相比，其运行费只需后者的 1/4 左右。

5.4.2.3 实例——甪直污染河道水质改善支家库四段式人工湿地示范工程

该示范工程为清华大学负责的国家水体污染控制与治理科技重大专项课题"水乡城镇水环境污染控制与质量改善"的成果之一。

（1）背景

支家库四段式人工湿地示范工程位于苏州市甪直镇支家库村，本着因地制宜的标准，利用支家库村现有一块杂乱的荒地，开展污染河道污水净化工程。该处约 4.5 亩（1 亩＝666.67m²），为长方形地块，长 76m，宽 40m。该处有附近居民自行种植的蔬菜，还有芦苇等野生杂草。

工程示范区目前水环境与古镇旅游、观光功能定位不符，水体透明度差，有机物污染较为严重，水体流动性差。对支家库河 2010 年月实测数据进行分析（见表 5-11），BOD_5、COD_{Mn}、TP、NH_3-N 都多处于劣 V 类水质，水质很差。

表 5-11 支家库河水质监测数据（2010 年汇总）

项目	实测值		GB 3838—2002 V 类水标准
	均值	最不利值	
透明度/m	0.3	0.2	
BOD_5/(mg/L)	45.5	81.44	10
COD/(mg/L)	40.9	91.84	40
TP/(mg/L)	0.4	1.27	0.4
NH_3-N/(mg/L)	2.27	5.22	2.0

（2）工程设计

① 湿地布局及工艺　该示范工程项目位于水流不畅，水质较差的支家库河湾处，为了改善现状地块环境，实现其景观与净水的双重功能，结合镇功能定位，在镇总体规划框架下，设计具有水乡特点的小型湿地公园。此外还可以通过湿地公园的展示性宣传，处理效果示范，为公众提供了解水环境、水生态、水处理的科普实例。

取水点位于支家库上游，布置取水泵站，河水通过取水泵站提升进入河道西侧四段式人工湿地（图 5-23），湿地出水通过溢流管进入之前为滞流断头浜的支家库河湾，进而汇入支家库下游，形成河道内水体净化、循环系统。

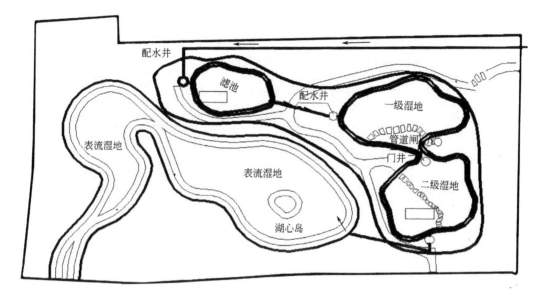

图 5-23　工程整体设计图

建立的四段式人工湿地，包括"滤池＋下行流潜流湿地（一级湿地）＋上行流潜流湿地（二级湿地）＋表流人工湿地"工艺（图 5-24）。

图 5-24　工艺流程图

该示范工程总占地面积为 3171m²，实际应用面积约 2900m²，其中水域面积约 1000m²。

水质改善日处理能力：设计处理能力 500m³/d，应急处理能力 1000m³/d。工程建设滤池与潜流湿地 375m²，表流湿地 1020m²。

② 湿地填料选取　通过比较各种基质的净化能力及对堵塞的影响，并结合示范工程当地实际情况，选择既去污能力强而又经济效益好的基质。

为增加项目区景观效果，该示范工程滤池设计为不规则形状，侧面采用砖砌结构，并在底部和侧墙做防渗处理，底部设置 20cm 承托层，内部布设集水管，向上依次布置 1～3mm 粒径砂层，2～5mm 粒径砂层，5～20mm 布水层，内部设置布水管。

一级湿地水流方向下行，上层布置布水管，水流依次经过 30cm 石子，20cm 沸石，50cm 陶粒，承托层，内设集水管，经连接管接入二级湿地。

二级湿地水流方向为上行，水流依次经过承托层，内设布水管，50cm 沸石，20cm 陶粒，30cm 石英砂，20cm 砂层，20cm 集水层，出水进入表流湿地。

③ 植物选取　选择的植物包括漂浮植物，根茎、球茎及种子植物，挺水草本植物和沉水植物。

漂浮植物：选择当地的水芹菜等作为漂浮植物配置于表流湿地。

根茎、球茎及种子植物：选择慈姑、睡莲、菱角、荸荠配置于表流湿地中。

挺水草本植物：选择千屈菜、水生美人蕉、再力花、旱伞草、花叶菖蒲、菖蒲、水葱、西伯利亚鸢尾、香蒲、梭鱼草种植于潜流湿地和表流湿地。

沉水植物：选择金鱼藻等作为沉水植物，布置于表流湿地中深水部分。

其中一级、二级潜流湿地中植物的种植面积和种植密度情况如表 5-12 所列。

表 5-12 湿地植物种植面积及密度

品种名称	面积/m²	种植密度/(丛/m²)
千屈菜	50	25
水生美人蕉	55	16
再力花	40	16
旱伞草	70	25
花叶菖蒲	15	20
菖蒲	15	20
水葱	15	12
西伯利亚鸢尾	40	25

（3）湿地建设与运行监测

支家库人工湿地示范工程于 2011 年 4 月运行，建成的湿地工程实况照片如图 5.25 所示。

图 5-25 支家库湿地工程图

正常运行阶段期间，从 2011 年 5 月 23 日至 2012 年 6 月 18 日每周 1 次进行了水质监测和分析。监测位置有 9 处，包括在滤池前后 2 个配水井各取一处，一级、二级湿地中设 6 个监测点，二级湿地出水监测点 1 个。其中湿地中的 6 个监测点又分别按照深度 110cm、100cm、80cm、60cm、40cm 设 5 个监测管，分层取样。监测指标包括 COD、TN、NO_3^--N、NO_2^--N、NH_3-N、TP、PO_4^{3-}-P、浊度。

（4）工程效果

支家库四段式人工湿地的各段平均水质变化和各段平均去除率如表 5-13 所列。

表 5-13　支家库湿地各段平均水质变化和去除率

监测项目	进水	滤池出水	潜流湿地出水	表流湿地出水	滤池去除率/%	潜流湿地去除率/%	表流湿地去除率/%	总去除率/%
COD/(mg/L)	25.33	17.74	11.79	9.6	29.9	24.3	7.9	62.1
浊度/NTU	4.03	1.37	1.54	1.23	13.6	48.2	7.7	69.5
TN/(mg/L)	4.08	3.01	1.96	1.24	26.3	30.8	12.5	69.6
NH_3-N/(mg/L)	0.89	0.65	0.41	0.22	24.2	32.8	18.3	75.3
NO_3^--N/(mg/L)	1.44	0.69	0.29	0.16	51.7	27.9	9.3	88.9
NO_2^--N/(mg/L)	0.26	0.1	0.05	0.03	56.6	24.1	7.8	88.5
TP/(mg/L)	0.28	0.22	0.14	0.11	23.8	26.1	10.8	60.7
PO_4^{3-}-P/(mg/L)	0.16	0.12	0.07	0.06	26.9	30.3	5.3	62.5

从表 5-13 中可以看出，四段式人工湿地沿着水流，经过滤池及两级湿地之后，系统进水、滤池出水、潜流湿地、表流湿地出水各污染物浓度逐渐降低，最后系统出水 COD 平均达 9.6mg/L，TN 平均达 1.24mg/L，NH_3-N 平均达 0.22mg/L，TP 平均达 0.11mg/L；COD 平均去除率为 62.1%、TN 平均去除率为 69.6%、NH_3-N 平均去除率为 75.3%、TP 平均去除率为 60.7%。

在四段式湿地中，除 NO_3^--N 和 NO_2^--N 外，其他污染物的去除率，潜流湿地的贡献率大，如图 5.26 所示。

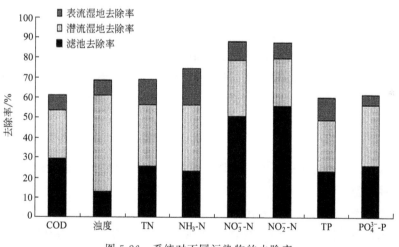

图 5-26　系统对不同污染物的去除率

（5）对支家库河流水质改善效果

为评价四段式人工湿地工程对支家库河道水环境改善的影响，从 2011 年 7 月至 2012 年 6 月，取支家库下游、中游、上游三个监测点作为河道监测点，分别对三个监测点 COD、浊度、TN、NO_3^-、NO_2^-、NH_3-N、TP、PO_4^{3-} 等污染项目进行每周一次的定期取样监测，研究不同河道断面污染物浓度变化情况及规律。

湿地的进水口位于支家库上游和中游两个监测点之间，湿地出水流入支家库断头浜，之后再汇入中游和下游监测点之间。

监测结果如表 5-14 所示，可以发现通过四段式湿地的水质净化，支家库水质得到改善。按照支家库湿地工程 550m³/d 的处理规模，COD、TN、NH_3-N、和 TP 的年去除量约为

3.16t/a、0.57t/a、0.13t/a、0.03t/a，因此，可以有效削减污染负荷，改善河道水质。同时支家库断头浜的水体交换时间提高到 5.85d。流速增加到 0.02~0.03m/s。

表 5-14　支家库河流上中下游水质变化情况

水质	上游	中游	下游	GB 3838—2002 V类水标准
COD/(mg/L)	28.24	25.00	18.08	40
浊度/NTU	7.62	7.87	7.48	—
TN/(mg/L)	4.14	3.59	3.40	—
NH_3-N/(mg/L)	0.68	0.58	0.58	2.0
NO_3^--N/(mg/L)	1.03	0.71	0.68	—
NO_2^--N/(mg/L)	0.24	0.19	0.18	—
TP/(mg/L)	0.36	0.25	0.24	0.4
PO_4^{3-}-P/(mg/L)	0.21	0.12	0.11	—

5.4.3　土地渗滤处理技术

5.4.3.1　技术原理

（1）概述

土地渗滤处理也属于污水自然处理净化范畴，它通常是首先对污水经过一定程度的预处理，然后将预处理后的污水有控制地投配到土地上，利用土壤-微生物-植物生态系统的自净功能和自我调控机制，通过一系列物理、化学和生物化学等过程，其中包括过滤、吸附、化学反应、化学沉淀以及微生物代谢作用下的有机物分解和植物吸收等，使污水达到预定的处理效果。

（2）分类

根据处理目标、处理对象的不同，土地处理系统可分为快速渗滤、慢速渗滤、地表漫流和地下渗滤 4 种类型。

① 慢速渗滤系统（slow rate infiltration system，SR）　慢速渗滤系统是将污水投配到种有作物的土壤表面，污水中的污染物在流经地表土壤-植物系统时得到净化的一种土地处理工艺系统。在慢速渗滤系统中，投配的污水部分被作物吸收，部分渗入地下，部分蒸发散失，这种情况下流出处理场地的水量一般很少。污水的投配方式可采用畦灌、沟灌及可移动的喷灌系统。慢速渗滤系统是土地处理技术中经济效益较好、水和营养成分利用率最高的一种类型。

② 快速渗滤系统（rapid infiltration，RI）　快速渗滤系统是指有控制地将污水投放于渗透性能较好的土地表面，使其在向下渗透的过程中经历不同的物理、化学和生物作用而最终达到污水净化目的的土地处理系统。由于此系统水力负荷通常较高，故一般植物不易摄取营养，植被主要是维持表土的稳定性。系统设地下收集排水管道的快速渗滤系统，适用于透水性良好的土壤，污水进入土壤后很快渗入地下，部分被蒸发，大部分渗滤进入地下水，淹水/干燥交替运行，以便使渗滤池的表面在干燥期恢复好氧环境中得到再生，保持较高的渗

透率。

③ 地表漫流系统（overland flow，OF）　地表漫流系统是将污水有控制地投配到覆盖牧草、坡度和缓、土地渗透性能低的坡面上，使污水在地表沿坡面缓慢流动过程中得以净化的一种污水处理工艺类型。与慢速渗滤法不同点是需有地表径流，还在坡底末端收集径流水。该系统适于透水性差的土壤，地势平坦而有较均匀的坡度（2%～8%），无论以何种方式布水，应控制污水在地表形成薄层，均匀地顺坡流动，其蒸发和渗透量均较小，大部分流入集水沟渠，主要靠表层土和种植的草皮进行一定程度的净化，草皮可防止土壤被冲刷流失，适用于高浓度有机废水的预处理。

④ 地下渗滤系统（subsurface wastewate infiltration，SWI）　地下渗滤系统（见图5-27）是将污水有控制地投配到具有一定构造、距地面一定深度和具有良好扩散性能的土层中，污水在土壤毛管浸润和渗滤作用下向周围运动，在土壤—微生物—植物系统的综合净化功能作用下，达到处理利用要求的一种土地处理系统。

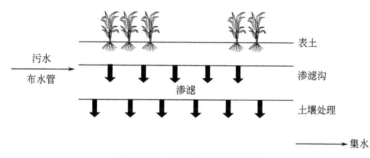

图 5-27　地下渗滤系统示意

其性质与快速渗滤作用相近，处理机制是借助土壤本身及土壤中的微生物进行物理性、化学性及生物性反应，但更强调其中微生物的分解、吸收机制。地下渗滤系统与快速渗滤系统的不同处在于污水进入点不同。快速渗滤系统的污水进入点为系统的表面，与空气接触面积较大，氧化效率较快；地下渗滤系统是利用污水输送管线，将污水导入土壤中处理，污水进入点则是表面下通气良好的散水层（砾石层）。地下渗滤系统虽然也采好氧分解，不过与空气的接触面积不如快速渗滤。这种处理系统为美国应用最多的生活污水自然处理系统，一般应用于污水量小的社区或散户，其系统的稳定性及设施的规范均已完备。该系统的进流水需经沉淀或化粪池等预处理，去除过量的悬浮固体物及油脂方能进入处理。由 USEPA 相关研究文献数据显示，土壤吸收处理系统对生活污水处理效率高，尤其是 BOD 及 SS，而氨氮可被氧化为硝酸盐氮（硝化作用），进而在厌氧环境下完成反硝化作用。

⑤ 人工快渗系统（constructed rapid infiltration，CRI）　人工快渗系统是基于传统的污水快速渗滤土地处理系统发展起来的污水土地处理技术。与 RI 系统相比，CRI 系统采用了渗透性能较好的天然河砂、砾石等为主要渗滤介质来代替天然土层，从而提高了系统的水力负荷。水力负荷的提高，虽然可以减少用地面积，但较短的水力停留时间会影响出水水质，因此在满足出水水质的条件下，必须优化填料，尽可能地提高系统的水力负荷。基于这种思路，出现了由火山岩、沸石颗粒分别与天然河砂组合的新型混合填料人工快速渗滤系统。

CRI系统采用干湿交替的运转方式，可采用自动控制和人工管理相结合的方式，并定期进行翻耕。CRI系统净化机制包括过滤、生物膜作用以及吸附三个过程。有机污染物的去除主要由过滤截留、吸附和生物降解作用共同完成；SS通过预处理和过滤作用去除；氨氮通过硝化（落干）和反硝化作用（淹水）脱氮；磷则与渗滤池内的特殊填料形成磷酸钙沉淀而去除。该系统的快渗池内填充一定量的粒径比较小的滤料，在正常运行过程中，滤料表面生长生物膜。当污水流经时，由于滤料呈压实状态，利用滤料粒径较小的特点，滤料中黏土性矿物和有机质的吸附作用以及生物膜的生物微絮凝作用，截流和吸附污水中的悬浮物和溶解性物质；同时滤料的高比表面积带来的高浓度生物膜的降解能力对污水中污染物快速净化。

CRI系统对于生活污水和受污染河流水净化效果良好，与传统的污水处理方法相比较，该技术有成本低（包括建设和运行成本）、出水效果好、操作简单、抗冲击负荷强、运行稳定。该技术缺点也较为突出，主要是占地较大，同时对可能含油或者存在悬浮物冲击的水存在较大风险，应考虑采用前处理加强防御措施工艺，如絮凝沉淀、水解酸化、隔油气浮、预曝气等方法，一旦遭到冲击短期很难恢复，甚至造成事故。此外人工快渗缺乏理想的反硝化机制，对总氮去除效率较低，正常情况下不超过30%的去除总氮能力，而且对于氨氮偏高的污水长时间运行后容易产生偏弱酸性出水，需要及时补充昂贵的特殊填料来补足碱度。同时对于总磷处理仅处于无机磷吸附层面，吸附效率受限，所以对于高磷污水处理不宜采用人工快渗技术。

5.4.3.2　技术经济特征

（1）优点与局限

污水土地处理成本低廉，基建投资省，运行费用低；运行简便，易于操作管理，节省能源；污水处理与农业利用相结合，能够充分利用水肥资源，促进生态系统的良性循环；可以充分回收再用水和营养物资源，大幅度的降低投资、运行费用和能耗。因地制宜的土地处理系统对于改善区域生态环境质量，也可以起到重要的作用。污水土地处理系统特有的工艺流程决定了它特有的这些技术经济特征，也决定了它适合北方干旱和半干旱地区的显著特点。

但土地处理系统存在较大的局限性，占地较大；场地选址、设计和处理不当会恶化公共卫生状况，传播许多以水为媒介的疾病，影响公众健康。产生上述副作用的主要根源是病原体、重金属和有机毒物。病原体包括细菌、病毒、寄生虫等，对于病原体，人们关心的是它们在空气、土壤、作物和地下水中的作用的归宿。病原体传播的主要途径是：与污水的直接接触，病原体附着在气溶胶微粒上四处飞溅，借助食物链和饮用污染的水源。因此污水土地处理系统必须考虑对公共卫生状况的影响，这也是推广污水土地处理技术面临的和必须解决的问题。

（2）主要特征参数

土地渗滤对污水的缓冲性能较强，但不能用于过高浓度污水的处理，否则会引起臭味和蚊虫滋生。土地渗滤技术的工艺类型选择，主要根据处理水量、出水要求、土壤性质、地形与气候条件等确定。各类型土地渗滤系统的具体设计参数与工艺特点如表5-15所列。

表 5-15　各种典型处理工艺的设计技术指标

设计事项＼土地渗滤类型	慢速渗滤 SR	快速渗滤 RI	地表漫流 OF	地下渗滤 SWI
进水投配方式	地面投配（面灌、沟灌、畦灌、淹灌、滴灌等）	通常采用地面投配	地面投配	地下布水
水力负荷/(m/a)	0.5～6.0	6.0～125.0	3～20	0.4～3
最低预处理要求	通常沉淀预处理	通常沉淀预处理	沉砂、拦杂物和粉碎	化粪池一级处理
要求灌水面积/[100m²/(m³·d)]	6.1～74.0	0.8～6.1	1.7～11.1	
投配废水的去向	蒸发、下渗	下渗、收集	地面径流、蒸发、少量下渗	下渗、蒸发、收集
是否需要种植植物	谷物、牧草、林木	有无均可	牧草	草皮、花卉等
适用于土壤	适当渗水性土壤	亚砂土、砂质土	亚黏土等	
地下水位最小深度/m	−1.5	−4.5	无规定	
对地下水水质的影响	一般有影响	一般有影响	有轻微影响	
BOD₅ 负荷率 /[kg/(10⁴m²·a)]	2×10³～2×10⁴	3.6×10⁴～4.7×10⁴	1.5×10⁴	1.8×10⁴
/[kg/(10⁴m²·d)]	50～500	150～1000	40～120	18～140
场地条件坡度	种作物不超20%，不种作物不超40%	不受限制	2%～8%	
土地渗滤速率	中等 0.6～3.0	高	低	
地下水埋深/m		布水期：≥0.9 干化期：1.5～3.0	不受限制	
气候	寒冷季节需蓄水	一般不受限制	冬季需蓄水	
系统特点				
运行管理	种作物时管理严格	简单	比较严格	
系统寿命	长	磷去除率可能限制系统使用寿命	长	
对土壤的影响	较小	可改良砂荒地	小	

（3）水质净化效果

国内部分污水土地处理系统处理效果见表 5-16。

表 5-16　国内部分污水土地处理系统的运行数据

场地及工艺	处理水量/(m³/d)	处理效果/%					
		BOD₅	COD	SS	TOC	TN	TP
沈阳西 SR	800	96.87	87.60	72.57	83.59	82.38	92.34
北京昌平 RI	500	95.80	91.90	71.98	82.40	79.30	89.00
北京昌平 OF	600	84.80	80.20	90.90	71.50	61.60	
深圳市茅洲河 CRI（3 个渗池）		85.33	77.82	89.51		氨氮98.28	60.19
深圳白泥坑 CW	3150	95.0	80.47	93.00		39.40	

（4）经济性分析

慢速渗滤和快速渗滤系统的主要成本是布水管网或渠道的修建费用。快速渗滤出水进行回用时，要安装地下排水管或管井，开挖土方量、人工费、材料费都会有所增加，但回收的水资源水质较好，可用于绿地浇灌或农业灌溉，形成经济效益，弥补了造价的上升。

地下渗滤系统采用地下布水，工程量相对较大。其主要成本是开挖土方、人工费、渗滤沟或穿孔管的费用，以及集水管网的费用，在绿化要求较高时应种植观赏性强的植物，草皮和花卉此时也会占用一定费用。维护的费用较少。

若将快速渗滤系统的投资成本率、能源消耗率及占地率皆视为 1.00，则其投资成本率是各系统中较高者，但其能源消耗率及占地率则优于其他系统，见表 5-17。漫速渗滤系统由于水力负荷小，所需土地面积则就比其他系统大得多。地表漫流系统之投资成本率最为低廉，而表面流湿地则就相对昂贵许多。

表 5-17　各种土壤处理系统经济比较

土地处理系统	投资成本率	能源消耗	占地率
快速渗滤系统	1.00	1.00	1.00
慢速渗滤系统	0.66～0.75	1.00	13.3～13.1
地表漫流系统	0.6～0.65	1.40～1.45	2.13～2.15
表面流湿地系统	0.98～1.15	1.00	2.37～2.74

（5）适用

一般用于分散生活污水处理、微污染地表水处理等，不适合用于直接处理工业污水或工业污水占到 50％左右比例的市政污水，特别不适用于化工、冶金、焦化、制药等领域工业废水，仅适用于生化性较好，毒性较低的容易处理的普通污水。由于土地处理系统占地较大，对于经济发达、城市用地紧张的地区不适用；也不适合在寒带地区使用，温带地区应考虑做保温设施，适合于在热带、亚热带地区使用。

（6）运行管理

土地渗滤系统是一种无动力或微动力的利用自然土壤的污水处理技术，其运行维护方便，管理简单，仅需定时对格栅（小型系统格网）进行清渣，对植物进行收割，通过收割植物去除吸附在植物体中的营养物质。土壤对污染物的吸附是有一定限度的，污水中有机质含量较高时，土壤层中生物会快速生长，易引起布水系统和填料的堵塞。维护时如检查到土壤表层有浸泡的现象，说明有堵塞现象或水力负荷过大，此时应停止布水，做进一步的检查。收割牧草时应注意用轻型收割机或人工进行，防止重物压实填料层。

慢速渗滤和快速渗滤系统的主要维护工作是布水系统和作物管理，投配的水量要合适，不能出现持续淹没状态。快速渗滤系统通常采用淹水、干化间歇式运行，以便渗滤区处于干湿交替状态，有利于污染物迅速降解。

地下渗滤系统对入水的要求要比慢速渗滤系统和快速渗滤系统高一些。如果入水中颗粒物较多，则容易引起地下渗滤系统填料层堵塞，造成雍水，处理效率下降。地下渗滤系统表面种植的绿化草皮和植被，还应具有较好的观赏效果，但不宜采用较长根系的植物。

⊙ 参考文献

[1] Erickson A J, Gulliver J S, Weiss P T. Capturing phosphates with iron enhanced sand filtration [J]. Water research, 2012, 46 (9): 3032-3042.

[2] CJJ/T 54—93, 污水稳定塘设计规范 [S] 1993.

[3] CN-HJ2005-2010, 人工湿地污水处理工程技术规范 [S] 2010.

[4] Erickson A J, Gulliver J S, Weiss P T. Enhanced sand filtration for storm water phosphorus removal [J]. Journal of Environmental Engineering-ASCE, 2007, 133 (5): 485-497.

[5] Green F B, Bernstone L S, Lundquist T J, et al. Advanced integrated wastewater pond systems for nitrogen removal [J]. Water Science and Technology, 1996, 33 (7): 207-217.

[6] García J, Aguirre P, Barrag án J, et al. Effect of key design parameters on the efficiency of horizontal subsurface flow constructed wetlands [J]. Ecological Engineering, 2005, 25 (4): 405-418.

[7] Jia Haifeng, Sun Zhaoxia, Li Guanghe. A four-stage constructed wetland system for treating polluted waterfrom an urban river [J]. Ecological Engineering, 2014, 71: 48-55.

[8] Jia Haifeng, Ma Hongtao, Wei Mingjie. Urban Wetland Planning: A Case Study in the Beijing Central Region [J]. Ecological Complexity, 2011, 8 (2): 213-221.

[9] Kramer J P, Wouters J W, Rosmalen Pvan, 等. 帕克活性生物砂滤脱氮的四年运行经验. //2011 (第五届) 水业高级技术论坛论文集 [C], 2011: 207-217.

[10] Oswald W J. Advanced integrated wastewater pond systems. Proceedings of the ASCE convention: Supplying Water and Saving the Environment for Six Billion People [C] San Francisco, California, USA, 1990. (11): 5-8.

[11] Ying T Y, Yiacoumi S, Tsouris C. High-gradient magnetically seeded filtration [J]. Chemical Engineering Science, 2000, 55 (6): 1101-1113.

[12] 白晓慧, 王宝贞, 聂梅生. 新型高级综合稳定塘 (AIWPS) [J]. 中国给水排水, 1998, (04): 35-37.

[13] 本桥敬之助, 山内隆, 南彰则. 不织布接触ろ材を用いた排水路の水质净化 [J]. 水处理技术, 1996, 37 (3): 36-40.

[14] 陈滢, 杜庆波, 刘崇, 等. 成都市凤凰河二沟河水污染治理工程实践 [A]. 中国环境科学学会 2009 年学术年会论文集 (第一卷) [C], 2009.

[15] 陈志强, 温沁雪, 吕炳南, 等. 连续过滤处理微污原水试验研究 [J]. 哈尔滨商业大学学报 (自然科学版), 2004, 20 (4): 425-428, 437.

[16] 窦娜莎. 曝气生物滤池处理城市污水的效能与微生物特性研究 [D]. 青岛: 中国海洋大学, 2013.

[17] 葛俊, 黄天寅, 胡小贞, 等. 砾间接触氧化技术在入湖河流治理中的应用现状 [J]. 安徽农业科学, 2014, (34): 12225-12228.

[18] 高拯民, 李宪法. 城市污水土地处理利用设计手册 [M]. 北京: 中国标准出版社, 1991.

[19] 关艳艳, 佘宗莲, 周艳丽, 等. 人工湿地处理污染河水的研究进展 [J]. 水处理技术, 2010, 36 (10): 10-15.

[20] 何绪蕾. 流砂过滤器应用研究 [D]. 青岛: 中国石油大学 (华东), 2008.

[21] 胡家玮, 李军, 陈瑜, 等. 磁絮凝在强化处理受污染河水中的应用 [J]. 中国给水排水, 2011, 27 (15): 75-81.

[22] 赖梅东, 刘欢, 张海凤, 等. 人工快渗技术在受污染河道水环境生态修复中的应用 [A]. //第三届全国河道治理与生态修复技术交流研讨会论文集 [C], 2011: 214-221.

[23] 李超, 侯成林, 吴为中, 等. 大清河人工快速渗滤系统示范工程效果分析 [J]. 生态环境学报, 2010, 19 (12): 2960-2965.

[24] 李锦梁. "彗星式纤维滤料" 高速滤池工艺设计 [J]. 净水技术, 2004, 23 (2): 45-47.

[25] 李丽, 陆兆华, 王昊, 等. 新型混合填料人工快渗系统处理污染河水的试验研究 [J]. 中国给水排水, 2007, 23 (11): 86-89.

[26] 李璐, 张辉, 谢曙光, 等. 生物接触氧化工艺处理河流污水的试验研究 [J]. 中国给水排水; 2008, 24 (7): 25-28.

[27] 李树金, 王三反, 薛广雷. 气动絮凝强化处理城镇污染河水 [J]. 环境工程学报, 2012, 6 (5): 1629-1632.

[28] 李维垚. 复合人工湿地处理微污染河水试验研究 [D]. 北京: 北京工业大学, 2012.

[29] 李振瑜, 刘沫, 王夏, 等. 彗星式纤维滤料直接过滤的试验研究 [J]. 给水排水, 2004, 30 (3): 77-80.

[30] 林猛. 潜流人工湿地处理农村生活污水的研究 [D]. 西安: 西安建筑科技大学, 2012.

[31] 刘华波, 杨海真. 稳定塘污水处理技术的应用现状与发展 [J]. 天津城市建设学院学报, 2003, 9 (1): 19-22.

[32] 刘科军, 吕锡武. 跌水曝气生物接触氧化预处理微污染水源水 [J]. 水处理技术, 2008, 34 (8): 55-58.

[33] 刘鲁建, 聂忠文, 冀雪峰, 等. 生物接触氧化填料在梁滩河综合治理中的应用 [J]. 三峡环境与生态, 2012, 34 (6): 39-41, 57.

[34] 陆琳琳. 人工湿地组合工艺处理污染河水研究 [D]. 南京: 河海大学, 2007.

[35] 倪鸿, 周勉, 黄光华, 等. ReCoMag™超磁分离水体净化系统用于河道水净化处理实验研究 [A]. 全国城镇污水处理及污泥处理处置技术高级研讨会论文集 [C], 2009: 240-245.

[36] 聂梅生, 徐水明. 试论我国城市污水稳定塘的技术经济性 (上) [J]. 中国给水排水, 1990 (05): 26-31.

[37] 潘彩萍, 王小奇, 钟佐燊, 等. 人工快渗处理牛湖河水的实践 [J]. 中国给水排水, 2004, 20 (9): 71-72.

[38] 潘碌亭, 吴蕾, 屠晓青. 化学氧化絮凝技术在强化处理受污染河水中的应用 [J]. 环境工程学报, 2007, 1 (9): 54-57.

[39] 潘涌璋, 梁瑛瑜. 磁种-磁滤技术处理污染河水的试验研究 [J]. 四川环境, 2005, 24 (02): 15-17.

[40] 清华大学. 一种采用软质弹性外壁的可膨胀式滤池: 中国, CN201210444053.3 [P], 2013-7-3.

[41] 清华大学. 一种可膨胀式滤池: 中国, CN201220586498.0 [P], 2013-10-16.

[42] 邱慎初. 化学强化一级处理 (CEPT) 技术 [J]. 中国给水排水, 2000, 16 (1): 26-29.

[43] 施恩. 组合潜流人工湿地处理污染河水的研究 [D]. 青岛: 中国海洋大学, 2012.

[44] 唐亮, 左玉辉. 新沂河河道稳定塘工程研究 [J]. 环境工程, 2003, 21 (2): 75-77.

[45] 田伟君, 翟金波. 生物膜技术在污染河道治理中的应用 [J]. 环境保护, 2004, (8): 19-21.

[46] 王利明. 新型潜流人工湿地处理农村生活污水示范及优化 [D]. 青岛: 中国海洋大学, 2012.

[47] 王曼. 接触氧化工艺对污染河道的脱氮性能研究 [D]. 北京: 北京工业大学, 2012.

[48] 王敏. 移动床生物膜反应器处理生活污水的实验及应用研究 [D]. 成都: 成都理工大学, 2011.

[49] 王荣昌, 景永强, 文湘华, 等. 悬浮载体生物膜反应器修复受污染河水试验研究 [A]. // 第三届环境模拟与污染控制学术研讨会论文集 [C], 2003: 95-96.

[50] 王世和, 周飞, 吴铭铭, 等. 长纤维高速过滤器的运行特性与性能优势 [J]. 过滤与分离, 2008, 18 (1): 38-41.

[51] 王曙光, 奕兆坤, 宫小燕, 等. CEPT技术处理污染河水的研究 [J]. 中国给水排水, 2001, 17 (4): 16-18.

[52] 王学江, 夏四清, 张全兴, 等. 悬浮填料移动床处理苏州河支流河水试验研究 [J]. 环境污染治理技术与设备, 2002, 3 (1): 27-29, 22.

[53] 王志勇, 彭福全, 沃留杰, 等. 生物接触氧化技术在河道治理中的研究进展 [M]. 市政技术. 2009, 27 (2): 171-173.

[54] 韦余广. 河道人工湿地的构建研究 [D]. 扬州: 扬州大学, 2007.

[55] 温东辉, 李璐. 以有机污染为主的河流治理技术研究进展 [J]. 生态环境, 2007, 16 (5): 1539-1545.

[56] 吴建强, 黄沈发, 阮晓红, 等. 江苏新沂河漫滩表面流人工湿地对污染河水的净化试验 [J]. 湖泊科学, 2006, 18 (3): 238-242.

[57] 吴建强. 人工湿地处理污染河水现场中试研究 [D]. 南京: 河海大学, 2005.

[58] 肖唐俊. 多级重力跌水曝气生物膜法处理生活污水研究 [D]. 武汉: 华中科技大学, 2007.

[59] 谢湉. 水平潜流人工湿地与垂直流人工湿地对受污染河水的处理研究 [D]. 青岛: 中国海洋大学, 2012.

[60] 许文来, 杜庆波, 张建强, 等. 土地处理系统处理成都市凤凰河二沟污水效果分析 [A]. // 中国环境科学学会2009年学术年会论文集 [C], 2009: 714-719.

[61] 许文来. 人工快速渗滤系统污染物去除机理及动力学研究 [D]. 成都: 西南交通大学, 2011.

[62] 薛广雷，王龙，刘建焘．气动絮凝用于城镇污染河水处理的试验研究 [J]．水处理技术，2011，37（1）：99-102.

[63] 薛彤，卢欢亮，王伟，等．CEPT 技术治理深圳观澜河水工程设计 [J]．中国给水排水，2004（08）：64-65.

[64] 杨荔．曝气生物滤池系统在受污染河水水质处理中的应用研究 [D]．兰州：兰州交通大学，2011.

[65] 杨树滩，张建华．天然河道形成的稳定塘运行条件试验研究 [J]．江苏水利，2005，(11)：35-36，39.

[66] 姚文兵，林建国，褚云风．移动床生物膜反应器技术在实际工程应用中若干问题的讨论 [J]．环境保护，2002，(3)：20-22.

[67] 易新贵．改良式人工湿地处理乡镇河流污水工程应用 [J]．工业安全与环保，2006，32（8）：35-36.

[68] 袁胜广．气提式连续砂滤工艺对氨氮去除效果的中试研究 [J]．现代商贸工业，2011，23（14）：291-292.

[69] 张辉，温东辉，李璐，等．分段进水生物接触氧化工艺净化河道水质的旁路示范工程研究 [J]．北京大学学报（自然科学版），2009，45（4）：677-684.

[70] 张辉，温东辉，李璐，等．附加回流的生物接触氧化工艺净化滇池大清河水质的示范工程研究 [J]．环境工程学报，2009，3（2）：199-204.

[71] 张建强，李倩囡，许文来．人工快速渗滤系统工程实践分析 [A]．中国环境科学学会学术年会论文集（第一卷）[C]．2011.

[72] 张力，张善发，周琪，等．化学强化一级处理工艺处理上海合流污水溢流水的中试研究 [J]．净水技术，2010，29（3）：18-21.

[73] 张鹏，袁辉洲，柯水洲．MBBR 法处理城市污水去除污染物的特性研究 [J]．水处理技术，2009，35（10）：91-96.

[74] 张万友，郗丽娟，陈雪梅，等．几种纤维过滤器的工作原理及特性 [J]．中国给水排水，2003，19（6）：23-25.

[75] 张巍，许静，李晓东，等．稳定塘处理污水的机理研究及应用研究进展 [J]．生态环境学报，2014，23（8）：1396-1401.

[76] 张旭东．地表漫流系统处理污染河水的试验研究 [D]．南京：河海大学，2005.

[77] 张雅，谢宝元，张志强，等．生物接触氧化技术处理河道污水的可行性研究 [J]．水处理技术，2012，38（5）：51-54.

[78] 张雨葵，杨扬，刘涛，等．人工湿地植物的选择及湿地植物对污染河水的净化能力 [J]．农业环境科学学报，2006，25（5）：1318-1323.

[79] 张雨葵．人工湿地的水力学特性及其处理污染河水试验研究 [D]．北京：中国环境科学研究院，2006.

[80] 赵江冰，胡龙兴．移动床生物膜反应器技术研究现状与进展 [J]．环境科学与技术，2004，27（2）：103-106.

[81] 钟林，郑蕾，丁爱中，等．人工湿地在我国污染河水治理中的应用及去除效果统计分析 [J]．北京师范大学学报（自然科学版），2012，48（1）：66-73.

[82] 周飞，王世和，张浩．长纤维高速过滤器直接过滤试验研究 [J]．给水排水，2005，31（6）：23-26.

[83] 朱小彪．曝气生物滤池处理城市纳污河道废水的运行特性及生物学研究 [D]．济南：山东大学，2008.

6 | 城市河流生态修复与重构

　　城市河流生态修复是使受损的河流生态系统恢复到一个健康的状态，且能够自我恢复、自我维持其动态均衡的生态过程。对受损的河流生态系统进行生态修复，要根据河流的具体情况，采取适宜的生态修复技术，恢复河道的自净能力，创造出良好的多样化生境条件，最终达到恢复与重建河流生态系统的目的。

　　城市河流生态的修复与重构，是在生态安全与人、水和谐理念指导下，通过生态河床和生态护岸等河道空间结构改造、河流生态系统营造、河道内景观生态元素建设等的技术手段，营造多样性的生物生境条件、提升水体自净能力，逐步将城市河流改造、建设成为功能健全、安全稳定和生物多样性高的城市基础设施和宜居亲水休闲基地。

6.1　城市生态河道的空间结构

　　城市生态河道的空间结构建设主要是通过生态河床、生态护岸等生态工程建设，通过构建多样化的生境，进而实现河流生态系统的持续健康发展。

6.1.1　生态河流的形态

　　河床是水生态系统的重要载体，是各种水生生物生存和繁衍的主要空间。但由于过去人类认识上的局限性，单纯从城市防洪等水利目标出发，采取了"裁弯取直""渠系化""硬质化"等损坏城市河相多样化的人工措施，致使自然河床消失，水域生态系统退化。为了修复城市河流生态系统，应采取各种生态工程技术，重建自然河道断面，重构和修复被损坏的河床，恢复河道形态多样性，减少传统河道整治时铺设在河床上的非环保硬质材料，恢复河床自然状态，为水生生物重建栖息地环境。

6.1.1.1　生态河道的平面形态

　　自然界的河流形态都是蜿蜒曲折连续的（图 6-1），宽窄相间的水面、深浅交错的水深，使得河道形成急流、瀑布、跌水、缓流等丰富多样的生境，河流中的曲流、深潭、浅滩、河漫滩、积水沼地、阶地、三角洲等丰富的地貌，构成了河流形态多样性。由此形成流速、流量、水深、河床材料构成等多种生态因子的异质性，造就了生境多样性，形成了丰富的河流生物群落多样性。丰富的滨水植被，为鱼类、鸟类和两栖动物、昆虫等提供了繁衍栖息的场所，也形成了丰富的景观类型。由于流速不同，在急流和缓流的不同生境条件下聚集着不同的生物群落——急流生物群落和缓流生物群落。此外，曲流的形成能够减弱、消耗洪水的冲力，从而保证河床形态的稳定，减弱下游河段的压力。

图 6-1　蜿蜒的小溪

由于气候、地质地貌因素、水流运动特性及其相应的沉积特性，河道植被的连续性，使得河流形态在小尺度范围内总体上形成 4 种不同类型的平面河型，分别是顺直型、弯曲型、分汊型河、交织型（即网状）。

在近自然河道的平面形态规划设计中，要遵循以下原则：a. 充分利用河道的自然形状；b. 平面形状要蜿蜒曲折；c. 形成交替的浅滩和深潭；d. 保留大的深水潭以及河畔林；e. 尽量将河床及沿岸滩地纳入平面设计中；f. 尽量确保河道用地的宽度；g. 适当给予河道自由塑造的空间。

6.1.1.2　生态河道横剖面

自然河道的横断面通常由河槽、滩地以及河岸缓冲带三大部分组成，每个部分具有各自的特征和功能，如图 6-2 所示。

（1）河槽

河槽是指河道中经常通过水流的部分。由于河道平面形态弯曲，河水对两岸冲刷力不同，造成河槽的断面也不对称，河床最深部位谷底线靠近受冲刷边坡，并局部形成深潭、浅滩、岛屿等多种变化，由此形成多种生境，为各种水生生物提供多样性的栖息地，并形成了自然的多种景观空间。

自然界的河槽具有丰富的变化，而在传统的城市河道整治建设中，往往会将一整条河道或很长一段设计成某种"标准断面"。从生态河流营造角度看，这既不符合自然生态，又会使河道丧失丰富的景观元素。

（2）滩地

滩地是指位于河槽两侧，洪水期被淹没，平时露出水面的地方。由于水的横向冲刷力会使得泥沙堆积形成自然堤。

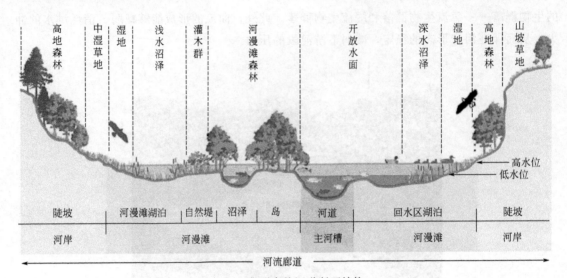

图 6-2 典型自然河道断面结构

滩地具有干湿变化的不同状态，植物群落丰富，水生、陆生和两栖动物也适合在滩地生存，因此其生物多样性高，生产力强。同时滩地又能起到蓄水、滞洪、过滤等作用，在防洪和水质净化方面意义重大。因此滩地具有非常重要的保护价值。

在城市河流的改造利用和整治中，许多滩地遭到破坏，尤其是高河滩。在城市中，河滩除了生态功能和景观功能外，还具有亲水功能，可以适当设置亲水设施，为人们亲近河流、接近自然的亲水活动提供场所。

在城市河道的断面设计中，应该参考自然河道断面，保护滩地。同时，由于为了兼顾洪水期洪峰流量以及平时的景观和使用要求，河道应尽可能使用复式断面。

（3）河岸缓冲带

河岸缓冲带是指河水-陆地交界处的两边，直至河水影响消失为止的地带，河岸带是介于河溪和高地植被之间的生态过渡带，其范围包括河流廊道的高低水位之间以及从河流高水位至被洪水影响的高地区域，是陆地生态系统和水生生态系统的生态过渡区，具有明显的边缘效应和丰富的生物多样性，是地球上多样性最丰富、变化最快、最为复杂的陆地生境，具有一系列的环境、社会和经济功能。

由于快速的城市化和城市人口的剧增，多数城市对土地的利用已经到了见缝插针的地步。河岸缓冲带往往被最大限度地布局了建筑或道路，河岸植被宽度变窄，这既影响了河道的自然景观，又不利于滨河生物的生存，也减少了市民休闲活动的空间，同时加重了防洪压力，增大了风险。

河岸缓冲带应该进行植被恢复，保证河流廊道宽度，最大限度地保护生物多样性，同时尽可能多地为市民保留和营建滨河亲水活动空间。

6.1.1.3 生态河道纵剖面

自然河道的纵剖面也多有变化，形状多样，表现为非规则断面，也常有深潭与浅滩交错的出现。

浅滩可以增加水流的紊动，光热条件优越，促进河水充氧，适于形成湿地，供鸟类、两栖动物和昆虫栖息。积水洼地中，鱼类和各类软体动物丰富，它们是肉食候鸟的食物来源，鸟粪和鱼类又促进水生植物生长，水生植物又可以是鸟类的食物，形成了有利于动植物生长的食物链。由于水文条件随年周期循环变化，河湾湿地也呈周期变化。在洪水季节水生植物种群占优势。水位下降后，湿生植物逐渐代替了水生植物，是一种脉冲式的生物群落变化模式。

在深潭里，太阳光辐射作用随水深加大而减弱。水温随深度变化，深水层水温变化迟缓，与表层变化相比存在滞后现象。由于水温、阳光辐射、食物和含氧量沿水深方向而变化，深潭还是鱼类的保护区和有机物储存区，且存在着生物群落的分层现象。比如浮游动物一般是趋于弱光的，它们白天多分布在较深的水层，夜晚则上升到表层。

6.1.2 城市生态河流的结构修复

6.1.2.1 河道蜿蜒性修复

（1）恢复河道的蜿蜒性

将河道在工程上恢复到未裁弯取直的蜿蜒性原貌，通常是依据已有的水文资料或参照河道的历史资料来实施（图6-3）。当资料不具备时，也可根据水文原理，设置弯曲河流长度至少是直线长度的1.5倍。在河道恢复的弯曲段，水流交替地将凹岸的泥沙"搬运"到凸岸，形成自然河流的冲刷和沉积过程，同时也使得河曲段的河道宽度拓展为直线段的5～7倍。这种变化为河流生态的生物多样性提供了条件，与直线河流相比，弯曲河流拥有更复杂的动植物群落。其丰富的生态环境类型，也构成了河流水系自净能力的重要部分。

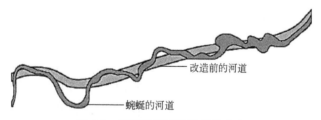

图6-3 河道蜿蜒性改造前后对比

新加坡从2006年开始推出城市水体的活跃（active）、美丽（beautiful）和干净（clean）计划（ABC计划），目标是营造美丽和干净的溪流、河流、湖泊，为市民提供了新的休闲娱乐空间。碧山宏茂桥公园旁的Kallang河修复是ABC计划中的典型案例，恢复河流蜿蜒性是其中采取的措施之一，其修复前后的照片对比如图6-4和图6-5所示。

（2）恢复多样的河道断面形式

常见的河道断面形式主要有"U"形断面、梯形断面、矩形断面、复式断面和双层断面五种类型，其中严格意义上的梯形、矩形、复式和双层等断面形式均为人工建造的断面。

①"U"形断面为自然河道断面，它是由水流常年冲刷自然形成的，为非规则断面，具有一定的多样性特点。

②梯形和矩形是城市河道常见的规则断面形式，结构比较单一，难以满足河道洪水和

图 6-4　新加坡 Kallang 河修复前笔直的河渠（见文后彩图）

图 6-5　新加坡 Kallang 河修复后蜿蜒性的河流（见文后彩图）

枯水落差之间的景观生态效应。

③ 复式断面在常水位以下可以采用人工的矩形或梯形断面，在常水位以上可以设置缓坡或二级护岸。在枯水期，流量小，水流归主河槽；在洪水期，流量大，允许河水漫滩，过水断面变大成为行洪断面（图 6-6）。复式断面同时满足了行洪功能和枯水期景观生态效应，是城市河道中应用较多的型断面形式，但其占地面积较大，适用于河滩较为开阔的河道。

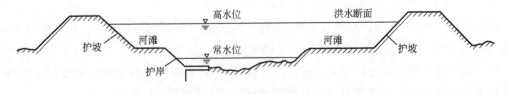

图 6-6　复式断面示意

④ 双层断面是将河道建成上下两层，上层为明河，控制较浅水位，水质较好，具有休闲、观赏、亲水等功能；下层为暗河，采用混凝土结构，主要用于行洪和排涝，也可以过流水质不好的水流。适用于既有行洪排涝的功能，又要满足生态性景观性亲水性要求的城市内河，但该断面形式结构较为复杂，施工难度大，投资较大。

（3）建造丁坝

丁坝是与河岸正交或斜交伸入河道中的河道整治建筑物，广泛使用于河道整治中，其主要功能为保护河岸不受来流直接冲蚀而产生掏刷破坏，同时它也在改善航道、维护河相以及保护水生态多样化方面发挥着作用。河道生态修复时配置丁坝，可以形成缓流区域，既为鱼类等水生动物提供停留、繁衍和避难的场所，也能减少水流对河岸的冲击。连续配置的丁坝容易产生泥沙堆积，泥沙堆积区为滨水植物的生长创造了条件，同时也有助于河床形成深潭浅滩，并与周围植被景观相协调，形成美丽的河道景观。

丁坝的平面布置应结合河流自身具体情况、其他修复措施以及景观措施，借鉴类似工程经验确定。丁坝一般均成群布置，丁坝的长度一般为河宽的 1/10 以内，高度为设计洪水流量时水深的 0.2~0.3。丁坝的间距以及布置的数量与丁坝的淤积效果有密切关系。

不同布置形式的丁坝对河流所起的作用是不同的，在城市河流的生态修复中，使用较多的丁坝形式有抛石丁坝、桩式丁坝、混凝土块体丁坝以及部分"短丁坝"，可根据河流自身情况结合护岸和景观综合比选，选择相适应的丁坝形式，也可将现有丁坝进行改造和组合。

① 抛石丁坝　抛石丁坝是用毛石堆积或在填土表面用毛石干砌而形成的丁坝，具有减缓水流、改变水流方向、减轻河岸侵蚀的作用（图 6-7）。其横断面为梯型，其坝顶宽度一般为 1~4m。坝头因受水流冲击淘刷，适当加宽，一般做成梨形或圆盘形，其加宽值为坝顶宽度的 1/3~1/2。抛石丁坝迎水坡坡度一般采用（1:1）~（1:2），背水坡采用（1:1.5）~（1:3），在流速不大处也可取 1:1，坝头向河坡取（1:3）~（1:5）。

抛石丁坝一般适合于河床材料为砂砾的河道和急流河道。由于栖息在河流的生物适应河流的河床材料和河岸材料而分布，因此选在有石料来源的地点更好。在丁坝坝根周围栽植柳树等防止河岸侵蚀。

图 6-7　日本球磨川人吉大桥丁坝工程（与护岸夹角为 60°）

② 桩式丁坝　桩式丁坝是采用木桩或钢筋混凝土桩作基础的垂直于岸线的丁坝。在相同条件下，单排桩式丁坝与双排式丁坝的冲刷情况差异不大，且都能达到一致的淤积效果，因此通常可以使用单排。

面向主流方向桩式丁坝的根部采用石笼等护岸。河床有可能被冲刷时，以抛石、梢捆沉排、简式梢捆沉排和蛇笼作为基础工程。缓流部位采用抛石、简式梢捆沉排，急流部位采用石笼，中间部位用梢捆沉排。同时用柳树枝条将桩编在一起以促进泥沙堆积。例如，2008年，在长春市饮用水源地石头口门水库的一条严重受损的山区河流——莲花山河流的近自然生态修复工程中，主要采用木桩、块石、活体柳树枝等自然材料来建造多孔隙透水丁坝（图6-8），调整水流的同时也为生物提供栖息地。该丁坝主要有以下优点：材料成本低，施工简单；丁坝稳定性好，便于维护；丁坝多孔隙，可以为动植物提供栖息和避难环境；与周围环境相协调，优化提升河流景观性。

图 6-8　莲花山受损河流近自然生态修复工程——桩式丁坝

③ 混凝土块体丁坝　同抛石丁坝类似，一般是在混凝土块体丁坝上覆盖当地河床材料、表土和抛石等，促使泥沙堆积，创造出同自然河岸相同的环境，也期待其在洪水暴发时能够为鱼类等提供避难所。一般使用形状不规则的混凝土块体修建丁坝时，水中用抛石和当地河床材料覆盖，水面以上覆盖当地土壤并栽植树木。丁坝的方向垂直于河岸或略偏于下游，用当地的石料和表土、栽植乡土植物，并采用木桩沉排和蛇笼等作为护脚固槽工程。图 6-9 为日本日本多摩川和泉混凝土块体丁坝，其加了蛇笼护岸。

图 6-9　日本多摩川和泉混凝土块体丁坝

④ 短丁坝　短丁坝是河道内小型的局部突出构筑物，用于改善河道的蜿蜒性，在城市河道中应用较多。在城市中小河流生态修复中，由于其周边限制因素多、河道本身过流面积较小，当河道无法大规模改造其岸线的时候，可以结合景观改造利用一些小的局部突出构筑物来局部提高其蜿蜒性，形成一定的缓流区域，改善河道形态和生态环境。

在直立式护岸加 $1m^2$ 的采用石贴面的"石桩"以尽可能丰富河道的形态，同时也减少河道过浓的人工味，如图 6-10 所示为北京市转河生态整治中采用的"石桩"。"石桩"的材料也可使用竖直的石笼，石笼的多孔隙性既适合沉积泥沙、生长植物，又可以作为小型水生动物的栖息地，可以更好地体现生态性。

图 6-10 北京转河垂直护岸上的"石桩"

结合亲水台阶和亲水平台，采用多个弧形台阶贯连的方式，使弧形交叉处形成面向河道的突出，在这个突出部位结合石料和植被种植，也能起到一定的增加河道蜿蜒性的作用，并形成独特的景观。如图 6-11 所示为城市河流生态整治中结合亲水平台和亲水台阶建设形成向河道突出物。

图 6-11 结合亲水台阶和亲水平台向河道突出物

6.1.2.2 河道连续性修复

自然河道的连续性是鱼类等水生生物正常繁衍生息的重要保证，但人们在对河道的开发利用过程中常常修坝筑闸，隔断了水流的连续性。河道的非连续化将流水生境改变成了静水生境，物质循环和能量流动的通畅性削弱，生物群落多样性在不同程度上受到影响，也给鱼类上下游动造成了障碍。

恢复河道的连续性对城市河流生态系统的恢复很重要，主要可通过拆除废旧拦河坝，将直立的跌水改为缓坡，设置辅助水道，并在落差大的断面设置专门的各种类型的鱼道等方法实施。

（1）设置多级人工落差

人工设置落差能减缓坡降，降低洪水流速，起到保护河床的作用，而且能在河道水量较少时通过拦蓄水流维持枯水期河道所需生态水量和生态水位，保持一定的河道水面面积。但在设置落差时必须考虑鱼类的迁徙，最大设计落差不得超过 1.5m，如韩国清溪川河落差工程（图 6-12）。

图 6-12　河道人工落差工程

对于坡降过大的河段，可将其设置成坡度为 1/10 的阶梯状，阶梯间高差为 30cm，在每节阶梯间设置约 50cm 深的池塘；横断面方向设 1/30 的倾斜坡度，以维持流量大小发生变化时鱼类上溯的流速和水深。这样的人工落差易于鱼类迁徙，而且可以增强水体的复氧能力和自净能力，也有利于水流和河相形成多种变化，保持生物的多样性。例如英国泰斯河的落差工程（图 6-13），在落差工程的下方，为鱼类修建一个至少深 80cm 的鱼池，既可以为上溯的鱼群提供所需助游距离，方便鱼类上溯，同时也利用石缝为鱼群提供避难的场所。

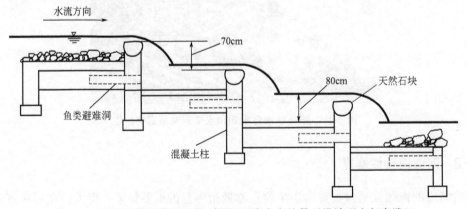

图 6-13　英国泰斯河落差工程(来源于《滨水自然景观设计理念与实践》)

（2）鱼道

修闸建坝等隔断了河道连续性，使得鱼类等水生动物难以逾越，导致河流生物群落的变化。为此，可以在这些河道中修建鱼道，创造促进鱼类及其他水生生物在水体内游动的水文与底质条件，鱼道示意如图 6-14 所示。

鱼道一般建造在大江大河上，提供某种鱼类洄游的通道。城市中小型河流特别是平原地区河流，很少出现此类情况，所以在城市河流中修建鱼道的案例不多，不过从生态系统完整性等角度，近年来在城市河流生态修复实践中也逐渐开始包括了鱼道建设。

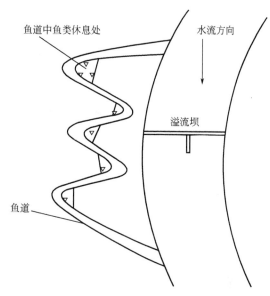

图 6-14　旁位鱼道规划示意

鱼道的设计要建立在详细的水文生态调查、河流水力学特性调查等的基础上，必须了解鱼的习性，包括：目标鱼的迁徙周期、游行能力等；要根据其游行能力来确定最大流速及水池的尺寸，鱼道内水的流速要低于目标鱼类的最大游速，若超过则应设置水池供鱼类休息；要根据其迁徙方向决定拦坝与鱼道入口的相互空间关系等。

传统工程鱼道往往是为了解决特定鱼类的上溯而设计建造的，其结构一般分为槽式、水池式、隔板式鱼道，主要应用在大江大河工程中，此处不再介绍。

仿自然型鱼道（生态鱼道）是采用更为鱼类所熟悉的天然漂石、砂砾、木头等材料，并尽可能模拟天然河流的水流形态，因而其过鱼效率通常较高。生态鱼道设计中不仅仅考虑鱼的特性及鱼道中的水力学问题，还应该同时考虑景观完整性和生态完整性问题。当河流上闸坝不具备改建条件，而地形条件较为有利时，可在河道岸边（旁位鱼道见图 6-14）开凿仿自然河流的明渠以帮助鱼类顺利通过闸坝。其大致可分为两种不同的形式：水池浅滩型鱼道和加糙坡道型鱼道。

水池浅滩型鱼道是梯级的构造形式，由陡峭的短渠与长且平坦的水池组成（图 6-15）。浅滩处的水深较浅，流速较大，而水池内则恰好相反，两个相邻水池水位差异越大，则水池间的浅滩处的流速越大。为了鱼类的成功上溯，浅滩处的流速需要小于鱼类的突进速度，水池内的水流应相对平静且流速应在鱼类持续速度范围内。水池浅滩型鱼道长度较长，可顺直也可弯曲，还可以在河道岸边或是中心岛上开凿旁路水道，模拟天然河流。

加糙坡道型鱼道一般采用大型漂石构建尽可能平缓的坡道，以替代低堰或落差，从而帮助鱼类顺利通过闸坝等障碍物。加糙坡道型鱼道由一个长的斜槽构成（图 6-16）。坡道的坡度和长度受鱼类耐久式游泳能力的限制，需要在坡道中每隔一段距离添加一个休息池。休息池可以是人工弯道的静水区或是在斜槽内布置大型天然漂石所形成的低流速区。

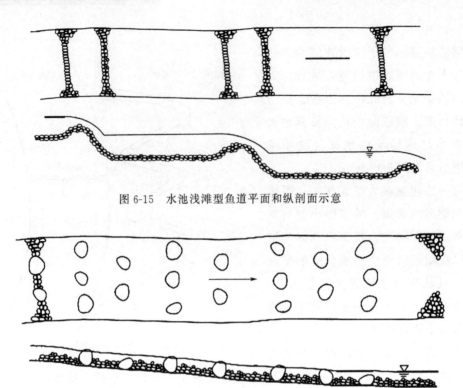

图 6-15　水池浅滩型鱼道平面和纵剖面示意

图 6-16　加糙坡道型鱼道平面和纵剖面示意

6.1.2.3　河床生态化修复

河床是河谷中平水期水流所占据的谷底部分。通常大部分河道的河床材料都是透水的，即由卵石、砾石、沙土、黏土等材料构成的河床。具有透水性能的河床材料，适于水生和湿生植物以及微生物生存。不同粒径卵石的自然组合，为鱼类产卵提供了场所。同时，透水的河床又使地表水和地下水相连，使水系统形成整体，为生物提供了丰富的栖息地，奠定了生物群落多样性的基础。天然河床由于水流和泥沙的相互作用，会产生不定期的冲刷和淤积，其纵剖面呈深槽与浅滩交替的结构，横剖面呈低洼的槽形结构。

然而城市河流河床的衬砌使河床材料硬质化，阻隔了地表水与地下水的连通，同时影响了微生物、水生植物和湿生植物的生存环境，进而改变了昆虫、两栖动物和鸟类的生存条件。河床生态化修复是河流生态修复的重要部分，河床生态化措施主要包括以下几种。

（1）河床的生态衬砌

在水资源短缺的干旱地区，河道生态河床的建设一方面要考虑防止下渗引起的水资源损失，也要考虑如何创造适宜的水生生物生长环境，维持河道内的生态系统完整性，保持一定的自净能力。传统河道河床衬砌一般采用混凝土表面，不利于河流生态系统的维系，因此生态衬砌（eco-lining）技术成为开发的重点，植生型防渗砌块技术是代表性技术之一。

植生型防渗砌块技术由不透水的混凝土块体和供水生植物生长的无砂混凝土框格组成，如图 6-17 所示。在对河道进行防渗衬砌时，砌块之间通过凸块和凹槽的联结紧密地排列于河床底部，可以有效地抵抗冲刷、防止渗漏；无砂混凝土框格中填土，种植适宜的水生植物，框格和植物都利于防止土壤的过度冲刷，而水生植物的生长又为其他微型生物提供了适宜的生长环境，构成的水生生物系统还可以吸收和降解水体中污染物质，提高水体的自净能力。

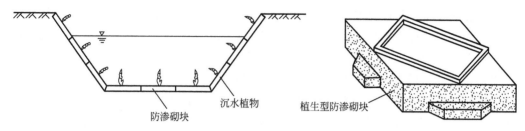

图 6-17 河床的防渗砌块

（2）木制沉床的使用

木制沉床主要用于河床的侵蚀防治工程中，在冲刷剧烈的河滩以及受水冲刷的河岸部分有时也会使用，同时也是保持水体中水生生物多样性的一种重要的生态工程技术。主要是将原木在河床（或河滩）上布置成格状，相互固定后在其内部充填石块，在达到防止冲刷目的的同时，又可提供水生生物的栖息地（图 6-18）。

粗柴沉床是木制沉床中比较典型的代表工艺，最早由荷兰技师发明。它以粗柴（长度大约 3m，直径为 2～3cm 的野生树木的树枝）为主要材料，将其扎成捆再组合成格子，格子间内敷上卵石或砾石，进一步加固河床，防止水流对河床的侵蚀。此外，沉床所用的粗柴可就地取材，搭配选用具有韧性和柔软的树枝，从而使沉床的具有较长的使用寿命，如小橡树、青冈栎、辛夷、枫树、钓樟、菖蒲等。

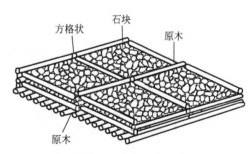

图 6-18 木制沉床示意

（3）深潭-浅滩序列的创建

天然河流的河床由于水流和泥沙的相互作用，会被不定期的冲刷和淤积，在弯曲段的凸岸处，泥沙淤积形成边滩（沙丘），凹岸则会受到冲刷形成深潭，在顺直段会形成浅滩，最终形成交替次序的浅滩-深潭序列，其平面布置如图 6-19 所示。在景观水体河道设计时，深潭与浅滩的大小及其组合应根据水力学原理来确定，按照弯道出现的频率来成对设计，即一个弯曲段，配有一对深潭与浅滩，每对深潭-浅滩可按下游河宽的 5～7 倍距离来交替布置。深潭是低于周边河床 0.3m 以上的部分，浅滩是高出周边河床 0.3～0.5m 的部分，且其顶高程的连线坡度应与河道坡降一致。

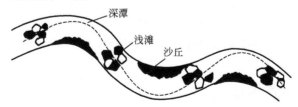

图 6-19 河道纵向形态示意

深潭和浅滩能够增加河床的比表面积及河道内环境，有利于加快有机物的氧化作用，促进硝化作用和脱氮作用，增强水体的自净能力。同时有利于形成水体中的不同流速和生境，使附着在河床上的生物数量大大增加，丰富的生物群落，增加水生生物多样性。

浅滩的恢复要选择级配良好、有棱角的砂砾料，以保证砂砾石颗粒相互咬合，增加浅滩的稳定性；由漂石或卵石组成的河床底质粒径不宜过大，以避免在高速水流作用下失稳，并且粒径太大的底质材料也不利于形成多种鱼类产卵的栖息地。沙质河床的河流不适宜使用砂砾石材料，可用大型圆木作为浅滩材料。圆木浅滩的高度以不超过 0.3m 为宜，以便于鱼类的通过。可用木桩或钢桩固定圆木，并用大块石压重。在圆木的上游面安装土工织物作为反滤材料，以控制水流侵蚀和圆木底部的河床淘刷，土工织物埋深应不小于1m。

为了防止河床下切侵蚀、缓和河床比降，采用砌石、混凝土块体等材料在河床上修建的挡水建筑物。生态护底固槽将垂直落差转变为缓坡，并在急流浅滩下方设置约 80cm 深的深潭，所形成的深潭-浅滩序列既有利于鱼类迁徙洄游，又为水生生物提供栖息地。

（4）人工岛

在河道中使用石头、混凝土块等材料创造人工岛，既能形成河床深潭浅滩的变化，又能形成适合生物生存的空间环境，为水生植物、鱼类、底栖和两栖类动物的生息提供必要空间。同时，人工岛也为人们提供了不用坐船就能感受河道空间、在河道中欣赏两岸景观的场所，如上海苏州河上的大鱼岛，如图 6-20 所示。

图 6-20　上海苏州河上的大鱼岛

除了在横断面结构和纵向形态两方面改善生物栖息地的多样性外，还可通过河床改善措施使河流流态多样化，如铺垫砂砾石、布设汀步石结构、在河床上设置小型堰、导流装置、小型石梁等小型结构物等，目的在于增加流态的多样性，并限制河流宽度以提高流速、改变流向及形成深潭、浅滩等栖息地环境。在竖向上，与河流发生相互作用的垂直范围不仅包括地下水对河流水文要素和化学成分的影响，而且还包括生活在下层土壤中的生物与河流的相互作用。

6.1.3　城市河道的生态护岸

生态护岸建设是河流生态修复的重要措施之一。它主要是采用植物、自然材料与土木工程相结合的方式对河岸进行防护，减轻坡面及坡脚的不稳定性和侵蚀，同时保证坡面的安全和耐久性，使其接近自然，以便发挥流域生态系统的环境效应和生物效应。生态护岸也是滨水景观的重要组成部分，必须与景观建设相结合，保持岸坡生态系统的安全性、完整性、健康性和可持续性。

生态护岸的建设优先使用自然材料以形成可渗透性的界面，使河水与土壤水、地下水连通。这样在丰水期，河水可以向地下水渗透储存，枯水期地下水反渗入河补充河流基流。同时，两岸植被也有涵蓄水分的作用。生态护岸能减缓流速，对水体中的无机污染物颗粒进行过滤、沉积和吸附，同时通过微生物作用降解有机污染物。生态护岸能够保证水、陆两大生态系统的连通性，为水生动植物和两栖动物提供繁衍空间，形成完整的水陆多生物共生的生态系统。

6.1.3.1 生态护岸的类型

生态护岸具有多种多样的形式。根据断面形式的不同可以分为直立式护岸、斜坡式护岸、复式护岸以及混合式护岸，其示意如图 6-21 所示。直立式护岸包括松木桩护岸、干砌直立驳坎、石笼护岸、混凝土沉箱挡墙和生态砌块驳岸等形式；斜坡式护岸包括自然原型护岸、植物护岸、植草砖、土框架护岸、介质型护岸、生态混凝土护岸、生态砌块护坡等形式；复式护岸是将直立式护岸和斜坡式护岸有效结合，布置成二级亲水平台，局部地段进行台阶式护岸，增强其亲水性。在两岸亲水平台以上斜坡种植草皮，保护河岸不受冲刷，保护生态。另外还有将不同形式护岸混合的混合式护岸。

根据所使用的材料不同，可以分为生物护岸、天然材料护岸、生态混凝土护岸、土工合成材料护岸、网笼护岸等形式。生物护岸包括芦苇、菖蒲等水生植物护岸，柳、杨、水杉、水松等湿地植物护岸，乔、灌木等边坡植物护岸，其中萤火虫护岸、鱼巢护岸等是以特定动物栖息地营造为目标的生态护岸形式。天然材料护岸包括木桩、竹笼、石笼、块石护岸等。生态混凝土护岸是由粗砂砾料或碎石、水泥加混合剂压制而成的一种无砂大孔混凝土护岸，它既有透水透气性，又有较大的抗拔力，可以长草生根，满足植物生长。土工合成材料护岸主要有三维土工网、三维植被网、土工织物袋、土工格栅等。网笼护岸主要有蜂箱护岸、格宾网护岸等。

根据人工化的程度，可以分为自然护岸，半自然护岸和人工化仿自然护岸三种形式。下面按照这种分类分别对其进行介绍。

（1）自然护岸

自然护岸通常是在经过平整处理的岸坡上种植不同品种的护岸植物，其原理为：通过植被根系的力学效应（深根锚固和浅根加筋）和水力学效应（降低孔压、削弱溅侵和控制径流）来固土保土，防止水土流失，在满足生态环境需要的同时还可进行景观造景，其示意如图 6-22 所示。

自然护岸能很好地与大自然融为一体，投资较省，且施工方便。但由于植被生长需要一定时间，一般不能马上起到护岸作用，并且形成的护岸抵抗洪水能力较差，抗冲刷能力不足，长期遭遇洪水侵蚀后植被容易遭受破坏。因此多用于河流流速平缓，抗洪要求低的河段。这类自然护岸最贴近实际自然河流岸坡状态，与河流生态系统的物质能量交换能力也最

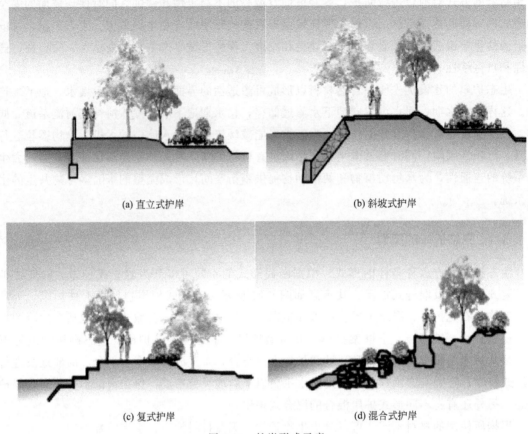

(a) 直立式护岸

(b) 斜坡式护岸

(c) 复式护岸

(d) 混合式护岸

图 6-21　护岸形式示意

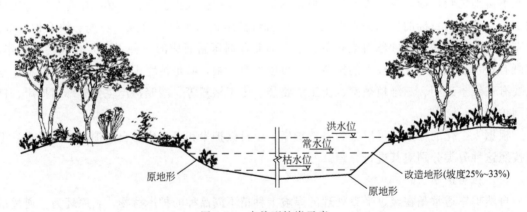

洪水位

常水位

枯水位

原地形

改造地形(坡度25%~33%)

原地形

图 6-22　自然型护岸示意

强，物种多样性最丰富。

　　在采用自然护岸时需要注意的是在不同河段应该有选择地采用不同植被来构建生态护岸，比如在迎水坡脚可采用河柳等灌木加强防浪作用，在坡面则可以采用不同速生草本植物迅速达到绿化护岸作用。

　　常见的自然护岸为固土植物护岸，即利用根系发达的植物进行固土护岸，既可起到防止水土流失作用，又可以满足生态环境修复需要，同时还可以人造景观。

固土植物护岸主要有草皮护岸、柳树护岸和水生植物护岸等。

① 草皮护岸 草是生态型护岸工程技术中最常用的植物，可以通过在岸坡上铺设草坪增加坡面覆盖度，防止水土流失，改善生态环境，如图 6-23 所示为草皮护坡工程的实例图。常见的护坡草种类型有狗牙根（*Cynodon dactylon*）、结缕草（*Zoysia japonica*）、地毯草（*Axonopus compressus*）、类地毯草（*Axonopus affinis*）、百喜草（*Paspalum notatum*）、野牛草（*Buchloe dactyloides*）、白三叶（*Trifolium repens*）、假俭草（*Eremochloa ophiuroides*）、寸草苔（*Carex duriuscula*）、多年生黑麦草（*Lolium perenne*）、高羊茅（*Festuca ovina*）、扁穗冰草（*Agropyron pectiniforme*）等。单纯的草皮护坡一般只适用于坡度较小的岸坡，对较陡的岸坡或混凝土的坡面往往不适用，因为较陡的岸坡上地表径流大，草皮植物容易被冲走，而混凝土坡面的覆土种植也会发生塌滑现象。

图 6-23 草皮护岸

② 柳树护岸 柳树是河畔常有的植物，有垂柳、白柳、杞柳等众多种类。柳树自古以来就被作为天然的护坡材料，因其抗水冲击力强，生长又快，所以无论是在恢复自然环境还是在防洪上，都是被广泛使用的，常用的柳树护岸形式示意如图 6-24 所示。

1) 活性柳桩护坡。将具有萌芽生根能力的活性柳树杆置入岸坡土壤中，待其根系长成，可稳定边坡。通常是截取柳树杆进行繁殖，插入被保护河岸土壤之前削尖，使树干尖端处于地下水位以下或在潮湿土壤地层内，能迅速恢复河岸植物与生物栖息地。

2) 柳梢捆（柴捆）护岸。柳梢捆护岸首先将直径为 50mm 左右的柳树桩打入河岸底部，然后将柳树梢扎成捆后分上下两层叠置于坡底至坡顶之间，柳梢捆一般长 2m 左右，直径为 300mm，最后将挖出的土料回填，以有利于柳树梢的生根和发芽，进一步加固堤防。

3) 柳桩排护岸。柳桩排护岸是在坡脚处打入密集柳杆木桩，一般选直径 150mm 左右的柳杆。待柳杆生根发芽后，其庞大的根系、密集的排列能起到支承和保护陡岸坡坡脚的作用，坡面种植混合护坡植物。

4) 柳枝压条护岸。柳枝压条法是将活体切枝以交叉或交叠的方式插入土层中，适合于水岸交错带和堤岸带。

5) 柳枝沉床护岸。该类型护岸的做法是将带有分枝的活体切枝顺斜坡方向放置，形成沉床，切枝被切的一端插入坡脚保护结构中，适合于水岸交错带。

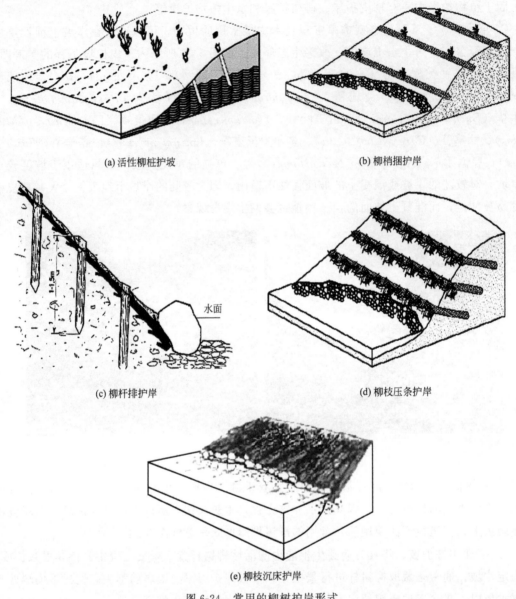

(a) 活性柳桩护坡

(b) 柳梢捆护岸

(c) 柳杆排护岸

水面

(d) 柳枝压条护岸

(e) 柳枝沉床护岸

图 6-24　常用的柳树护岸形式

③ 水生植物护岸　水生植物护岸示意如图 6-25 所示。以芦苇、香蒲、灯心草、蓑衣草等为代表的水生植物可通过其根、茎、叶系统在沿岸边水线形成一个保护性的岸边带，消除水流能量，保护岸坡，促进颗粒态污染物的沉淀。水生植物还可直接吸收水体中的氮、磷等营养物质，为其他水生生物提供栖息的场所，起到净化水体的作用。

（2）半自然护岸

半自然护岸一般是利用工程措施，采用植物与自然材料（石材、木材等相结合，在坡面构建一个利于植物生长的防护系统。由于使用的部分自然材料起到了加固作用，因而大幅度提高了岸坡的稳定性和抗侵蚀能力，一般项目施工完成即可起到护岸作用，当植物生长后，通过根系加筋作用能有效抑制暴雨径流的冲刷作用。另外，木桩、块石间的缝隙为水草留下了生长的空间，同时也为鱼、虾等水生生物提供了栖息的场所。与自然护岸相比，其投资相对高，工程量加大，适用于各种有较大流速的城市景观河流。

常见的半自然护岸形式包括山石护岸、箱笼结构护岸、堆石护岸、木桩护岸、活性木格框护岸、栅栏阶梯护岸、干砌石护岸、组合生态护岸等。

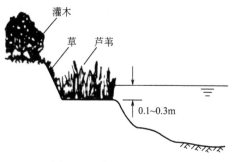

图6-25　水生植物型护岸

① 山石护岸　通常在较为狭窄的河道上做山石护岸。山石是天然材料，而且具有不同颜色变化，有利于整体景观营造。利用有限的空间和少量的山石，还可以营造山间瀑布的景观，同时，通过在山石上种植绿色蔓藤植物，不但可以营造山地的地貌特征，还能改观山石自身颜色单一性，丰富整体景观的色彩。在局部，山石做成的生态驳岸也为水生植物和动物提供栖息地。山石护岸的示意如图6-26所示。

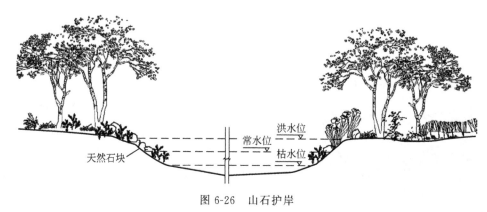

图6-26　山石护岸

② 箱笼结构护岸　箱笼结构护岸一般适用于河岸带较宽、坡度较缓、水流流速较小的低水位的河道断面，主要是从生态角度考虑，以恢复水陆交错带的生物多样性为目的。坡底用天然石材垒砌，既可为水生生物提供栖息场所，又可加固堤防；坡面采用木桩或石材等在岸坡做成梯形框架，形成一定间隔的空间，覆上植被网，种植护坡草皮，或者使用柴捆或柳条填充在间隔中。该类护坡稳定性好、抗洪水冲刷、景观性强，同时又可以为鱼类等水生生物提供躲避捕食、繁殖生存的场所。箱笼结构护岸的示意如图6-27所示。

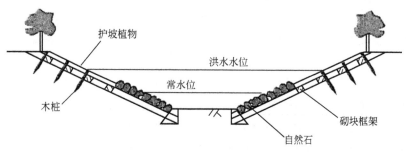

图6-27　箱笼结构护岸

③ 堆石护岸　与箱笼结构护岸相同，该类型护岸一般适用于河岸带较宽、坡度较缓、水流流速较小的低水位的河道断面。它以柳树和自然石为主要护岸材料。大小不同的石块组成堆石置于与水接触的土壤表面，将活体切枝（柳枝较为常用）插入石堆中，根系可提高强度，植被可遮盖石块，使堤岸外貌更加自然，同时可为鱼儿等水生生物提供栖息、避难的场所，其示意如图 6-28 所示。

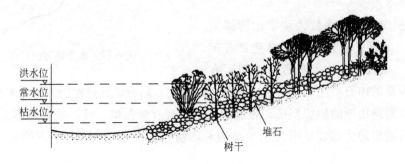

图 6-28　堆石护岸

④ 木桩护岸　采用的木桩包括真木桩和仿木桩。真木桩护岸取料天然，不过相对而言比较容易腐烂，并且造价相对较高，一般多用于城市小型景观型河湖；在很多城市河道整治中，仿木桩也被广泛使用，其照片如图 6-29 所示。

图 6-29　木桩护岸

⑤ 活性木格框护岸　活性木格框护岸是在河岸斜坡面与河床的夹角处铺设块石，再将木格框沿着块石铺设在河岸斜坡面上，活性木格框是通过叠置未处理的圆木构成的木格框，在常水位以上填土壤并种植活性树枝，待活性树枝根系长成，将取代原有木框的结构功能，如图 6-30 所示。活性木格框护坡适用于坡度较陡的河岸。

⑥ 栅栏阶梯护岸　栅栏阶梯护岸是木桩护岸的一种演化，以各种废弃木材（如间伐材、铁路上废弃的枕木等）和其他一些已死了的木质材料为主要护岸材料，逐级在岸坡上设置栅栏，栅栏以上的坡面植草坪植物并配上木质的台阶，形成阶梯状的护岸形式。这样的护岸形式不受水位涨落的影响，始终能保持生态的护岸结构，实现了稳定性、安全性、生态性、景观性与亲水性的和谐统一。

⑦ 干砌石护岸　干砌石护岸多用于水面以下部分的护岸，也可以在混凝土框格加固砌石护岸下部建造半干砌石护岸，使石块一半被混凝土固定，另一半干砌，在上部的石缝间插种柳枝等植物，这样既可抵抗洪水冲击，又可确保生物生存。也可在正常水位以下采用干砌石断面，正常水位以上再采用自然石堆积成斜坡。如图 6-31 所示为一种干砌石护岸。

也可以将堤岸改造为台阶式，台阶面可种植植物，也可作为休息或散步的场所。这种结合地形的方法需要有足够的用地。如图 6-32 所示为一种阶梯式干砌石护岸，此类堤岸适用于水位变化较大的河道。

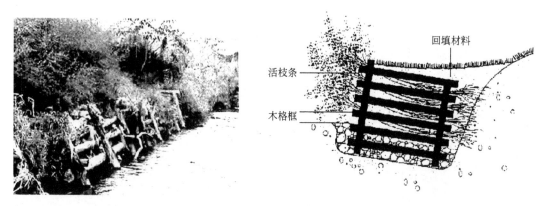

图 6-30 活性木格框护岸

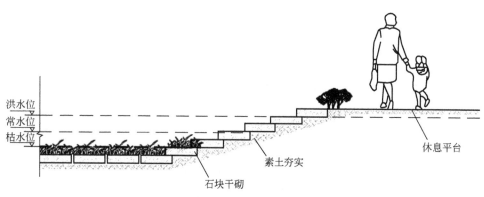

图 6-31 干砌石护岸

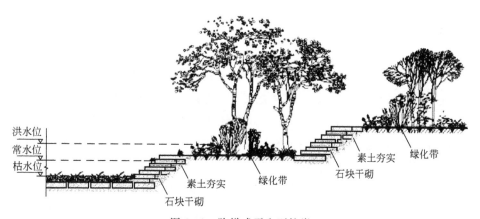

图 6-32 阶梯式干砌石护岸

⑧ 组合生态护岸 实际生态河道的修复工程中往往会根据河道实际情况，灵活地选择相适应的护岸形式，也可以将多种形式的护岸进行组合，以达到更好的安全、生态、景观亲水等效果。

例如长春市莲花山受损河流近自然生态修复工程中，充分体现了"近自然生态修复"的理念，用块石、碎石、木桩（长 1.5～2.2m，直径 13～15cm）、活体树桩（长 30～40cm，直径 2～4cm）等自然材料及废旧轮胎等构建多孔隙"柔性生态护岸"。其中包括以下 4 种

"组合生态护岸"（图 6-33）。

(a) 抛石+植物护岸

(b) 轮胎+抛石+植物护岸

(c) 木桩+抛石+植物护岸

(d) 阶梯木桩+抛石+植物护岸

图 6-33　长春市莲花山河流近自然生态修复工程中的组合生态护岸（见文后彩图）

1）抛石＋植物护岸。护面层选择粒径约为 40cm 的块石沿河岸铺设成宽度约为 1.5m 的条状结构；过滤层选用砂砾、小石块等填充抛石空隙；坡脚保护层扦插柳枝、种植芦苇。

2）轮胎＋抛石＋植物护岸。用铁丝将直径分别为 1m 和 0.5m 的废旧汽车轮胎按"金字塔"型进行链锁，将链锁好轮胎沿河岸摆放，轮胎空隙用块石填充，顶部用巨石镇压，在轮胎与块石之间的空隙内扦插活体柳枝。

3）木桩＋抛石＋植物护岸。沿河岸打入长 1.8m 的松木桩，桩头露出地面 0.5m，桩与桩之间相隔 0.25m。在木桩的内侧和外侧分别投放块石，空隙用碎石填充。桩与桩之间的空隙以及块石间的石缝内人工扦插活体柳枝。

4）阶梯木桩＋抛石＋植物护岸。沿河打入 3 排长 1.8m 的松木桩，桩头露出地面 0.5m，桩与桩纵向间距 0.25m，横向间距 0.6m；木桩间的空隙内铺设抛石，上层抛石保持平整，桩与桩之间的空隙以及抛石间的石缝内人工扦插活体柳枝。

（3）人工化仿自然护岸

人工化仿自然护岸是利用工程措施，使用混凝土、高分子材料等人工材料与植物的结合，形成一个具有较大抗侵蚀能力的护岸结构。这类护岸一般用于对护岸抗冲击侵蚀能力要求较高或坡岸空间较小、陡峭，不适合建设另外两种护岸的河道坡岸。常见的人工化仿自然护岸有生态砌块护岸、土工合成材料复合种植护岸、生态网石笼护坡、多孔质结构护岸、仿木生态护岸等。

① 生态砌块护岸　城市河道两岸一般可利于空间较小，很多是垂直陡坡，且防洪要求较高，因此大多采用直立浆砌石挡土墙或混凝土挡土墙，其单一的结构形式、光滑坚硬的表面对城市景观和生物栖息造成了极大影响。然而许多生态型护岸由于占地面积等的限制无法普遍应用于城市河道的整治中。

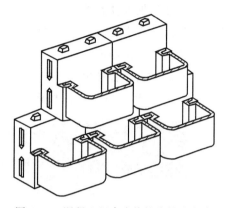

图6-34　混凝土组合砌块护岸堆砌方式

生态砌块墙壁是一种适用于这种情况的城市河道护岸形式，其在继承现有砌块护坡特点的基础上，一般在距离水面 1～3m 处的墙壁上设计种植植物的方孔，或者在墙壁上镶嵌混凝土组合砌块（见图6-34和图6-35），种植藤状植物（比如迎春花）或者柳枝等，使植物在悬空状态下生长。

图6-35　混凝土组合砌块护岸图

② 土工合成材料复合种植护岸　土工合成材料复合种植护岸是利用土工材料进行固土，种植基内撒播草籽，草籽长成草皮后，既能加固河岸，又能美化环境（图6-36）。土工合成材料是以高分子聚合物为原料制成的各种人工合成材料的总称，具有隔离、防渗、反滤、排水、防护、加筋等作用。应用土工合成材料作护岸，有助于维护河道岸坡的稳定，防止水土流失；同时，它的透水性、透气性和多孔隙性，可实现护岸结构内外水分和养分的交互，有利于植物的生长；护岸上水生植物和微生物的活动还可以吸收和降解污染物质，净化水质，进而有利于构建适宜生物生存的生境条件，保护生物多样性和生态完整性。

土工合成材料无腐蚀性、耐酸碱，化学稳定性高，对环境无污染，在草皮长成前，可保持土地表面免遭地表径流的冲刷，且容土空间大，植草覆盖率高，可保证草籽更好地与土壤结合，并保持地表土与水之间的物质输运的通畅性，与植物形成的复合保护层可经受高水位、较大流速的水流冲刷。

土工合成材料复合种植护岸施工顺序一般为：a. 坡面修整；b. 施底肥；c. 铺设土工材料；d. 种子选择和处理；e. 播种施工；f. 后期管理。

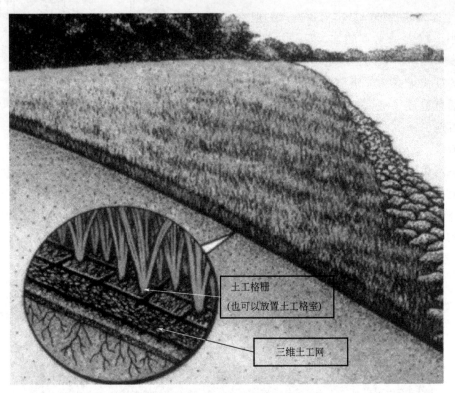

图 6-36 土工合成材料复合种植护岸

用于河道生态护岸的土工材料主要有三维土工网［图 6-37（a）］、土工格室［图 6-37（b）］、土工格栅［图 6-37（c）］、土工织物袋和土工模袋等。

该类型的护岸材料工程造价低，施工简便，适用于岸坡坡度小于 1：1.2，坡高小于 6m，主槽顺直，具有一定流速且岸线存在一定的冲刷的城市河道，特别是对稳定性有较高要求的自然原型河岸的生态修复。

土工织物袋护坡是将由聚乙烯、聚丙烯等高分子材料制成土工网袋、袋内填充植土、草籽等。土工织物袋之间采用连接扣相连，层叠铺在岸坡上（图 6-38）。植物的根系可以穿过其间，整齐、均衡地生长。长成后的草皮使网袋、草皮、泥土表面牢固地连接在一起。由于植物根系可伸入地表以下 30~50cm，形成了一层坚固的绿色复合保护层，保护层可以经受高水位、大流速的冲刷（2d 内可以经受 3~4m/s，4~5h 内可以经受 5~6m/s）。这种护坡不仅施工简便，减少环境污染，且可大幅降低工程造价。

土工模袋是由某种聚合化纤合成材料经过加工编制而成的袋状产品。其制作工艺是将混凝土或水泥砂浆高压泵灌入模袋中，在袋子里加入吊筋绳等纤状物，一定时间后混凝土或水泥砂浆会与纤维结合形成一种高强度的板状结构（图 6-39）。具有一次喷灌成型，施工简

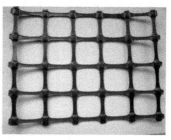

(a) 三维土工网　　　　　　　　(b) 土工格室　　　　　　　　(c) 土工格栅

图 6-37　用于城市河道护岸的土工合成材料

图 6-38　土工织物袋护岸

便、快速；能适应复杂地形，特别在深水护岸，护底等不需要填筑围堰，可直接水下施工，机械化程度高，整体性强，稳定性好，抗冲击能力好，使用寿命长；既能防止水土流失，又能为植物提供生长载体，帮助植物根系吸收水分。与常规护砌相比，可节约大量的土方开挖、围堰及排水投资。但是，土工模袋护坡有自己的施工特点，在具体施工过程中，必须严格按照施工工艺程序和技术要求进行工艺质量的控制，以保证土工模袋护坡的施工质量。

图 6-39　生态土工模袋护岸

③ 生态网石笼护坡　生态网石笼护坡（又称格宾网护岸）是将抗腐蚀、耐磨损、高强度的低碳高强镀锌钢丝，外表涂塑料高分子优化树脂模（PVC），用六角网捻网机编织钢

线，形成不同规格矩形笼子，笼子内填石头的结构（见图6-40）。通过人为和自然因素，石块之间缝隙不断被泥土充填，植物根系深深扎入石块之间的泥土中，从而使工程措施和植被措施相结合，形成一个柔性整体护面，和传统的浆（灌）砌块石、混凝土等结构相比，它具有既能满足河岸稳定的防护要求，又有利于水体与土体间的水体的循环，同时达到绿化环境的效果，工程实施以后，维持、优化固有的生态平衡条件。

图6-40　生态网石笼护岸

④ 多孔质结构护岸　所谓多孔质结构护岸，是指用自然石、混凝土预制件、连锁式铺面砖或者现成的带孔材料等构成的带有孔状的适合动植物生长的护岸形式（见图6-41）。目前常有的多孔质结构护岸主要有连锁式铺面砖护坡、绿化混凝土护岸、轮胎护岸等。其施工简单，不仅能抗冲刷，还为动植物生长提供有利条件，还可净化水质。这种型式的护岸，可同时兼顾生态型护岸和景观型护岸的要求。

图6-41　多孔质结构护岸

⑤ 仿木生态护岸　仿木护岸利用仿木材料建成护岸，比较美观，能够做成不同的形状和大小，其造价较低，具有透水性较好，耐久性高，利于生态系统形成等特点，在生态驳岸中得到广泛的应用，同时，在加固河堤脚方面应用也很广泛（图6-42）。

在仿木桩的迎水面也可以设置柴排梢栅，在桩板与柴排梢栅的木桩之间插入柳梢把，利

图 6-42 仿木桩护岸

用柳树的生长，就能使桩板护岸前柳枝繁茂，水边绿树成荫。

（4）生物栖息地营造生态护岸

生物栖息地营造生态护岸是通过对某种生物的生理特性和生活习性的研究，按照其对栖息地的要求，为其专门设计的护岸。该护岸结构有利于提高生物的多样性。同时，也为人类休憩、亲近大自然提供良好的场所。现在实际应用中主要有萤火虫护岸、鱼巢护岸等。

① 萤火虫护岸　通过对萤火虫"成虫—卵—幼虫—蛹"各生长阶段生活习性的连续性研究，构建最适宜萤火虫生存的护岸环境条件。例如：在靠近水流的石缝间种植萤火虫喜爱的水芹、艾蒿、垂柳等水生植物；在河岸打桩以确保其产卵所用苔藓的生长；在护岸构建时采用蛇行低水护岸，减缓水流流速，保护幼虫不被冲走；河底铺设卵石，为幼虫提供藏身之处和食物来源；建造多种岸坡形式，尽量多在岸坡留缝隙，以确保作萤场所等。该护岸结构充分考虑了萤火虫的生存环境，也为其他动物和水生生物营造出了栖息环境。

② 鱼巢护岸　鱼巢护岸是以营造鱼类的栖息环境为护岸构建的主要考虑因素，选用鱼类喜欢的木材、自然石等天然材料，以及鱼巢砖和预制混凝土鱼巢等人工材料为鱼类建造的庇护场所。

木头/残枝/石头鱼巢护岸［图 6-43（a）］，是将由木头、残枝、石头组成的构造物安置在河岸底部，可在河岸就近寻找适合的材料迅速构筑而成。鱼巢护岸可以改善鱼类栖地环境、吸引昆虫等生物栖息，丰富食物网络，避免河岸冲蚀及提供阴影。适用于低坡降的曲流河道，但不适于凸岸。在受到严重侵蚀的河岸或陡降的河床上时应结合其他稳定性工程。

巨型鱼巢护岸［图 6-43（b）］，是由大木板条组成的结构单元，宜安置在河岸底部及河道凹岸，以提供鱼类庇护所、生活栖地并避免河岸冲蚀。通常结合丁坝或堰，以引导或控制水流。最适于砾石床的河道，不适于悬浮质过多的河道。

6.1.3.2　生态护岸类型的选择

需要针对不同河段的几何特征、基质情况、水流情况及河流功能等，选择适宜的护岸形式。

① 在水流流速比较缓慢的平原河网地区，以自然原型护岸为主。尽可能保留河道的自

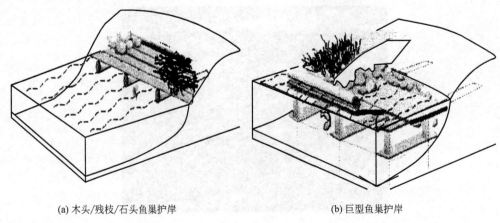

(a) 木头/残枝/石头鱼巢护岸   (b) 巨型鱼巢护岸

图 6-43 鱼巢护岸

然土质岸坡，河岸植草种树。

在缓流水体，岸坡侵蚀较小的河段，对岸坡的坚固程度要求较低，可以直接利用草、芦苇、柳树等天然的植物材料进行岸坡防护，它们都是亲水的，在潮湿环境中能健康成长，可以在保护岸坡的同时创造出丰富的岸边自然生态环境。

② 对于人工河道的生态治理应尽量采取土质岸坡、缓坡，以植物护岸为主。在城市河道，由于可利用空间少，防洪标准高，大多采用直立式护岸的形式，可以根据具体情况选择生态砌块护岸的形式。

③ 在水流较急、岸坡侵蚀较大的河段，单纯利用草皮、柳树和芦苇等活体材料进行护岸容易遭到破坏，需采取工程措施。应以保持地表水与地下水有效连接为基本要求，采用土工材料、块石堆砌、石笼格网、空心混凝土块等方式护岸，为水生植物的生长、水生动物的繁育、两栖动物的栖息繁衍活动创造条件。比如三维网垫、混凝土框格、混凝土砌块的植草护坡，利用粗木桩、石笼、铁丝固定的柳树护岸，利用石块、混凝土槽的水生植物护岸，还有直接以木材和石材为主的木桩、木格框护岸，抛石、砌石、石笼护岸等。

④ 在河岸边坡较陡的地方，可采用木桩护岸、抛石护岸等工程措施护岸。在稳定河床的同时改善生态和美化环境。在应用草皮、木桩护坡时也可以借助土工编袋，袋内灌泥土、粗沙及草籽的混合物，既抗冲刷，又能长出绿草。

⑤ 没有通航要求的河道可采用自然原型护岸，防止水土流失，还可在正常水位以下采用衬砌空心异型块、预制鱼巢等结构形式，提供鱼类等水生动物安身栖息的地方。

⑥ 有通航要求的河道，正常水位以下可采用生态砌块等直立形式护岸，正常水位以上采用斜坡护岸，以增加水生动物生存空间，削减船行波对河道冲刷的影响，有利于堤防保护和生态环境的改善。

⑦ 在水位变化较大的河段，可采用复式护岸，常水位以下采用生态砖、鱼巢砖等建造，或采用石笼、天然材料垫、土工布包裹、混凝土块、土工格室、间插枝条的抛石护岸，以保证堤岸的安全。在水位变化区，除冲刷严重河岸需筑硬质堤护坡外，可采用大块鹅卵石堆砌、干砌块石等护岸方式，使河岸趋于自然形态。水位变化区以上的部位可采用自然原型护岸。

⑧ 对目前城市河道已有的混凝土护岸进行改造的话,可以采用桩板护岸绿化技术、坡面打洞及回填技术或者利用原有护岸材料进行改建。

由于河流生态系统具有复杂性,单一利用某一种修复技术不一定会取得良好的修复效果,必须根据河流的特点,污染程度及其生态现状联用多种修复技术才能取得理想的修复效果。

6.1.3.3 生态护岸植物配置

(1) 护岸植物配置原则

护岸植物构建原则主要包括以下几方面。

① 乔灌草相结合、常绿树种与落叶树种混交原则 乔灌草相结合而形成的复层结构群落能充分利用草本植物的速生、覆盖率高及灌木和乔木植株冠幅大、根系深等优点,增大群落总盖度,更好地发挥植物对降雨的截流作用,减少地表径流,减弱雨水对地面的直接溅击作用,同时增加了空间三维绿量,营造立体植物群落,更有利于改善河流生态环境 (图 6-44)。

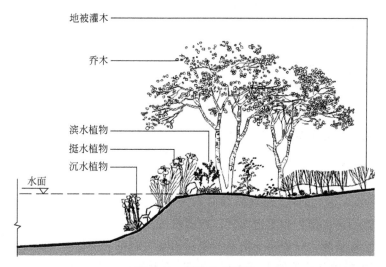

图 6-44 植物分布示意

常绿树种与落叶树种混交可以形成明显的季相变化,避免冬季河道植物色彩单调,提高河道植被的景观质量。同时,植物的凋落物又为某些动物提供食物来源,增加地被,提高土壤肥力,有利于河道植物的正常生长。

② 物种共生相融原则 要根据生态位理论、互利共生理论等合理地选择植物种类。选用的植物应在空间和营养生态位上具有一定的差异性,避免种间激烈竞争,保证群落的健康稳定。在自然界中,有一些植物通过自身产生的次生代谢物质影响周围其他植物的生长和发育,表现为互利或者相互抑制。河流生态建设选用的植物种类应在河道植物群落中具有亲和力,既不会被群落中其他植物种类所抑制而不能正常生长,也不会因为其自身的过快生长而抑制其他植物种类的正常生长。通常先种植先锋树种,后种植水生植物群落和蕨类植物。

③ 与陆域功能及滨水地带的环境相符原则 植物群落的恢复和重建,应考虑的滨水地带环境条件,包括:岸线以上滨水绿带的地形、地下水位和土壤特性;驳岸的走向(平面线

形等)、类型等特性及岸线以下河床的地形;水体水质、流速、水位变化等水文特征;河道水系、园林水景等不同的航运、景观游憩功能;植物的生态习性,特别是不同水生植物对水深和光照的要求等。水生植物的种植坡面坡度宜在30°以下。

陆域部分应根据水域功能定位进行植物配,植物种类选择和配置方式应反映水域特色,以自然式的群落为主。

④ 固土护坡功能原则 保持或增加河道岸坡稳定也是植物合理配置要考虑的目标之一。要注重植物的选配要发挥水土保持作用,同时还要考虑植物配置的景观效果和为动物提供良好栖息地等生态效能。

⑤ 经济实用性原则 在植物种类的配置上,还应充分考虑经济实用性,尽量选用本地物种,适合粗放经营,节约工程建设投资和工程养护费用,力求植物配置方案经济实用,实现效益的最大化。

(2) 生态护岸植物常见类型及适用范围

① 常用的常绿树木如香樟、女贞、木麻黄、珊瑚树、孝顺竹、八角金盘等,落叶树如榆树、榔榆、乌桕、垂柳、杨柳、枫杨、合欢、木芙蓉、木槿、水杉、池杉、水松、落羽杉等,耐荫耐湿的草本植物如二月兰、鸭趾草、黄花菜、蝴蝶花、紫露草、紫萼、玉簪、多花筋骨草、石菖蒲等,可在疏林地面成片铺植。

② 对于复式护岸,在护岸顶部及与堤结合的巡河道上,乔木选择宜采用树形高大且分支点较高的行道树,其距离河道水位较远,可以满足行人遮阴、通行、观景等功能需求,并作为生态绿廊的一部分,给河道两岸飞行动物提供停留场所,在满足生态环境的同时达到较佳的植物景观效果。而对于矩形护岸,在景观植物的选择上,选择较为浅根系的植物类型,并对植物种植有一定要求,需要控制1.5m以上离堤顶线距离范围以外,防止乔灌木根部破坏护岸结构,影响安全。

③ 应根据护岸类型、水深、淹水持续时间等条件,选择不同耐淹能力的植物种类。水位变动区部分应选用挺水植物和湿生植物,以减缓水流对岸带的冲刷;水位变动区以上部分应以养护成本低、固坡能力强的乡土植物为主;不宜大面积采用整形植物。

④ 滨水低湿地带因其特殊的土壤条件,应以适生落叶树为主体,配以成片开花的地被植物,可形成滨水地带植被景观,突出的季相色彩和林木倒影水面的景观效果。

⑤ 河流上游宽阔的砂卵石河漫滩,旱季干燥、汛期水淹且冲刷严重,应保留已有的野生植物、河滩的自然形态。结合沿岸防洪绿化,可配置耐干耐涝耐冲刷、固着能力强的植物,如枫杨、五节芒、芒、芦苇、硕苞蔷薇、水杨梅等。

⑥ 在缓坡的生态驳岸边水深0.2~0.3m、河床离岸渐远渐深的环境下,宜培育比较典型的岸栖植物群落序列,如表6-1所列。

表 6-1 缓坡生态驳岸植物类型

特征、群落类型	水深	群落形态	主要植物种类
缓坡自然生态驳岸:湿生林带、灌丛,缓坡自然生草缀花草地,喜湿耐旱禾草、莎草、高草群落	常水位以上	植物喜湿,亦耐旱,土壤常处于水饱和状态	柽柳、灯芯草、水葱、芦苇、芦竹、银芦、香蒲、草芙蓉、稗草、伞草、水芹菜、美人蕉、千屈菜、红蓼、紫花苜蓿、菖蒲、婆婆纳、蒲公英、二月兰等

特征、群落类型	水深	群落形态	主要植物种类
浅水沼泽:挺水禾草、莎草、高草群落	0.3m以下	密集的高1.5m以上,以线形叶为主的禾本科、莎草科、灯芯草科等湿生高草丛	芦苇、芦竹、香蒲、菖蒲、水葱、野茭白、蔺草、水稻、苔草、水生美人蕉、萍蓬草、杏菜、莼菜、水生鸢尾类、伞草、千屈菜、红蓼、水蓼、水木贼等
浅水区:挺水及浮叶和沉水植物群落	0.3~0.9m	以叶形宽大、高出水面1m以下的睡莲科、泽泻科、天南星科的挺水、浮叶植物为主	荷花、睡莲、萍蓬草、杏菜、慈菇、泽泻、水芋、茨实、金鱼藻、狐尾藻、苦草、金鱼草等
深水区:沉水植物和漂浮植物群落	0.9~2.5m	水面不稳定的群落分布和水下不显形的沉水植物	金鱼藻、狐尾藻、苦草、沮草、金鱼草、浮萍、槐叶萍、大漂、雨久花、满江红、菱等

⑦ 污染水体在进行水生生物群落重新营造时,应选择抗污染和对水污染具有生态净化功能的植物群落。对水污染具有较强净化作用的湿生水生植物有:茭白、芦苇、香蒲、水葱、灯芯草、菖蒲、慈姑、菱、杏菜、菹草、金鱼藻等。应避免采用生长过于繁茂而影响其他植物生境的水生植物,如水葫芦等。

6.2 城市河流生态系统的营造

6.2.1 河流水体垂向特征与生态系统构建

6.2.1.1 河流生态系统构建的目标

河流生态系统构建的目标是通过生态保护和生态工程技术恢复河道的自然属性,形成自然生态和谐、生态系统健康、安全稳定性高、生物多样性丰富、功能健全的生态型河道,促进河流生态系统的稳定和良性循环,实现河流生态系统的持续健康,实现人水和谐相处。

一个健康的河流生态系统应该具有合理的组织结构和良好的运转功能,系统内部的物质循环和能量流动顺畅,对长期或突发的自然或人为扰动能保持着弹性和稳定性,并表现出一定的恢复能力。

河流生态系统健康需要多因素共同作用才能实现,而进行生态修复必须将河流看作一个完整的、可实现动态平衡的生态系统。河流生态系统健康必须同时满足4个方面的要求。

① 河流要有充足的流量和水流流态,并保持良好的水质。

② 河岸带和河床条件符合自然、稳定、渐变的要求。

③ 水生生物群落(植物、动物、微生物、底栖生物等)丰富,生物多样性良好。在城市河道的生态修复过程中,要特别注意保护和营造滨水生物栖息地,贯通河流廊道,为植物提供生长空间,为动物提供居生活和繁衍的空间,提高生物群落的多样性,保持生态系统的稳定性,并通过演替过程保持其可持续发展。

④ 能够维持河流生态功能，满足流域经济社会发展要求。河流生态系统稳定与经济社会的发展是息息相关的。健康良好的生态河道对人类社会及经济的发展有着不可替代的作用。

营造河流生态系统，首先要修复河道生物的栖息环境，重视生态系统的食物链关系。只有构成生态金字塔底边的小型生物集群数量的恢复，才能使位于金字塔顶端的高级消费者生存栖息。

6.2.1.2 河道垂向特征与水生动植物系统

河道水域可分为表层、中层、底层和基底四部分。表层光照充足，由于河水流动，与大气接触面大，水气交换良好，特别在存在急流、跌水和瀑布河段，曝气作用更为明显，因而河水含有较丰富的氧气，有利于喜氧性水生生物的生存和好氧性微生物对有机物的分解作用，因而表层会分布有丰富的浮游植物，表层是河流初级生产最主要的水层。

在中层和下层，太阳光辐射作用随水深加大而减弱，水温的变化缓慢，溶解氧含量下降，浮游生物随着水深的增加而逐渐减少。由于水的密度和温度存在直接的关系，在较深的深潭水体中，会存在热分层现象，甚至形成跃温层。由于光照、水温、浮游生物（其他生物的食物）等因子随着水深而变化，导致生物群落产生分层现象。河流中的鱼类，有喜在表层生活的，有喜在底层生活的，还有很多生活在水体中下层。

对于许多生物来讲，基底起着支持（如底栖生物）、屏蔽（如穴居生物）、提供固着点和营养来源（如植物）等作用。基底的结构、物质组成、稳定程度、含有的营养物质的性质和数量等，都直接影响着水生生物的分布。

另外大部分河流的河床材料由卵石、砾石、沙土、黏土等材料构成，都具有透水性和多孔性，适于水生植物、湿生植物以及微生物生存。不同粒径卵石的自然组合，又为一些鱼类产卵提供了场所。同时，透水的河床又是连接地表水和地下水的通道。这些特征丰富了河流的生境多样性，是维持河流生物多样性及河流生态系统功能完整的重要基础。

6.2.2 生态河道水生植物系统的营造

一个完整的水生生态系统，不但要有洁净的水源、水生动物，还必须包括各种水生植物。水生植物作为初级生产者，其种类组成、生态分布、群落结构及种群数量直接影响着河流生态系统的结构和水环境改善。

城市河道一般都缺乏深潭，其河岸缓冲带也宽窄不一，水生植物不但是各种鱼类的食物，还是它们的栖息地。同时，水生植物对净化水质、降低水体富营养化、增强河道的自净能力也起着不可替代的作用。在景观方面，种植特性不同、花期不同的水生植物，也是营造水文景观的一个重要方式。

根据生长条件的不同，河道植物分为常水位以下的水生植物、河坡植物、河滩植物和洪水位以上的河堤植物。选择植物时，不仅要达到丰富多彩的景观效果，层次感分明，具有良好的生态效果，还应根据水位和功能的不同，选择适宜该水位生长的植物。

在常水位线以下且水流平缓的地方，应多种植不同的生态景观功能的水生植物，要根据河道特点选择合适的沉水植物、漂浮植物、挺水植物，并按其生态习性进行科学配置，实行混合种植和块状种植相结合。

常水位至洪水位的区域是河道水土保持的重点，其上植物的功能要具有固堤、保土和美化河岸作用，河坡部分以湿生植物为主。河滩部分选择能耐短时间水淹的植物。河道植物的配置种植应考虑群落化，物种间应生态位互补，上下有层次，左右相连接，根系深浅相错落，以多年生草本和灌木为主体，在不影响行洪排涝的前提下，也可种植少量乔木树种。

6.2.2.1 水生植物选取

水生植物选取的原则主要包括以下几个方面。

（1）耐污能力强

耐污能力是选择生态修复植物首要考虑的因素。大多数水生植物对污染的特殊逆境有一定的适应性，并且会产生一定的抗性，一定程度上这种抗性具有遗传性。但不同水生植物耐污能力相差较大，所以要选择耐污能力强的水生植物，可以保证水生植物的正常生长，也有利于提高水生植物对水体的污染物净化能力。

（2）净化能力强

选择的水生植物的水体净化能力要高。这可以主要从两方面考虑，一方面是水生植物的生物量较大，另一方面是植物体吸收污染物的能力较高。这类水生植物通常根系发达、茎叶茂密。水生植物的吸收、吸附和富集作用与植株的生长状况和根系发达程度密切相关，因而不同水生植物净化水质的效果存在着差异。植物发达的根系可以分泌较多的根分泌物，为微生物的生存创造良好的条件，可以促进根际的污染物微生物降解，提高水体的自净能力。

（3）因地制宜

不同河道具有不同的水文、地貌等特征，水生植物的选择要因地制宜。首先要使所选植物能够正常生长，适合当地的气候条件、地形条件和人文景观条件等。在选择时，要尽量选择适宜本地区气候环境的本土物种，避免造成外来物种的入侵问题。

针对河道不同的功能和区位条件，要规划不同宽度的生态绿化带，以便对河道两岸生态保护和绿化进行整体控制。

（4）景观观赏价值高

在城市河流生态修复过程中，要重视各种景观要素的和谐，根据园林景观设计的理念和方法，将水环境治理与营造生态公园融为一体，使保护环境与美化人们生活相映生辉。

（5）重视物种间的合理搭配

不同水生植物适应的水深不同，要根据河流断面不同部位的情况，配置多种水生植物，重构水生植物、鱼类、鸟类、两栖类、昆虫类动物的良好栖息场所。

植物物种之间的配置要遵从生态位原理，优先选择乡土物种，避免生态入侵，植物个体要有很强的生根性，适应能力要强，减少病虫害的发生。一般选择一种或几种植物作为优势种搭配栽种，但也要考虑到不同种类的植物之间存在的相互作用，包括两个方面，其一是对光、水、营养等资源的竞争，其二是植物之间通过释放化学物质，刺激或抑制周围植物的生长，即化感作用。所以选择植物时一定要重视合理搭配，既有利于群体的快速形成，也具有较高的水质净化能力和观赏价值。

6.2.2.2　水生植物类型及种植方式

（1）水生植物类型

水生植物是指生长在水中或潮湿土壤中的植物。按照结构层次分为漂浮植物、浮游植物、挺水植物和沉水植物等。

① 漂浮植物　常见的漂浮植物有水葫芦、水狐狸、大藻、水芹菜、李氏禾、浮萍、满江红、水鳖、紫背萍、水雍菜、豆瓣菜等。

② 浮游植物　通常的浮游植物就是指浮游藻类，常见的有蓝藻、隐藻、甲藻、金藻、黄藻、硅藻、裸藻和绿藻等。

③ 挺水植物　挺水植物是指茎叶伸出水面，根和地下茎长在泥里的植物。这类植物包括芦苇、菱草、香蒲、旱伞竹、蔍草、水葱、再力花、梭鱼草、水莎草、纸莎草、千屈菜、水生美人蕉、西伯利亚鸢尾、菖蒲、海寿花等。

④ 沉水植物　沉水植物是指根扎于水下泥土之中，全株沉没于水面之下的植物。常见的沉水植物主要包括金鱼藻、菹草、黑藻、轮叶黑藻、狸藻、狐尾藻、大茨藻、小茨藻、轮藻、篦齿眼子菜、水盾草、马来眼子菜、龙须眼子菜、竹叶眼子菜等。

有些水生植物其根茎、球茎或种子具有经济价值，比如睡莲、荷花、马蹄莲、慈姑、荸荠、芋、泽泻、菱角、藕莲等。这些水生植物，大多都有较强的过滤、吸收和吸附污染物的作用，同时还是水中生物栖息、繁殖的场所，为很多种类的水生动物提供食物。多样性的水生植物，不仅发挥了很强的水质净化作用，而且还为水中生物的生长繁殖创造了必要条件，更为河流水体增添了自然风光。

（2）种植方式

对于挺水植物，可采取条状、块状或丛状形式进行种植，具体选择要根据水体地形条件和具体挺水植物的种类。通常，在春季（3～5月）适合进行种苗移植，在6～9月适宜进行营养植株移植，而在冬季（12月至翌年2月）则可以进行根茎等营养繁殖体移植。为了尽快获得成型效果和保证存活率，4～5月份以成型的种苗移植为佳。在水体较深不能满足种植要求的区域，可设计种植平台进行种植。种植平台可用木桩、仿木桩、砖砌、石砌、卵石等围护。容易蔓延的挺水植物如芦苇、香蒲也可用种植平台、种植槽、种植盆等进行根控种植。

对于沉水植物，其种植以数个优势种为主的群落设计为主，种植方式有营养植株移栽、种子撒播、营养繁殖体（根茎、块茎、球茎、冬芽、石芽等）播种。沉水植物种植根据种植方式不同，要选择不同的适宜时间。苦草、黑藻、金鱼藻、眼子菜等植物的营养植株移栽可在5～9月份进行；沉水植物的芽孢、根茎、石芽等宜在11月至翌年2月进行，不同种类的播植时间不同。为了缩短工期，尽快达到效果，在河流生态治理工程中，可采取营养植株移栽的方式。

漂浮植物、挺水植物也可设计为浮床或浮岛进行水质改善和景观营建。

6.2.3　水生动物系统的营造

多样性的水生动物在水中形成完整的生物链，与水生植物互相依赖，互相作用，形成了平衡的生态系统，使水体中的污染物质不断地消耗和降解，水体得以自净。水生动物在水体净化中的作用重要，水生动物是维持河流生态系统健康必不可少的组成部分。

依据生态系统物质转化和能量流动的基本规律以及水生动物的生物学特性，可采用水生动物种群的重构技术，人工调控关键物种，进而利用生物操纵原理，通过生态系统的食物链网关系，重建水生动物的种群结构，提高水生动物的物种多样性，恢复和重建良好的水域生态环境和景观生态，改善水环境。

水生动物群落构建方式通常包括顶级动物群落构建、滤食性水生动物种群构建、食碎屑鱼类的引进等。

（1）顶级动物群落构建

根据水体的生态环境条件和鱼类组成特点，选择合适的物种，特别是先锋物种，因地制宜确立顶级消费者物种群落的构建模式。利用顶级生物的下行效应改善水质、维持良好生态环境。

（2）滤食性水生动物种群构建

依据水体生态环境条件和浮游生物生长情况，结合滤食性水生动物的基础生物学特性，确定滤食性水生动物的放养种类、数量、规格和方式。目前常用的滤食性水生动物主要有鲢鱼、鳙鱼等。

（3）食碎屑鱼类的引进

依据有机碎屑的资源量，引种增殖食碎屑鱼类，并保持适宜的种群数量。

6.2.3.1 水生动物的类型

常见的水生动物主要包括浮游动物、底栖动物、鱼类等。

（1）浮游动物

浮游动物（zooplankton）是指漂浮的或游泳能力很弱的小型水生动物，它随水流而漂动，与浮游植物（phytoplankton）一起构成浮游生物（plankton）；浮游动物的种类极多，主要有原生动物、轮虫、枝角类和挠足类四大类。

（2）底栖动物

常见的底栖动物有：软体动物门的腹足纲的螺和瓣鳃纲的蚌、河蚬等；环节动物门寡毛纲的水丝蚓、尾鳃蚓等；蛭纲的舌蛭、泽蛭等；多毛纲的沙蚕；节肢动物门昆虫纲的摇蚊幼虫、蜻蜓幼虫、蜉蝣目稚虫等；甲壳纲的虾、蟹等；扁形动物门涡虫纲等。

（3）鱼类

鱼类主要有刀鲚、银鱼、鲤鱼、鲫鱼、青鱼、鲢鱼、鳙鱼、旁皮鱼、白鱼、穿条鱼等。

不同水生动物对水质有不同的要求，如鱼类正常生长存活的溶解氧含量要求大于3.0mg/L，鱼苗溶解氧含量要求大于5.0mg/L，但鲫鱼对水体溶解氧要求较低，可以在溶氧量为0.5～1.0mg/L的水体生活。河流生态治理中应充分考虑水生动物对水质的适应性，针对不同生境进行设计。

6.2.3.2 生物操纵技术

1975年美国明尼苏达大学的Shapiro及其同事首先提出了"生物操纵（biomanipulation）"的概念，生物操纵又称食物网操纵（food-web manipulation），是以食物链网理论和生物的相生相克关系为基础，通过改变水体的生物群落结构来达到改善水质、恢复生态系统平衡的目的。通常情况下是通过对水生生物群结构及其栖息地的一系列调节和改变，增强其中的某些相互作用，通过操纵促使浮游植物生物量的下降。不过在使用生物操纵技术时，必须注意如何维持食物链改变后系统的稳定性。

生物操纵技术一般主要应用于对湖泊、水库的富营养化治理，而将生物操纵技术应用于受污染河流生态系统的恢复报道较少。然而在污染河流的水质改善后，水体自净能力也得到相应的提升，已适合鱼类等的健康生长，可以针对河流本身进行生态系统的恢复与重构，构建水生生态系统生物链，以长期维持河流的生态健康。

生物操纵技术通常可分为经典生物操纵和非经典生物操纵两类。

（1）经典生物操纵

经典生物操纵的主要原理是调整鱼群结构，促进滤食效率高的植食性大型浮游动物（特别是枝角类）种群的发展，从而控制藻类的过度生长进而降低藻类生物量，提高水体透明度，改善水质。

这种方法就是通过放养食鱼性鱼类或者捕杀浮游动物食性鱼类，以此壮大浮游动物种群，利用浮游动物对浮游植物的捕食来抑制藻类的生物量。其核心包括两方面：大型浮游动物对藻类的摄食及其种群的建立。

① 大型浮游动物对藻类的摄食　浮游动物作为浮游植物的直接捕食者，其作用在藻类上的"下行效应"对于调节藻类种群结构有重要作用。目前常采用的浮游动物为大型溞、轮虫或浮游甲壳类，能有效控制浮游植物的过量生长，减少多种藻类的数量，但是对藻类群落结构影响较小。

② 摄食藻类的大型浮游动物种群的建立　目前主要有两种方法：放养食鱼性鱼类来捕食浮游动物食性鱼类或者直接捕杀浮游动物食性鱼类；为避免生物滞迟效应，在水体中人工培养或直接向水体中投放浮游动物。

但是水生食物网链的营养关系并不如想象中的那么简单，要保持浮游动物食性鱼类和浮游动物种群的稳定存在一定难度。过分强调对藻类的去除，使得大型浮游动物（如枝角类）的食物来源减少，也使得其种群也无法保持稳定。

经典生物操纵理论在应用中所面临的一困境就是浮游植物的抵御机制。由于增加了对可食用藻类的捕食压力，不可食用的藻类逐渐成为优势，特别是一些丝状藻类（如颤藻）和有害蓝藻（如微囊藻）等。蓝藻的个体较大，能达到数百微米，这导致浮游动物对其无法食用或摄取率较低，而且蓝藻的营养价值较绿藻低，有些还能释放毒素抑制其他水生动物的生长发育。另一方面，由于缺少捕食压力以及其他藻类的竞争压力，蓝藻数量快速增长，会逐渐形成了蓝藻水华。因此，经典生物操纵理论在治理蓝藻水华中未能取得良好的效果。对此，有学者提出在湖泊水体中保障经典生物操纵理论有效的 8 个前提：a. 水体面积较小（＜8ha）；b. 水深较浅（最深不超过 4m，平均≤1m）；c. 水体水力停留时间平均 30d 以下；d. 湖底一半以上的面积可覆盖大型植物；e. 采取措施促进大型植物生长；f. 浮游植物群落不是由蓝藻而是由绿藻、小型硅藻和包括隐藻在内的鞭毛藻等组成的；g. 鱼类可以人为控制；h. 可采取措施（如人工添加）促进大型浮游动物的增长。

在城市河流生态修复中可以借鉴湖泊经典生物操纵的相关措施。

（2）非经典生物操纵

基于世界各地报道的一些经典生物操纵技术失败的案例以及浮游动物无法有效控制富营养化湖泊中的蓝藻水华的事实，出现了非经典的生物操纵理论。非经典生物操纵就是利用有特殊摄食特性、消化机制且群落结构稳定的滤食性鱼类来直接控制水华，其核心目标定位是控制蓝藻水华。

在非经典生物操纵应用实践中，鲢、鳙以人工繁殖存活率高、存活期长、食谱较宽以及在湖泊中种群容易控制等优点成为最常用的种类。鲢、鳙易消化的主要食料是硅藻、金藻、隐藻和部分甲藻、裸藻等，黄藻类的黄丝藻及大部分绿藻和蓝藻等也是常见的摄食消化种类，并且其对蓝藻毒素有较强的耐性。

针对城市河流生态系统修复，目前常用的且较简单的办法是在水体中因地制宜地投放一些鱼虫、红蚯蚓等，也投放一些河蚌、黄蚬、螺丝等底栖动物并促使其生长繁殖；同时，放养河鲫鱼、旁皮鱼、穿条鱼、鲢鱼、鳙鱼等野生鱼类，逐步地建设和修补水中生物链，形成生物的多样性。

6.3 城市河流亲水景观

6.3.1 景观要素及亲水景观类型

城市河流是城市中自然条件相对较好、具有生态和景观功能的区域。河道两岸通常是临近居民日常休憩和休闲娱乐的场所，人们通过与河道的亲身体验交流，达到休闲放松、修养保健的目的。因此城市河道的景观与人民日常生活密切相关，是水文化可以得到充分体现的最直接的载体。

城市河道景观一般包括城市河道水域本身、与城市河道相接的堤岸空间以及滨河空间，典型的城市河道景观的空间分布如图6-45所示。

滨河空间作为与城市河道相接壤的区域，它的空间范围通常包括水域空间和与之相邻的

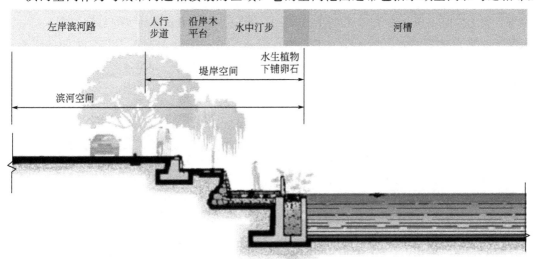

图 6-45 城市河道景观的空间分布示意

城市陆域空间，是自然生态系统与人工建设系统交融的城市公共空间。城市河道景观是城市滨水景观的重要组成部分，其景观要素包括自然、人工、人文等，详见表6-2。

表6-2　城市河道的景观组成要素分类

自然景观	水体（水的流向、透明度、倒影、水底等）
	河床（浅滩、深潭等）
	植被（水生植物、乔木、灌木、草本植物、藤本植物）及时令变化
	动物（鸟、虫、鱼等）
	地形、地貌（包括高程、土壤及其土质）等
人工景观	构筑物（堤防、护岸、挡土墙等）
	空地（亲水平台、亲水广场、亲水步道、休息节点等）
	附属设施（指示设施、照明设施、管道设施等）
	交通系统（机动车道、自行车道、人行道、游船、无障碍通道等）
	滨水景观建筑（亭、台、廊、商务用房、管理用房等）
	景观小品（雕塑、景观柱、树池、花池等）
	跨越结构（桥梁、栈道等）
人文景观	无形的历史要素（包括民俗文化、文物）
	水文化脉络、社会经济等

　　城市河流往往穿越不同的城市区域，所以城市河道景观设计中必须充分考虑与周边区域自然环境因素及人文环境因素的和谐和融合。城市滨河空间与周边的其他社区间没有固定的划分界限，一般按照滨河区的建设红线划分，建设红线一般为滨河的最近的机动车道（指城市一、二级道路）的外轮廓边缘线。

　　本章上部分内容所介绍的城市河流生态系统修复包括河道本身以及护岸等都属于河道景观的内容，其修复工程措施都必须与河道景观、城市景观规划相协调，本节将主要介绍亲水景观部分。

　　城市河道的生态修复要考虑人的亲水性，增加亲水设施，同时要给滨水生物留出生活和繁衍的场所，协调好人类活动和动、植物生境场所保护之间的关系。人类活动都会对动、植物，特别是动物，带来或多或少的影响。有些地段要少布置或不布置步道和亲水设施，使得植物生长更自然，滨水动物拥有不受干扰的栖息地，更利于生态保护和维持。

　　亲水活动一般是指人在滨水地区的各种行为活动，比如步行、休憩、观赏、戏水、体育活动等，因为水的存在而带有了亲水性的特点。亲水景观是充分展示水的自然生态景观，人都具有亲水的自然天性，因此满足人的近水、好水、戏水天性，体现人和水之间的密切关系，是河道亲水景观设计追求的理念和目标。按照亲水活动划分，亲水景观有不同种形式，详见表6-3。

表6-3　按活动内容划分的亲水景观

活动类型	活动内容	活动区域和亲水景观
水上活动类	游泳、钓鱼、划船、戏水、漂流等	水域、亲水栈桥、亲水平台
观景休憩类	散步、观光、休憩、照相、写生等	驳岸、亲水栈道、河堤、观景设施
体育活动类	晨练、慢跑、骑车、球类活动、放风筝等	滨河亲水步道、亲水草坪、亲水广场、沙滩等
自然欣赏类	水体、植物、动物欣赏	亲水步道、堤岸空间、亲水台阶等
民俗文化活动类	传统节日、纪念活动、名胜古迹游览等	滨河广场、空旷滨河地

　　城市河道亲水景观是城市河道景观的重要内容，它包含了两个方面的含义：一是协调河流与城市、河流与绿地以及河流与人之间的关系，在城市河道景观中营造良好的"亲水"场

所；二是结合河道防洪设施，为在城市滨河地带活动的人们创造安全、恰当的亲水场所和设施。

6.3.2 亲水景观设计原则及步骤

（1）亲水景观设计原则

在亲水景观的设计和后续的营造过程中，要注意亲水景观的安全性和亲水景观的游憩性。

① 亲水景观安全性　一般地段的亲水景观较少考虑其水域对人类安全性的威胁，比如喷泉广场通过把水域中的水引入到相对安全、舒适的地段，供人们享受。人们可以很放心的在其中游乐，不会担心深水区对人们造成的安全威胁。而在自然滨水区进行亲水景观设计的时候，要首先满足人们安全性的需要。

② 亲水景观游憩性　在满足滨水区亲水景观安全需要的前提下，要适当的满足其亲水景观的游憩功能，主要是通过设置游憩设施来达到其要求的。这里的游憩设施主要有亲水栈道、亲水踏步、亲水草坪、亲水驳岸等。

（2）亲水景观设计步骤

在进行城市河道亲水景观设计时，可以按照以下的步骤进行：a. 确定规划河道的类型以及河流的断面形态，分析河流功能与亲水之间的相互影响和要求，决定亲水方式和亲水景观的类型；b. 根据城市河道的平面形态、断面形态以及绿地性质，选择恰当的亲水活动；c. 按照亲水性的要求，对水陆交接的部分（如河道的堤防）进行适当的修缮或改造；d. 设置相应的亲水场所和亲水设施；e. 结合安全性等因素综合评价设计效果，塑造亲水的场所。

6.3.3 亲水景观类型

亲水景观主要包括有亲水护岸、亲水平台、亲水广场、亲水步道、亲水栈桥、亲水踏步、亲水草坪、亲水沙滩、水文化景观等。

（1）亲水护岸

护岸的设计应尽量采用斜坡型或阶梯型，并运用自然的绿地和生态材料修筑，既可提供视觉的美感，又能种植树木。对于滨水绿地，常常采用不同高度临水台地的做法，按淹没周期，分别设置无建筑的低台地，允许临时建筑的中间台地和建有永久性建筑的高台地三个层次。低台地可结合水利上的"马道"在比常水位稍高的地段设置亲水平台。结合游憩活动的特征来改造岸线，不仅有利于河道的蜿蜒性，也创造了丰富的景观，并且在功能上具有更好的适用性。

韩国清溪川修复中采用河边阶梯式护岸（图 6-46），借助踏步可以零距离接触水面，还可以满足人们坐下戏水的需求。自岸堤向水中铺砌天然石，高低起伏，为人们提供了温馨、舒适、便利的亲水环境，人们，尤其是孩童，乐意驻足石上戏水游乐。

（2）亲水平台

在亲水护岸的水体边缘设置亲水平台，可满足人们观景休息类和与水接触类等多种滨水

图 6-46　韩国清溪川亲水护岸

游憩活动。

　　例如长沙潇湘风光带设计的亲水平台上设置了浮台游泳池（图 6-47），满足人们健身休闲的需要，在保障水质安全的前提下实现人们"畅游湘江"的愿望。

图 6-47　浮台游泳池

　　（3）亲水广场

　　亲水广场是面积较大的亲水景观，如图 6-48 所示为石家庄太平河亲水广场效果图。在广场上布置休闲设施，供人们休闲散步娱乐、健身锻炼、观赏水景用。

　　亲水广场的设计一般遵循六大原则：整体性、安全舒适性、健康性、文脉传承、生态性、参与性。一般在确定亲水广场规模时，多是以满足整体需求为前提进行设定的。在亲水广场的设计中，应以周边河道的空间利用特性等方面的调查资料为基础，来确定广场的规模和数量。

　　（4）亲水步道

　　亲水步道连接了水域内外的环境空间，串联起滨水的广场、公园、绿化植物等，组织了人在水环境中的活动，是十分重要的连接元素。亲水步道的设计应以人的行为习性为先导，

图 6-48 石家庄太平河亲水广场效果图

安排合理的空间尺度、舒适的地面材料、距离与线路的关系、空间的连续与对比等。亲水道路宽度通常较窄，一般只有几米或十几米，而长度则沿着河流延伸呈线性变化，中间间隔性配置座凳等室外休憩设施，沿途通过各种小品、植物等创造开敞、半开敞、私密等不同空间，营造宜人的环境。如图 6-49 所示为北京永定河莲石湖亲水步道。

图 6-49 北京永定河莲石湖亲水步道

（5）亲水栈道

亲水栈道是一种比亲水步道、亲水广场、亲水平台更加近水的一种亲水景观场所。这种亲水栈道的设计一般选择水深较浅的地段，在栈桥上人们能够近距离地接触水面和水生植物，视觉如同在水面上行走。栈桥可以使人们离开陆地，以水中的视角来观赏景色。同时也要考虑到其周边的环境，创造令人心动的画面。如图 6-50 所示为四川西昌邛海公园的亲水栈道。

（6）亲水踏步

亲水踏步也是滨水区线形的亲水硬质环境，它与亲水栈道的不同是采用阶梯式踏步，一

图 6-50　四川西昌邛海公园的亲水栈桥

直下到水面，而且随着水位的涨落，它都可以在不同程度上接近水体。亲水踏步的设计应注意：一是选址应在浅水区；二是应选用摩擦性强的踏步材质；三是也同样要设置一定的防护设施。如图 6-51 所示为韩国清溪川的亲水踏步。

图 6-51　韩国清溪川亲水踏步

（7）亲水草坪

亲水草坪是滨水区软质面状亲水景观，岸边游人可以戏水娱乐，伸脚踏水。缓坡草坪渐渐伸到岸边，水底在离岸 2m 处逐渐向外变深。在离水面 0.1～0.2m 可设置灌木或自然的山石砌筑或散置大小不等的原石和卵石进行岸线护底，既可以稳固岸线，又有自然丰富的景观变化。水边缓坡草坪可营造良好的公共休闲区，供游人散步、阅读、垂钓、戏水等。

（8）亲水沙滩

亲水沙滩也是一种软质面状亲水景观，可容纳大量人流进行各种休闲娱乐。它充分利用滨水资源，创建不同于海滨沙滩的独特休闲空间，为内陆游客提供与众不同的体验。例如每年 7～8 月，巴黎塞纳河西岸的车行道都会被封闭，工人们会用沙土在此建造一个仿真海滩

（图 6-52）。海滩上会"种植"棕榈树，摆放遮阳伞和躺椅，堆砌沙雕，提供水上运动等设施，以供市民消遣娱乐。

图 6-52　巴黎塞纳河人工沙滩

（9）其他亲水景观

亲水景观也包括一些亲水设施，包括水井、桥梁、水坝、水景观设施等，以及景观小品（如灯具、雕塑、假山置石、栅栏护栏等）、景墙（座椅、廊亭、遮阳棚、标识、卫生间、照明灯、商店等），以及一些瀑布跌水、喷泉景观等。

6.4　清溪川生态修复与重构的案例

本案例总结自韩国专家提供的相关研究报告、多篇发表于中文期刊的文献以及作者现场考察采集的资料。

6.4.1　清溪川的沿革

清溪川是一条由西向东流经韩国首都首尔市市区的河流，它最终汇入汉江。第二次世界大战后，随着韩国经济的快速发展，大量的生活污水和工业废水排入河道，导致清溪川污染严重，清溪川变成了一条名副其实的"大型城市下水道"。之后，首尔市曾多次对清溪川河道进行过疏通清理和防洪建设，包括硬化河床、修建砌石护坡、裁弯取直等，但这些整治工作不但未能阻止清溪川被进一步污染，反而破坏了河流的自然生态环境，导致河流流量变小、水质变差，河流生态功能丧失。在这种情况下，20 世纪 50 年代，汉城（现首尔）市用长 5.6km、宽 16m 的水泥板对污染的清溪川进行了全面覆盖，其上建成公路。1971 年，首尔市为适应城市发展，在已封盖为公路的清溪川上建设了高架桥。该高架桥是双向汽车专用道，承载着大负荷的东西方向城市交通。

随后随着韩国经济实力的提升，人们对生态环境保护以及水文化传承的意识逐渐增强。为恢复清溪川的自然面貌，再现首尔市 600 年的发展史，2003 年 7 月，首尔市政府开始拆除高架桥，启动了清溪川复原和综合整治。复原工程历时两年零三个月，于 2005 年 10 月竣工，总投资约 3800 亿韩元（按 2004 年 5 月汇率计算，折合约 3.1 亿美元），清溪川改造前后对比见图 6-53。

(a) 改造前的高架桥　　　　　　　　(b) 修复后的清溪川

图 6-53　清溪川改造前后对比图（见文后彩图）

6.4.2　清溪川复原

6.4.2.1　复原目标

清溪川复原工程的目标是复原具有自然再生能力的生态系统，构建"自然的城市河流"，恢复 600 年古都首尔的历史性和文化性，建设以自然和人为中心的城市绿色空间。

6.4.2.2　复原设计要点

（1）复原河川

清溪川河道长度较长，因此结合其自然特征和河周围城市的功能，将其分为三段处理，并且赋予不同主题，由西向东分别对应的主题为历史、现在、未来。

（2）复原历史遗迹

对历史遗物留存可能性高的区域及堆积层保存完好区段进行勘探调查，并采取保持原状处理方式。对于历史遗迹的复原方案，征求如市政府、市民委员会、文化财产方面专家、市民团体等各方面意见后再确定。

（3）桥梁设计

桥梁是清溪川的特色，复原后的清溪川有 22 座桥，分为人行桥和人车混行桥。桥梁设计中提出了三个标准：选择可最大限度疏通流水障碍的桥梁形式；清溪川桥梁的定位是文化与艺术相会的空间；建设成地方标志性建筑，使其成为具有造型美和艺术性强的桥梁。

（4）景观设计

重点是溪流两边的护堤空间。如鱼、鸟栖息地的生态设计；步行道，便利设施和导游信息发布点的设计和布置；墙面壁画和一些地标设计。

6.4.2.3 复原指导原则

（1）强调亲水性

修筑大量的亲水平台并且赋予一定的文化意象，有以曲线形为主的，有根据"洗衣石"的方式设计的。同时，为解决地势西高东低的问题，设计者采用多道跌水的方式处理高差。在较缓的下游河段，每两座桥之间设一道或两道跌水；在靠近上游较陡的河段处，两座桥之间采用多道跌水。

（2）强化堤岸空间的利用

修筑方便游人的步道和休息空间，以及墙面壁画。在观水桥下，利用桥下空间光线较暗的特点，设置了电影广场。在道路层面靠近河川两侧，设置休闲空间（咖啡座等）。

（3）通过掩埋管渠优化景观

覆盖建筑物区域铺设截流式合流制地下排水道，建筑物内部设置汇聚管道。截流式合流制下水道系统不仅能截流并输送清溪川沿岸排放的全部污水至污水厂，而且在降雨时还能截流初期的污染雨水，既保护了清溪川的水质，又不影响整体景观。

（4）缓和堤岸坡度

较缓的堤岸坡度有利于堤岸空间的利用和亲水性的形成。同时强调生态保护——不仅是绿化景观的营造，而且是考虑整个生态系统的恢复，如确保鱼类、两栖类、鸟类的栖息空间；栽种植物，为鸟类提供食物源；建造鱼道等，用作鱼类避难及产卵场所。

6.4.3 清溪川水体补水水源与水质复原

在拆除了覆盖在清溪川水体上的路面结构以及路上的高架桥后，面临的主要问题就是水体环境与生态系统的复原。由于清溪川被覆盖在地下以后主要承载着排污的功能，为了保证水质的良好，防止复原后的水体重新被污染，就需要建设污水收集和处理系统，对原来流入清溪川的生活污水进行截流和处理。

此外，还要解决来水水源的问题，为了持续保证 0.4m 左右的水深和 1.0km/h 的流速，清溪川每日需要 $12 \times 10^4 m^3$ 的水量补充。主要采用 3 种水源补给方式：a. 每日从汉江抽取 $9.8 \times 10^4 m^3$ 水，经过净化和消毒处理后由地下管道输送到清溪川上游，管线长 6.0km，管径 1800mm；b. 清溪川各段均设有地下水和雨水收集设施，日均补水量为 $2.2 \times 10^4 m^3$，管线长 4.3km，管径 1100mm；c. 清溪川改造工程沿线铺设管道，管线长 5.8km，管径 900～1100mm，经过中浪污水厂处理后的再生水水量约 $1.2 \times 10^4 m^3$，作为应急条件下供水水源。

保持良好的水质是清溪川河流恢复的目标，为此清溪川上述三种补充水源的水质均达到了韩国河川保护生态环境的Ⅱ级水质标准（表 6-4）。这从源头上解决了清溪川的水质问题。其次，为避免沿途污染，修复后的清溪川严禁污水注入。在清溪川两岸建造了截流式合流制排水管道，将以往直接排入清溪川河流内的污水都由此输送至下游的污水处理厂进行处理后再排放。清溪川沿岸排放的污水量为 $66×10^4 m^3/d$，其合流制排水管道的雨水径流截流倍数 n 取值为 2，则降雨期间可截流的雨水径流量为 $132×10^4 m^3/d$，沿河截流式合流制排水管道的截流污水与雨水径流的总流量可达 $198×10^4 m^3/d$。下游污水处理厂的设计处理能力因此也达到了 $200×10^4 m^3/d$。截流式合流制排水管道系统不仅能截流并输送清溪川沿岸排放的全部污水，而且在降雨时还能截流初期污染雨水，保护了清溪川的水质。只有暴雨期超过截流能力的雨水才通过溢流口（图 6-54）溢流进入清溪川。

图 6-54 设置与桥下的溢流口

清溪川复兴改造工程最显著的成效是让清溪川恢复了其自然的本来面貌，使得清洁、流动的河水又重新回到首尔市民的生活中。整治后的清溪川水质完全达到功能要求。表 6-4 给出了清溪川治理后的水质情况。清溪川补水水源符合韩国河流生活环境标准水质Ⅱ级标准［环境政策基本法试行令（试行 2013.1.1）大统领令（第 24203 号）环境标准］，经过两年的修复和维护工作，除了 BOD 和总氮两项，经过清溪川的水体自净，各项水质指标都能达到韩国河川生活环境标准水质Ⅰa级标准。对儿童戏水等亲水活动绝对安全，适合于多种鱼类的栖息。

表 6-4 清溪川各河段水质指标

测试项目		pH 值	DO/(mg/L)	BOD /(mg/L)	SS /(mg/L)	TN[①] /(mg/L)	TP /(mg/L)
河流上游		8.31	9.23	2.60	1.6	2.76	0.014
河流中游		8.24	8.27	1.10	3.2	3.123	0.010
河流下游		8.04	7.92	1.80	1.2	3.48	0.005
韩国河 川水质	Ⅰa级标准	6.8~8.5	≥7.5	≤1	≤25	≤0.2	≤0.02
	Ⅱ级标准	6.8~8.5	≥5.0	≤3	≤25	≤0.4	≤0.1

① TN 为韩国湖泊生活环境标准，在河流中没有此指标。

6.4.4 清溪川复原中的河道空间结构设计

清溪川复原中河道空间结构的设计一方面要考虑河流洪水排放的功能和排放能力的需求；另一方面要结合其自然特征考虑多样性生境的营造和亲水设施的建设。

按照首尔市的总体功能要求，将清溪川的泄洪能力设计为抵御 200 年一遇标准的洪水。在清溪川河道复中，结合其自然特征和区位将整体河道分为三段。西部上游河段河道两岸采用花岗岩石板铺砌成亲水平台，河段断面较窄，坡度略陡。中部河段为过渡段，河道南岸以块石和植草的护坡方式为主，北岸修建连续的亲水平台，设有喷泉。相对于西部和中部河道设计的人工化，东部河段设计上以体现自然生态的特点为主，河道的改造以自然河道为主，坡度较缓，设有亲水平台和过河石级，两岸多采用自然化的生态植被，选择本地植物物种。

清溪川上下游高程差约 15m，设计用由多道跌水衔接起来。在较缓的下游河段，每两座桥之间设一道或二道跌水，在靠近上游较陡的河段处，两座桥之间采用多道跌水，形成既有涓涓流水又有小小激流的自然河道景观。跌水全部都用大块石修筑，间隔布置。作跌水的大石块表面平整，用垂直木桩将大石块加固在河道内。踏着横在河中的大石块，可跃过溪水，跳到对岸。

河道整体设计为复式断面，分为 2～3 个台阶，人行道贴近水面，达到亲水的目的，其高程也是河道设计最高水位，中间台阶一般为河岸，最上面一个台阶即为永久车道路面。同时，为减少水的渗漏损失以及减少水渗透对两岸建筑物安全的威胁，设计中采用黏土与砾石混合的河底防渗层，厚 1.6m，在贴近河岸处修建一道厚 40cm 的垂直防渗墙。

6.4.4.1 河道平面形态

恢复清溪川蜿蜒曲折、深浅交错、缓急水流的平面形态。并在河道中利用块石等丁坝措施，形成河道蜿蜒型形态。除了自然化和人工化的溪流以外，清溪川复兴改造工程中还运用了跌水、喷泉、涌泉、瀑布、壁泉等多种水体表现形式（图 6-55 和图 6-56）。

图 6-55　蜿蜒曲折的平面形态

6.4.4.2 河道断面设计

根据河道流经地域的地理特性和历史文化进行分段设计、因地制宜，充分考虑到了河道不同层面的服务功能和河流不同流域的自然特征。河道设计为复式断面，自下而上设计为两至三个台阶，最下面的平台为河床，河床设计平缓，充分考虑到市民游憩时的安全性；第二个平面为人行道也是游客的亲水线，人行道贴近水面，游客可以在这里零距离亲水；第三个平面为河岸；最上层的平面为市政车道路面。

清溪川河道复原工程防洪设计标准为满足 200 年一遇的洪水过流需要。整个治理河段的横断面依周边条件不同分为三部分。

第一段位于上游地区。河道蓝线条件较好，明渠底宽 20.83m，边坡 1：1。两侧二层台

图 6-56　通过堆石制造有缓有急的水流（见文后彩图）

各 21.83m 和 22.92m。二层台下及两侧设市政管线走廊。

　　第二段位于城市建设密集地区，河道蓝线用地紧张，又要留出两侧各两条车道。还要考虑人的亲水活动需求。为保证河道行洪断面。明渠底宽 11.74m，边坡（1∶1）～（1∶2）。二层台下设市政管线走廊。这种在城市密集区河道与车道相结合的做法值得借鉴。

　　第三段位于城市建设密集地区下游，河道蓝线用地紧张程度较上段缓和，也要留出两侧各两条车道，但人的亲水活动减少，断面相对整齐。为保证河道行洪断面，将规划路架设在河道两侧过水断面上，明渠底宽 11.74m，边坡（1∶1）～（1∶2），二层台下设市政管线走廊。

　　除此之外，清溪川对河床进行了改造，以提高水体自净能力。一个良好的河流生态环境可以通过自身的调节能力，使水体处于健康的平衡状态。清溪川的恢复工程力求恢复河流的自然风貌，恢复了深潭、浅滩和湿地等。经过这样的改造后，水生动植物种类大幅增加，净化了清溪川的水质。大量的水生生物的存在也验证了清溪川水质改善的成功。

6.4.4.3　护岸设计

　　河道护岸设计采取了多种形式，包括东部下游以生态植被覆盖的自然化河岸（图 6-57），中部以块石和植草护坡为主的半人工化河岸（图 6-58），以及西部上游花岗岩石板铺砌的人工化河岸（图 6-59）。无论是哪一部分河岸，都强调亲水性的设计理念，同时为鸟类提供食物源及休息场所，充分体现人与自然的协调。

图 6-57　东部下游的自然化河岸

图 6-58　中部的半人工化河岸

图 6-59　西部上游的人工化护岸

6.4.5　清溪川修复中的生态景观设计

6.4.5.1　分段的景观设计理念

河道景观规划既要突出河道的自然性，又要兼顾实用性及与水相关的河岸活动的安全性。通过引入阶梯平台式堤岸，实现了自然保护与使用功能的统一。堤岸建设从利于水生生物生长的角度考虑，同时栽种植物，使城市与自然环境协调共生。阶梯平台的墙面采用传统的石材和开展人文历史描述，以反映清溪川的历史特性。

清溪川复原充分考虑河流区位的特点，在自然与实用原则相结合的基础上，在不同的河段采取了不同的设计理念。西部上游河段位于韩国的政治和金融中心，周边地区包括总统府、市政厅、新闻中心、银行等，景观设计上处处体现现代化的特点。中部河段穿过东大门地区，那里是韩国著名的日用商品、机械工具、照明商品以及服装鞋帽的市场，是普通市民和游客喜爱光顾的地方。因此设计上强调滨水空间的休闲特性，注重为小商业者、购物者和旅游者提供休闲空间。东部河段周边地区历史上是普通市民居住的地方，与中部和西部相比，发展相对落后，目前为居民区和商业区混合。因此，景观设计强调自然和生态的特点，使市民和游客们可以找到大自然的感觉。

6.4.5.2　丰富的景观设计元素

（1）水体景观

清溪川西高东低、上游河道偏陡、下游偏缓，结合这个特点，设计中采用多道跌水的方式将上下游河段衔接起来，同时将大石块"锚固"在河道内，这样不仅可以保障游人通行，而且使水流流态自然、有层次感。除了自然化和人工化的溪流以外，清溪川综合整治工程中还运用了喷泉、涌泉、瀑布、壁泉等多种水体表现形式（图 6-60）。

图 6-60　喷泉、壁泉、涌泉等水体景观

图 6-61　河道两岸植物及湿地区景观

（2）植被与动物栖息地

为了恢复生物栖息空间，促进生物多样性，通过保护自然退化地、砂石地、植物群落等

现有的生态环境，专门移栽杨柳、芦草、莴苣等本地化水生植物营造的湿地，来确保鱼类、两栖类、鸟类等各种生物的栖息空间（图6-61）；通过建造鱼类通道、修建多孔质植被护岸（如图6-62所示为自然石护岸）、构造浅滩和水潭、多段式跌水设施、护栏等恢复和保护鱼类栖息地，形成了清溪川中最自然最生态的空间，使居民可以观赏野鸭、斑嘴鸭、白鹭、黄莺等鸟类和鲇鱼、柳条鱼、鲤鱼、鲦鱼、泥鳅等鱼类。

非常值得借鉴的是利用护栏营造静水区的方法。一种是在岸边设置浸水方框，向方框内填满砂石，形成多孔质空间，栽植植被，形成水草带［图6-63（a）］。另一种是离护岸有一定距离处打入木桩，内部铺设巨石，从而减缓水流［图6-63（b）］。到2010年，清溪川植物种类已经达到510种。

清溪川修复工程还对人工建筑物进行全方位绿化。例如，恢复光州川时，对桥梁、桥墩和堤坝坡面也进行了绿化，从而提高水边景观的水平，促进亲水活动。

(a)施工初期

(b)施工后第3年

图6-62 自然石护岸（见文后彩图）

(a)

(b)

图6-63 护栏

（3）人文景观

清溪川综合整治工程注重通过建设特色人文景观来保护和传承历史文化。如恢复重建了极具历史特色的朝鲜时代的石桥；建成了规模为世界之最的瓷砖壁画"正祖斑次图"；以自然、环境为主题打造现代五色"文化墙"；为了追忆过去传统的首尔市民在溪边洗衣的场景而建的"洗衣场"等（图6-64）。这些人文景观的建设不仅传承了朝鲜历史，而且还展现了韩国的现代文化。

(a) 上游现代景观设计

(b) 景观文化墙

(c) 历史景观——洗衣场

图 6-64　部分人文景观示例

（4）桥梁

考虑到桥在朝鲜历史上曾发挥的重要作用，清溪川综合整治工程将桥梁建设作为一项重要内容来考虑。清溪川上共建成 22 座桥梁，多数桥梁可以通行机动车，两岸建有人行横道。每座桥梁都造型各异，各具特色。

（5）夜景观

清溪川综合整治工程注重通过照明效果来创造夜景观，利用河道沿岸布置的泛光灯和重点景观的聚光灯等形成和谐又具有特色的灯光效果。夜景观的塑造使得清溪川吸引了大批喜爱夜生活的市民和外来观光客（图 6-65）。

图 6-65　清溪川部分河段夜景观

（6）亲水景观

清溪川河道护岸以亲水护岸（图 6-66）为主，与亲水平台（图 6-67）、亲水步道（图 6-68）、亲水踏步（图 6-69）等融为一体，浑然天成。不同的瀑布、过河石、河畔的绿色植物、形态各异的桥、交错成一幅赏心悦目的精致画面，每一处都是一道都市里的风景。

6.4.6　清溪川改造实施效果

（1）推动了内部的均衡发展，提高了地区知名度

图 6-66　多种亲水护岸

图 6-67　多种多样的亲水平台

图 6-68　平均宽度为 2m 的亲水步道

图 6-69　各种亲水踏步

清溪川复兴改造工程实施以前，沿清溪川地区由于周边环境较差，许多业主都把房子出租，搬迁到更适于居住的地方生活。据统计，2000年有12.9万人住在清溪川沿岸，这一数字比20年前减少了14.9%。清溪川的复兴改造推动了江北城区的改造，工程还在建设期间，周边的房地产就开始升值，改造工程结束后，良好的生态环境和滨水空间环境对江北城区建设和改造产生了极大的拉动效应，为周边地区整合成为国际金融商务中心、信息技术和高附加值产业地区提供了条件。随着江北城区开发力度增强，成长潜力不断提高，首尔市进一步实现了内部的均衡发展，城市中心区经济活力和国际竞争力也得到了提升。据韩国权威部门的研究报告称，清溪川复原改造工程其产出效益是投资的59倍，还产生生产附加值效益24万亿韩元，解决了20多万个就业岗位。

清溪川复原也引起了世界的重视，其他国家复原河川时以清溪川为考察对象。同时清溪川也成为韩国境内新兴的旅游景点。随着知名度的提高，吸引了很多旅游者，对本地区的经济发展产生了促进作用。

（2）自然生态得到恢复，生态环境得到改善

清溪川的复兴改造极大地降低了原来由于高架桥所带来的噪声和空气污染，而且还减少了热岛效应，空气质量得到了明显的改善，详见表6-5。此外，清溪川的河床是由南瓜石、河卵石、大粒砂构成的，能很快恢复为河川，自净能力非常强。由雨水、地下水和抽取的汉江水形成的清溪川水系则有利于鱼类的生存。复兴改造工程注重营造生物栖息空间，建设沼泽地、鸟类和鱼类栖息地、浅水滩和池塘等，增加了生物的多样性（表6-6），重新营造的清溪川自然生态系统中已经有了包括鱼类在内的多种水生生物及鸟类栖息，形成了新的自然生态系统。

表6-5　清溪川恢复前后环境质量对比

测试项目	粉尘	二氧化碳	夏季平均温度	夏季平均风速
恢复前	$74.0\mu g/m^3$	$69.7\mu L/m^3$	25.9℃	0.7m/s
恢复后	$60.0\mu g/m^3$	$46.0\mu L/m^3$	25.5℃	0.9m/s
变化程度	减少19%	减少34%	降低0.4℃	增加28.6%

表6-6　清溪川恢复前后水生生物数量对比

生物种类	鱼类	鸟类	昆虫类	植物类	合计
恢复前	4	6	26	62	98
恢复后	15	32	111	156	314
增加数量	11	26	85	54	216

（3）推进了交通领域的改革

在工程改造期间，为缓解交通压力，首尔市政府采取了交通管制措施，经过首尔中心地区的车辆要交付通行费，以减少中心地区的车流量。随着改造工程的推进，也带来首尔人观念的转变，即从以车为中心转为以人为中心。城市交通从以疏散急剧增长的车流量为中心转变为大力推行公交系统改革，在中心城区增加专门的公交车线路，建立先进的公交信息管理控制中心，提高公交系统的效率。在工程改造后，尽管与原有的高架路时代相比，这一带机动车的行驶速度有所下降，但是随着公交系统的改革和完善，拆除清溪川高架路带来的交通问题得到大大缓解。统计资料显示，2004年7月与2003年12月相比，乘坐公共交通出行的市民增加了11.0%。在整个首尔，利用地铁的人数与2003年的6月份相比增加了6.0%，特别是在市中心，增加13.7%。人们原来担心的高架路拆除后交通会严重恶化的情况并没

有出现，这说明清溪川复兴改造工程成为首尔市成功转变人们出行方式的一个重要契机，也是首尔市向着环境友好的人性化城市迈进的重要一步。

参考文献

[1] Carles Ibáñez, Carles Alcaraz, Nuno Caiola, et al. Regime shift from phytoplankton to macrophyte dominance in a large river：Top-down versus bottom-up effects [J]. Science of the Total Environment，2012，416：314-322.

[2] JÜrgen Benndorf, Wiebke Böing, Jochen Koop, et al. Top-down control of phytoplankton：the role of time scale, lake depth and trophic state [J]. Freshwater Biology，2002，47：2282-2295.

[3] Marie-Louise Meijer, Ingeborg de Boois, Marten Scheffer, et al. Biomanipulation in shallow lakes in The Netherlands：an evaluation of 18 case studies [J]. Hydrobiologia，1999，408/409：13-30.

[4] Mehner T，Arlinghaus R，Berg S，et al. How to link biomanipulation and sustainable fisheries management：a step-by-step guideline for lakes of the European temperate zone [J]. Fish Manage Ecology，2004，11：261-275.

[5] Mehner T，Kasprzak P，Wysujack K，et al. Restoration of a stratified lake (Feldberger Hausee, Germany) by a combination of nutrient load reduction and long-term biomanipulation [J]. International Review of Hydrobiology，2001，86：253-265.

[6] OjedaM I，Mayer AS，Solomon BD. Economic valuation of environmental services sustained by water flows in the Yaqui River Delta [J]. Ecological Economics，2008，65：155-166.

[7] Ping Xie, Jiankang Liu. Practical Success of Biomanipulation using Filter-feeding Fish to Control Cyanobacteria Blooms ：A Synthesis of Decades of Research and Application in a Subtropical Hypereutrophic Lake [J]. The Scientific World，2001，1：337-356.

[8] Hemphill R W，Bramley M E. Protection of River and Canal Bank（河渠护岸工程一方案选择及设计导则）[M]. 北京：中国水利水电出版社，2000，1：72-77.

[9] 蔡庆华，唐涛，邓红兵. 淡水生态系统服务及其评价指标体系的探讨 [J]. 应用生态学报，2003，14（1）：135-138.

[10] 曹相生，林齐，孟雪，等. 韩国首尔市清溪川水质恢复的经验与启示 [J]. 中国发展，2009，9（3）：15-18.

[11] 陈济丁，任久长，蔡晓明. 利用大型浮游动物控制浮游植物过量生长的研究 [J]. 北京大学学报（自然科学版），1995，31（3）：373-382.

[12] 陈鸣钊，王沛芳，许京怀. 应用浮动生物滤清器除藻研究 [J]. 上海环境科学，2000，19（8）：385-387.

[13] 陈倩倩，杭州城市河道亲水景观研究 [D]. 杭州：浙江农业大学，2012.

[14] 陈倩倩，马军山. 城市河道亲水景观研究——以宁海徐霞客大道大溪两岸景观设计为例 [J]. 中国城市林业，2012，10（1）22-24.

[15] 陈婉. 城市河道生态修复初探 [D]. 北京：北京林业大学，2008.

[16] 董仁哲. 河流形态多样性与生物群落多样性 [J]. 水力学报，2013，11：1-6.

[17] 董哲仁，孙东亚，彭静. 河流生态修复理论技术及其应用 [J]. 水利水电技术，2009，01：4-9，28.

[18] 董哲仁. 河流生态系统研究的理论框架 [J]. 水利学报，2009，02：129-137.

[19] 董哲仁. 保护和恢复河流形态多样性 [J]. 中国水利，2003（6）：53-56.

[20] 董哲仁. 生态水工学的工程理念 [J]. 中国水利，2003，(1)：63-66.

[21] 董哲仁. 生态水工学的理论框架 [J]. 水利学报，2003，(1)：1-7.

[22] 郭匿春. 浮游动物与藻类水华的控制 [D]. 北京：中国科学院研究生院，2007.

[23] 韩军胜，李敏达，马强. 石笼在生态治河中的应用 [J]. 甘肃水利水电技术，2005，4（3）：281-282.

[24] 何蓑，陈德春，魏文白. 生态护坡及其在城市河道整治中的应用 [J]. 水资源保护，2005，21（6）：56-58.

[25] 侯俊. 生态型河道构建原理及应用技术研究 [D]. 南京：河海大学，2005.

[26] 贾亚梅. 鱼类生物操纵在苏州水环境治理中的应用研究 [D]. 南京：河海大学，2006.

[27] 冷红. 韩国首尔清溪川复兴改造 [J]. 国际城市规划，2007，22（4）：43-47.

[28] 林镇洋. 美国河川生态工法案例 [D]. 台北：台北科技大学，2002.

[29] 刘大鹏. 基于近自然设计的河流生态修复技术研究——以长春市饮用水源地入库河道为例 [D]. 长春：东北师范大学，2010.

[30] 刘春光，邱金泉，王雯，等. 富营养化湖泊治理中的生物操纵理论 [J]. 农业环报，2004，23（1）：198-201.

[31] 刘建康，谢平. 用鲢鳙直接控制微囊藻水华的围隔试验和湖泊实践 [J]. 生态科学，2003，22（3）：193-196.

[32] 刘俊跃，李劲鹏，鄢涛，等. 长沙市生态堤岸设计指南 [J]. 长沙市建设委员会，2009，5-17.

[33] 栾建国，陈文祥. 2004. 河流生态系统的典型特征和服务功能 [J]. 人民长江，35（9）：41-43.

[34] 吕然. 城市河道景观设计研究 [D]. 成都：西南交通大学，2009.

[35] 欧阳志云，赵同谦，王效科，等. 水生态服务功能分析及其间接价值评价 [J]. 生态学报，2004，24（10）：2091-2099.

[36] 邱东茹，吴振斌. 生物操纵、营养级联反应和下行影响 [J]. 生态学杂志，1998，17（5）：27-32.

[37] 日本土木学会编，孙逸增译. 滨水景观设计 [M]. 大连：大连理工大学出版社，2002.

[38] 日本河川治理中心编. 滨水自然景观设计理念与实践 [M]. 刘云俊译. 北京：中国建筑工业出版社，2004.

[39] 孙宇. 河道植被护岸技术 [J]. 水科学与工程技术，2005（1）：34-36.

[40] 孙大勇. 河网地区多功能河道断面研究 [D]. 南京：河海大学，2005.

[41] 汤箸梅，南京滨水景观建设的研究与思索 [D]. 南京：东南大学，2006.

[42] 王桂华，夏自强，等. 鱼道规划设计与建设的生态学方法研究 [J]. 水利与建筑工程学，2007（12）：7-12.

[43] 王国祥，成小英，濮培民. 湖泊藻型富营养化控制——技术、理论及应用 [J]. 湖泊科学，2002，14（3）：273-282.

[44] 王欢，韩霜，邓红兵，等. 香溪河河流生态系统服务功能评价 [J]. 生态学报，2006，26（9）：2971-2978.

[45] 王军，王淑燕，李海燕等，韩国清溪川的生态化整治对中国河道治理的启示 [J]. 中给水排水动态，2007，12：8-10.

[46] 王秀英，王东胜，陈兴茹. 城市河流近自然治理河道形态设计研究 [J]. 水力学与水利信息学进展，2007：55-59.

[47] 吴智洋，韩冰，朱悦. 河流生态修复研究进展 [J]. 河北农业科学，2010，14（6）：69-71.

[48] 夏继红，严忠民. 生态河岸带及其功能 [J]. 水利水电技术，2006，5（37）：41-81.

[49] 杨海军，李永祥. 河流生态修复的理论与技术 [M]. 长春：吉林科学技术出版社，2001.

[50] 杨丽蓉，陈利顶，孙然好. 河道生态系统特征及其自净化能力研究现状与发展 [J]. 生态学报，2009，29（9）：50-67.

[51] 杨芸. 论多自然型河流治理法对河流生态环境的影响 [J]. 四川环境，1999，18（1）：19-24.

[52] 张建春. 河岸带功能及其管理 [J]. 水土保持学报，2001，15（6）：440-641.

[53] 张丽彬，王金鑫，王启山，等. 浮游动物在生物操纵法除藻中的作用研究 [J]. 生态环境，2007，16（6）：1648-1653.

[54] 张喜勤，徐锐贤，许金玉，等. 水溞净化富营养化湖水试验研究 [J]. 水资源保护，1998（4）：32-36.

[55] 赵勤，城市滨水区景观设计 [D]. 保定：河北农业大学，2013.

[56] 周跃，Watts D. 欧美坡面生态工程原理及应用的发展现状 [J]. 土壤侵蚀与水土保持学报，1999，5（1）：79-85.

[57] 周跃. 植被与侵蚀控制：坡面生态工程基本原理探索 [J]. 应用生态学报，2000，11（2）：297-300

[58] 祖玲，韦众，丁淑荃，等. 利用生物操纵与人工湿地技术改善新建大房郢水库水质的实践 [J]. 环境科学与管理，2008，33（1）：133-138.

7 后记

7.1 结语

在我国，伴随着最近二三十年以来城镇化的迅速发展，城市河流出现水体污染与生态退化等一系列环境和生态问题，并且近年来城市河流水环境问题呈现越来越严重的态势，突出表现为水质恶化乃至黑臭、水生态严重退化甚至破坏、堤岸人工化、河流形态单一结构硬化、城市水灾频发和河流景观丧失严重，成为我国水环境污染中的重灾区。

美、日等世界发达国家在 20 世纪经济快速发展时期，同样也遭遇过城市河流严重污染、生态系统严重破坏的问题。不过随着技术的发展、管理水平的提高，美、日等国家的城市河流严重污染问题已经基本解决，现在处于完善城市河流生态系统，提升其生态服务功能和维持其生态健康的阶段。分析美、日等国家针对城市河流修复的历程，可以发现其在技术、管理等方面积累了很多成功的经验，不过也有一些教训。近年来，借鉴国际上城市河流修复的经验和教训，我国在城市河流修复技术研究和实践方面也正在不断深化，也已经积累了很多国内的成功的或不成功的案例，为城市河流整治和生态环境保护工作的开展起到了指导和推动作用。

由于不同国家和地区所处的社会经济发展阶段不同，对河流治理和修复内涵认识的广度和深度不同，同时不同河流自身水文水质特点各异，各种治理和修复技术的适用条件也不同，这就造成治理的效果以及产生的经济效益和环境效益相差甚远。因此针对实际的城市河流修复工程，必须因地制宜，根据河流实际情况，综合各方面因素，经过反复论证确定修复方案，进而开展城市河流的修复及后续的长效维护管理。

根据现阶段我国城市污染河流的现状和主要问题，本书从时（不同治理修复阶段）、空（异地、原位、旁位）范畴和技术原理角度对城市河流修复技术进行了耦合和梳理，得到了城市河流修复技术体系。

（1）时间和空间范畴

城市污染河流治理和修复必须分阶段有针对性地进行，从时间先后上可分为四个阶段：

第一阶段，城市河流水环境特征识别。得到城市河流水体的生态和环境现状，识别主要的水动力、水质、水生态问题，然后有针对性、分层次地确定分阶段的修复目标。

第二阶段，外源污染控制与治理。入河外源污染的控制与治理是河流水环境修复之本，包括污染物的源头减排、集中污水处理、沿河截污工程、分散入河污水的处理以及城市降雨径流污染的控制等。

第三阶段，城市河流水质治理与修复。从空间位置角度分类，城市河流水质治理与修复技术总体上可分为：异地处理（主要包括上述第二阶段中的外源污染控制与治理，也包括将污染底泥清除后外运进行无害化处理和资源化利用等）、旁位处理和原位净化。河流原位净化即指在河道本身进行水质修复技术，主要包括：内源污染治理、河流的水动力优化和控制、曝气复氧技术、生物膜技术、生态浮床、微生物强化技术等。河流的旁位处理技术主要包括：人工强化快滤技术、化学絮凝技术、旁位生物膜技术以及自然处理法（稳定塘、人工湿地和土地处理）等技术。河流的原位和旁位技术是河流治理与修复的重要途径，是城市重污染河流治理和修复的必要措施。

第四阶段，河流生态系统的恢复与重构。河流生态系统的恢复与重构包括生态河流结构的构造和健康水生生态系统生物链的构建。生态河流结构的构造要从横剖面、纵剖面和平面三个角度进行设计和建设维护，以自然为轴线，减少人工痕迹，模拟自然河流的形态，通过浅滩、深潭、岛屿、洼地等多种形式，尽量利用现状植被，并配以滨水带植物，建成人工的自然生态走廊和动植物适宜的栖息环境，形成自然流动的河流。河流生态系统生物群落恢复包括水生植物恢复、底栖动物、浮游生物、鱼类等。

（2）技术原理范畴

根据处理技术原理的不同，可将城市河流水质修复技术分为物理技术、化学技术、微生物修复技术和生态修复技术。

物理法主要包括底泥疏浚、底泥覆盖、截污工程、河流结构优化与水动力调控，以及旁位处理中的人工强化快滤技术。经过物理法治理的河流因为河床结构的优化、入河污染物的截除、河流水动力流态的改善，以及富含污染物的淤泥的清除等，改善河流水质，减轻河流的黑臭，提升城市河流景观功能。但是物理法通常需要建造大型的构筑物或进行相应的工程建设，费用较高，影响范围大，也受到当地水文、水利条件的限制，需要因地制宜地进行选择采用。

化学法主要包括强化絮凝和化学沉淀等。所使用的化学药剂主要有铁盐和铝盐等混凝剂、生石灰等沉淀剂，目的在于去除水中目标污染物悬浮物，提高水体透明度。总的来说，用化学法改善河道水质，使用方便、见效快、效果明显，但是费用较高，而且易造成二次污染、累积污染会对生态系统造成破坏等，一般不推荐作为长期河流修复技术使用，而作为应急措施和前期提升水质阶段的强化处理措施。

微生物修复技术主要包括投放生物菌种或微生物促生剂、生物膜法和曝气复氧技术等，通过各种微生物的活性消解污染物。

生态修复技术主要是利用自然处理系统、土地和植物等对水中污染物进行降解和去除，从而使河流水体得到净化的技术。其主要包括稳定塘技术、人工湿地技术、人工渗滤技术和人工浮岛技术。

与传统物理、化学修复技术相比，生物-生态修复技术具有环境友好、处理成本低、能耗低等优点，被广泛地应用于实际河道修复工程中。但生物-生态修复技术也存在治理见效周期长，占地面积大，受环境因素影响显著等缺点，一般建议在河流消灭黑臭水质有一定提升后再开始进行，可结合河流景观措施作为河流修复的长期保持措施。

在实际河流环境修复中，当单一的修复技术无法达到标准时，需要采用多种修复技术共同治理河流。因此，鉴于实际城市河流治理和修复的复杂性和不可预测性，应根据河流的实际情况，因地制宜，更多关注于多种修复技术的联合作用，分阶段、循序渐进共同完成河流治理和修复任务，美化河流景观，改善居民生活环境。

7.2 展望

　　总体而言，在城市河流环境修复方面，我国很多城市已经取得了很多经验和成绩，但目前国内相关技术仍处于起步和技术探索阶段，大部分还仅仅是河道整治工作，基本处于消除黑臭、水质改善和景观建设阶段，河流的生态修复和重构还未真正意义地开始。很多地方的河道整治，尤其是中小型河流，其理念仍停留在渠道化、衬砌等已被许多发达国家舍弃的做法上。因此，在城市河流完成了消除黑臭和水质改善阶段后，必须将河流环境修复过渡到河流的生态修复和重构上。只有从生态的角度恢复和重建生态系统，恢复河流的自然属性，才能循序渐进逐步恢复河流的生态健康，维持河流的可持续发展。因此，城市河流修复今后的工作重点和主要问题集中在以下几个方面：

　　① 在河道整治、水质改善阶段，将控源截污作为首要任务，创造条件最大程度截流污染源。要坚持因地制宜的原则，根据河流自身的实际情况（河流水质、水量、河宽、通航、河岸带施工条件等因素），在借鉴吸收国外和国内其他地区先进经验的基础上，经过综合评价比选，优先选择对环境不产生二次污染、经济有效的技术。当单一技术无法完成水质改善指标时，可以采用两种或多种修复技术进行组合使用。

　　近年来，一些发达城市结合河道整治已经开展河道的景观建设。河道景观建设在符合城市建设规划的基础上，应充分考虑今后河流的生态修复与重构工程，提前做好相应准备。摒弃单纯从城市防洪等目标出发而采取的"裁弯取直""渠道化""硬质化"等破坏河相多样化的人工措施。

　　② 现阶段，很多城市河流在修复工程合同完成后或验收完成后，缺乏后续必要的维护和管理，河流水质又重新恶化，没有实现或者没有充分实现工程的环境效益。河流修复及其维护是一个持续性的工作，为保证河流修复效果，有必要建立一套完整的河流修复评价体系，包括修复的预期目标，所需要的时间和阶段安排，评估的指标和阈值，针对指标的适应性管理措施等。相关单位应相互配合，确定维护和管理工作的责任单位，保证河流修复工程持续有效进行，并开展相应的长期监测、记录和总结工作，为跟踪评价提供依据，为其他河流修复提供借鉴。

　　③ 河流修复实践应从小的区域和河段向流域尺度转变。在过去的几十年中，虽然一些经济发达国家针对河流生态问题所进行的研究也涉及了比较大的时间和空间尺度，但实践则主要局限于一些小的区域和河段。实践表明，小尺度下河流生态修复措施效果对于生态系统状况改善或生物多样性提高的效果较有限。同时，河流水生态系统易受岸上周边地区的影响。因此，将流域视为一个复合生态系统，将河流生态系统和陆地生态系统结合起来，在流域尺度下进行河流环境修复，在理论及实践上都是十分必要的。美国等国家已经按照流域生态保护和修复的思路进行了部分河流恢复规划，已经开展了大型河流按流域整体生态恢复工程的实例。在我国河流生态修复技术研究取得初步进展的基础上，借鉴国外技术发展方向，我国河流生态修复也要从流域尺度出发，统筹上下游、河流和陆地的交互关系。

　　④ 多渠道筹集资金加强研究和示范工程建设。要建立以政府部门积极引导的机制，制

定规范标准，同时充分发挥市场机制，完善多渠道资金投入机制，进一步加强大河流生态修复技术基础研究、技术开发和工程示范的力度。选择典型河段、水体，进行示范工程建设。对已经进行示范的工程，要注重监测和评估。在收集和分析相关数据和资料的基础上，不断进行技术的完善。条件成熟时，要选择具有较大尺度、不同地域和不同类型的河流，加强示范工程建设，开展工程规划、设计、施工、监测、管理和生态评价等方面的系统研究。

⑤ 在基础研究、技术开发和工程示范的基础上，要及时总结、编制、出台相应的技术导则、标准规范，指导工程建设，特别是实际工程更要做好成果总结，为今后城市河流修复提供可靠经验和依据。对一些国外已经颁布的相关的技术规范和标准，要充分借鉴、吸收。

⑥ 健全河流环境修复相关政策法规。国际上发达国家在经历了发展经济、破坏环境、经济发达、重建生态的曲折发展历程之后，已经将水生态系统保护和修复从基础研究、技术层次提升到国家政策和立法的高度，十分重视相关规划、规范、机制、政策等有关研究。发展中国家也在积极寻找适合各自国情的策略，以保障经济可持续发展。

⑦ 水环境管理要从水质管理向水生态管理转变。河流生态恢复的目的是改善河流生态系统的结构与功能，其标志是生物群落多样性的提高，与以水质改善为单一目标相比更具有整体性的特点，其生态效益更高。随着"人与自然和谐共处"理念的不断落实，水环境管理应从水质管理向水生态管理转变。

⑧ 加强学科建设和人才培养，加强国际交流与合作、提高自主创新能力。河流修复技术，是一个新兴的交叉学科领域，涉及环境学、生态学、水文学、地貌学、工程学、社会学、经济学等众多学科，需要相关各界的密切合作，大力加强学科建设和人才培养。

在河流生态保护与修复技术方面，我国与国际先进水平相比，仍处于初级阶段，在基础研究和技术开发、资金投入和示范工程建设等方面还存在一定的差距。要进一步加强国际科技合作与技术交流，积极吸收引进相适宜的国外先进技术、科技成果和资金，扩大科技合作与技术交流范围。更要充分借鉴国外的经验教训，不能盲目照搬照抄，在此基础上提高自主创新能力。

(a) 植生滞留池   (b) 植草沟

(c) 入渗池   (d) 雨水湿地

图 3-38　各 LID-BMPs 建成后照片

(a) 眠牛泾浜西与西汇河沟通前   (b) 眠牛泾浜西与西汇河沟通后

(c) 眠牛泾浜东阻水点   (d) 眠牛泾浜东阻水点沟通后

图 4-11　古镇核心区水系沟通前后照片

图 4-41　生态浮床照片

图 5-11　超磁分离应急处理站出水回流至清河

（a）

（b）

图 5-14　江翠砾间接触氧化水岸公园照片

图 6-4　新加坡 Kallang 河修复前笔直的河渠

图 6-5　新加坡 Kallang 河修复后蜿蜒性的河流

（a）抛石＋植物护岸　　　　　　　（b）轮胎＋抛石＋植物护岸

（c）木桩＋抛石＋植物护岸　　　　（d）阶梯木桩＋抛石＋植物护岸

图 6-33　长春市莲花山河流近自然生态修复工程中的组合生态护岸

(a) 改造前的高架桥

(b) 修复后的清溪川

图6-53　清溪川改造前后对比图

图6-56　通过堆石制造有缓有急的水流

（a）施工初期

（b）施工后第3年

图6-62　自然石护岸